Franklin

Briefe
von der
Elektrizität

Die historische Entwicklung des
Physikbildes ist die Basis für ein vertieftes
Verständnis und eine kritische Beurteilung
der Naturwissenschaft unserer Zeit.

Für den Brückenschlag zwischen historischer
Analyse und heutiger Problematik sorgt die

Edition Vieweg

durch Neuausgaben, grundlegende
Abhandlungen und Monographien, die
von führenden Wissenschaftlern
und Historikern betreut werden.

———

Herausgeber
Prof. Dr. Roman U. Sexl, Wien
Dr. Karl von Meyenn, Stuttgart

Benjamin Franklin

Briefe von der Elektrizität

Übersetzt und mit Anmerkungen
versehen von
Carl Wilcke

Eingeleitet und erläutert von
John Heilbron

Springer Fachmedien Wiesbaden GmbH

1983
Alle Rechte vorbehalten
© Springer Fachmedien Wiesbaden 1983
Ursprünglich erschienen bei Friedr. Vieweg & Sohn
Verlagsgesellschaft mbH, Braunschweig 1983
Softcover reprint of the hardcover 1st edition 1983

ISBN 978-3-528-08529-2   ISBN 978-3-663-14206-5 (eBook)
DOI 10.1007/978-3-663-14206-5

Inhaltsverzeichnis

—

**Des Herrn Benjamin Franklins Briefe
von der Elektricität**

Der Edition zum Geleit

Quellen und ihre Bedeutung für die Wissenschaftsgeschichte von heute

Die Ziele und Aufgaben der modernen Wissenschaftsgeschichte haben sich in den letzten Jahrzehnten grundlegend gewandelt. Als eigenständige Disziplin — mit einer eigenen Methodik und auf einer unabhängigen institutionellen Grundlage — ist sie eben erst dabei, sich zu konstituieren[1]. Kennzeichen für ein derartiges Entwicklungsstadium ist auch der Versuch, sich durch den Hinweis auf die vielfältigen Dienste, die sie den Schwesterwissenschaften oder auch der Gesellschaft allgemein zu leisten vermag, zu legitimieren[2]. Eine ausgereifte Wissenschaft zeichnet sich dagegen durch ihr größeres Selbstbewußtsein aus; auch trägt sie bekanntlich die meisten Früchte, wenn sie möglichst frei von den Zwängen der Zweckbestimmungen und vorgegebenen Zielvorstellungen ist.

Die mit dem 17. Jahrhundert einsetzende Schaffung weitgehend unabhängiger Strukturen durch die wissenschaftlichen Akademien und an den Universitäten haben der vorerst wertneutral erscheinenden exakten Naturwissenschaft zu einer einzigartigen Vollkommenheit und Blüte verholfen, wozu auch eine zunehmende Spezialisierung beigetragen hat. Bedingt war dieser Erfolg weitgehend durch ihre Herauslösung aus dem Gesamtkomplex der Wissenschaften, wobei der Trennungsstrich durch eine Einschränkung der zulässigen Fragestellungen und die Art ihrer Beantwortung gezogen wurde. Demzufolge kann nur Gegenstand naturwissenschaftlicher Bemühungen sein, was objektiv meßbar, mathematisch formulierbar und logisch deduzierbar ist.

Demgegenüber waren die Geisteswissenschaften von Anbeginn an viel stärker in das jeweilige geistige Umfeld eingebunden. Es ist deshalb nicht verwunderlich, daß hier nie ein derartiger Anspruch auf Wahrheit erhoben wurde, wie es bei den Naturwissenschaften häufig der Fall ist. Die besagte Grenzziehung zwischen Geistes- und Naturwissenschaften hat sich in der Vergangenheit für die Entwicklung der letzteren äußerst positiv ausgewirkt;

---

1 Einen kurzen Überblick über die Situation in der Bundesrepublik findet man bei *H.-W. Schütt*: History of Science in the Federal Republic of Germany. Isis 71, 375−380 (1980). Eine umfassende Übersicht über „Naturwissenschafts- und Technikgeschichte in der Bundesrepublik Deutschland und West-Berlin 1970−1980", wurde von *Fritz Kraft* in einem Sonderheft der Berichte zur Wissenschaftsgeschichte, Wiesbaden 1981, vorgelegt.

2 In den Empfehlungen des Wissenschaftsrats aus dem Jahre 1960 zum Ausbau der wissenschaftlichen Einrichtungen liest man beispielsweise, es sei „Pflege und Ausbau der bisher vernachlässigten Geschichte der Naturwissenschaft und Technik deswegen erwünscht, weil die historische Betrachtung der Naturwissenschaften und der Technik ihre genetische Verknüpfung mit den Geisteswissenschaften und damit die Einheit der Wissenschaften deutlich macht. Der Naturwissenschaftler und der Techniker wird sich mit ihrer Hilfe der Beziehungen seiner Denkweise und seiner Methodik zur Philosophie bewußt. Umgekehrt eröffnet sich dem Geisteswissenschaftler der Zugang zum Verständnis der Naturwissenschaften und der Technik".

gegenwärtig hat es den Anschein, als ob dieses Verfahren manchmal schon an seine Grenzen gestoßen sei[3]. Immer mehr häufen sich die Anzeichen für eine Tendenzwende. Die unvermeidbaren Auswirkungen der naturwissenschaftlichen Ergebnisse auf die Lebensbedingungen des modernen Menschen und die damit verknüpften Gefahren, sowie auch der damit einhergehende Wandel in der Struktur und in den Methoden der Wissenschaft selbst, lassen eine Forschung alten Stils auf die Dauer weder vertretbar noch sinnvoll erscheinen. Gerade der Geschichte der Naturwissenschaften dürfte hier die große Aufgabe zufallen, dazu beizutragen, daß die verlorengegangene Beziehung zwischen den „zwei Kulturen" wiederhergestellt werden kann.

Solange die Geschichte der Naturwissenschaft noch von den Naturforschern und Fachgelehrten selbst geschrieben wurde — und das war noch bis zu Beginn unseres Jahrhunderts fast die Regel — war man bestrebt, vornehmlich ihren von den Zeitläufen und von den menschlichen Eigenarten unabhängigen Charakter herauszustellen. Man pflegte zu sagen, „die Geschichte der Wissenschaft ist die Wissenschaft selbst". Infolgedessen fiel die Wissenschaftsgeschichte in weitaus größerem Maße als die Geschichte der Geisteswissenschaften dem Methodenideal des von ihr zu behandelnden Gegenstandes zum Opfer.

Wissenschaftsgeschichte im herkömmlichen Stil erschöpfte sich vielfach in einer Chronologie der positiven Errungenschaften berühmter Gelehrter, welche ihre Krönung durch die Leistungen der Gegenwart erhielt[4]. Die für das historische Verhältnis so aufschlußreichen Fehlschläge oder Sackgassen der Forschung wurden dabei bestenfalls mit moralisierender Geste erwähnt.

Im Gegensatz zu diesem kompilierenden und rein deskriptiven Verfahren steht die begründende Methode. Sie besteht darin, daß hier der Fortschritt als ein durch zwangsläufige Logik bestimmter und zuweilen durch einen glücklichen Zufall unterstützter Prozeß dargestellt wird. Da hier die Geschichte einen Weg zur Erlernung der Naturwissenschaft selbst darbietet, eignet sich diese Art der Darstellung besonders gut für pädagogische Zwecke. Auch heute noch steht dieser Aspekt im Brennpunkt vieler Diskussionen[5].

Besonders reich an historischen Darstellungen ist das 19. Jahrhundert, in denen Geschichte im Dienste einer Erkenntnistheorie (wie bei *Ernst Mach*) oder einer Ideologie (wie bei *Friedrich Albert Lange* und *Ludwig Büchner*) stehen[6]. Desgleichen hat man in unserem Jahrhundert versucht, mit der sog. „Deutschen Physik" ethnische und rassische Eigenarten zur Erklärung der verschiedenartigsten Formen der Naturbetrachtung heranzuziehen.

3 Eine derartige Auffassung wird u. a. auch von dem theoretischen Physiker *W. Pauli* in seinem Vortrag auf dem Internationalen Gelehrtenkongreß in Mainz 1955 geteilt: „Die Wissenschaft und das abendländische Denken". Abgedruckt in *M. Göhring* (Hrsg.): Europa — Erbe und Aufgabe. Wiesbaden 1956. Dort S. 71—79.

4 Ein typisches Beispiel ist *Johann Carl Fischers* siebenbändige „Geschichte der Physik seit der Wiederherstellung der Künste und Wissenschaften bis auf die neuesten Zeiten". Göttingen 1801—1810.

5 Vgl. hierzu die Vorträge von *W. Jung:* „Geschichte der Naturwissenschaft im naturwissenschaftlichen Unterricht: Pro und contra" und von *W. Kuhn:* „Die Rolle der Physikgeschichte in der Physiklehrerausbildung" während eines Symposiums vom 3.—7. November 1980 in Frascati. (Erscheint demnächst.)

6 Vgl. hierzu *F. Gregory:* Scientific Materialism in Nineteenth Century Germany. Dordrecht/Boston 1977.

Bei der Stiftung der ersten Lehrstühle für Wissenschaftsgeschichte an unseren Universitäten in den letzten Jahrzehnten wurde noch eindringlich auf den Nutzeffekt und die allgemeinbildende Wirkung der Wissenschaftsgeschichte verwiesen. Doch langsam scheint sich das Fach nun von all diesen Vorgaben zu lösen; die Problemgeschichte, die Fallstudie und die sog. externalistische Betrachtungsweise[7] beginnen sich allmählich auch hier durchzusetzen.

Ein Meilenstein auf diesem Wege war das vielbeachtete Werk über „Die Struktur der wissenschaftlichen Revolutionen" des amerikanischen Wissenschaftshistorikers *Thomas S. Kuhn*, weil es ihm gelang, damit zum ersten Mal das Interesse übergreifender Kreise an der Wissenschaftsgeschichte zu wecken. Für das Fach resultierte daraus eine ungewöhnlich große Befruchtung durch interdisziplinäre Wechselwirkungen, deren Folgen für die künftige Entwicklung der Disziplin noch unüberschaubar sind[8].

Ebenso ungewiß sind aber auch die Rückwirkungen dieser Veränderungen auf die weitere Entwicklung der Naturwissenschaft selbst. In diesem Zusammenhang sei auf die umstrittene und einiges Aufsehen erregende Finalisierungsthese hingewiesen, die vor einigen Jahren von Mitarbeitern am Max-Planck-Institut zur Erforschung der Lebensbedingungen der wissenschaftlich-technischen Welt in Starnberg aufgestellt wurde[9]. Die einst mühsam erkämpfte Loslösung der Naturwissenschaften von den anderen gesellschafts- und kulturbedingten Umständen scheint dadurch von neuem in Frage gestellt.

Aber auch für den historischen Betrachter ändert sich dadurch der Standpunkt. Naturwissenschaft kann nun nicht mehr allein als die Lehre von der Natur betrachtet werden; vielmehr enthält sie in einem beträchtlichen Maß die Züge der Zeit und der Menschen, die sie einst prägten[10].

Unter diesem Gesichtspunkt muß selbst die wissenschaftshistorische Literatur der Vergangenheit gesehen werden. Nur allzuhäufig werden historische Zusammenhänge im nachhinein uminterpretiert und der jeweiligen Zeitströmung angepaßt.

---

7 Vgl. zu diesen Begriffen *Th. S. Kuhns* Artikel „The History of Science" im Band 13 der International Encyclopedia of the Social Sciences. (Übersetzt in dem Sammelband *Th. S. Kuhn:* „Die Entstehung des Neuen". Frankfurt a.M. 1977. Dort S. 169–193.) Ein Musterbeispiel der externalistischen Geschichtsschreibung sind auch die Studien von *Paul Forman:* Weimar Culture, Causality, and Quantum Theory, 1918–1927. Adaption by German Physicists and Mathematicians to a Hostile Intellectual Environment. Hist. Stud. Phys. Sci. 3, 1–115 (1971). – und *A. Nitschke:* Revolutionen in Naturwissenschaft und Gesellschaft. Stuttgart–Bad Cannstatt 1979.

8 Ansätze dieser Art finden wir z.B. in der Schriftensammlung von *G. Böhme, W. van der Daele* und *W. Krohn:* Experimentelle Philosophie. Frankfurt a.M. 1977 und *W. Diederich* (Hrsg.): Theorien der Wissenschaftsgeschichte. Frankfurt a.M. 1874.

9 Die Anhänger der Finalisierungsthese behaupten, daß nach Erreichen einer „abgeschlossenen" Theorie (im Sinne *Heisenbergs*) sich ein Mangel an theoretischen Problemen bemerkbar mache. Dieser führt dazu, daß die Wissenschaft in diesem Stadium durch externe (wie ökonomische, soziale und politische), wissenschaftsfremde Faktoren bestimmt werde. Damit verliert der entsprechende Wissenszweig seine Autonomie, er ist „finalisiert". Vgl. *G. Böhme, W. van den Daele* und *W. Krohn:* Die Finalisierung der Wissenschaft. Z. f. Soziologie 2, 128–144 (1973) – Sternberger Studien I: Die gesellschaftliche Orientierung des wissenschaftlichen Fortschritts. Frankfurt a.M. 1978. – *M. Tierzel:* Die Finalisierungsdebatte: Viel Lärm um nichts. Z. f. Wissenschaftstheorie 9, 348–360 (1978).

10 Diese Tatsache wurde selbst von anerkannten Forschern konstatiert. Vgl. z.B. *E. Schrödinger:* Ist die Naturwissenschaft milieubedingt? Leipzig 1932. – Siehe auch *K. v. Meyenn:* Schrödinger in Amerika. Physik-Unterricht 16 (4), 27–41 (1982).

Manchmal geschieht dies aus fehlendem Sachverstand, nicht selten aber auch, weil Tradition und Autorität ein sehr wirkungsvolles Medium zur Durchsetzung eigener Anschauungen, Interessen und Ideologien ist. Wir erinnern hierbei nur an die äußerst wechselvolle Interpretation des *Galilei*prozesses, der den Umständen gemäß immer wieder neu gedeutet wurde. Auch die Entstehungsgeschichte so mancher Entdeckung und Erfindung ist durch Legendenbildung (wie die Erzählung über die Entdeckung der *Newton*schen Gravitationstheorie beim Anblick eines fallenden Apfels) oder bewußte Verfälschung (z. B. zur Sicherung eigener Prioritäten) entstellt.

Auch die Geschichtsliteratur einer jeden Epoche ist deshalb in erster Linie als Quelle für den jeweils herrschenden Zeitgeist zu verstehen, und erst an zweiter Stelle als ein Beitrag zur Wissenschaftsgeschichte selbst[11]. Jeder Wissenschaftshistoriker, der ältere Sekundärliteratur verwendet, muß sich dieses Umstandes bewußt sein und seine Quellen durch Vergleich kritisch überprüfen, in welchem Maße sie spätere Hinzufügungen enthalten.

Aus den dargelegten Gründen ist gerade für eine sachgemäße historische Erforschung der Inhalte und Bedingungen früherer Naturwissenschaften ein Studium der authentischen Quellen unumgänglich. Erst durch die Lektüre umfassender Darstellungen der Zeit muß sich der Historiker gleichsam ein Referenzsystem zum Verständnis der zeitgenössischen Nomenklatur und Begriffswelt erarbeiten. Ebenso wird ihm dabei bewußt werden, wie selbst die Maßstäbe für Wissenschaftlichkeit (die sog. Argumentationsstruktur) im Laufe der Zeit einem starken Wandel unterliegen. Die Gegensatzpaare von Spekulation und Erfahrung, Deduktion und Induktion, Synthese und Analyse, Hypothese und Experiment sind die Stilmittel, welche die verschiedenen Schulen voneinander trennen und auf dem Wege zu ihrem Erfolg oder Mißerfolg geleitet haben[12].

Eine Nichtbeachtung oder bewußte Fortlassung konstitutiver Teile dieses historischen Prozesses können den Zugang zum Verständnis des historischen Phänomens versperren. Geschichte heißt nicht zuletzt Verstehen des Späteren aus dem Vorhergehenden. Jede Setzung eines Anfangs verstößt schon im Prinzip gegen diese Maxime. Die spekulativen Frühphasen der Wissenschaft gehören deshalb ebenso dazu wie die Entwicklung einer rational begründeten Naturauffassung. Die systematische Sammlung und Edition von Quellenmaterialien in größerem Umfang zum Zwecke historischer Forschung wurde erst seit

---

11 Siehe hierzu *D. v. Engelhardt:* Historisches Bewußtsein in der Naturwissenschaft von der Aufklärung bis zum Positivismus. München 1979.

12 Einige moderne Wissenschaftshistoriker haben die Auffassung vertreten, daß eigentlich nur dasjenige verdient, als Wissenschaft bezeichnet zu werden, was mehr oder weniger den heute geltenden Normen gerecht wird. Sie sehen eine ihrer wesentlichen Aufgaben in der Entlarvung der „naturphilosophischen Ungereimtheiten und Irrtümer von *Descartes, Leibniz, Kant* und *Hegel*, [die] zu mechanischen Entdeckungen hochgelobt wurden". Natürlich bildet die Aufklärung dieser Tatsachen einen wichtigen Bestandteil der historischen Analyse, aber sie darf sich nicht allein darauf beschränken. Warum solche Irrtümer unbemerkt blieben und daß sie trotz ihres Mangels an logischer Schlüssigkeit die Entwicklung so maßgeblich bestimmt haben, dürfte vielleicht eine noch interessantere Fragestellung sein. Vgl. hierzu die Polemik zwischen *Armin Hermann, Istvàn Szabò, Clifford Truesdell* und *Emil Alfred Fellmann* anläßlich eines von *A. Hermann* verfaßten Begleitwortes zu *I. Szabòs* „Geschichte der Mechanischen Prinzipien", Basel und Stuttgart 1976. – *I. Szabò:* Bemerkungen zur Literatur über die Geschichte der Mechanik. Humanismus und Technik 22, 121–154 (1979). – *C. Truesdell:* An Essay Review of „Geschichte der mechanischen Prinzipien und ihrer Anwendungen". Centaurus 23, 163–175 (1980). – Book Review von *E. A. Fellmann*, Isis 70, 469–471 (1979).

dem vergangenen Jahrhundert begonnen. Auf dem Gebiete der exakten Naturwissenschaften gibt es zwar schon seit längerem die Werkausgaben berühmter Gelehrter, doch die Auswahl der in ihnen enthaltenen Schriften geschah meistens im Hinblick auf die Nützlichkeit für die aktuelle Forschung.

Das wohl umfangreichste Unternehmen dieser Art begann der vielseitig gelehrte und historisch interessierte Physikochemiker *Wilhelm Ostwald* gegen Ende des vorigen Jahrhunderts mit seiner berühmten Edition der Klassiker der exakten Wissenschaften. Die Reihe wurde mit Unterbrechungen fortgesetzt und erreicht heute die stattliche Anzahl von mehr als 250 Bänden, die z.T. mehrere Auflagen erlebten. Die Auswahl der Texte war anfangs noch vorwiegend von dem unmittelbaren Interesse des Vertreters der jeweiligen Fachdisziplin bestimmt und erfaßte schwerpunktmäßig die Literatur des 19. Jahrhunderts.

Die Bearbeitung der Texte besorgte *Ostwald* anfangs vielfach noch selbst, später halfen ihm dabei namhafte Gelehrte[13]. Gerade ihre Mitarbeit bewirkte die Stärken und Schwächen dieser Edition. Die spätere Kommentierung des Werkes durch einen zweiten bedeutenden Gelehrten macht dieses gewissermaßen zur doppelten Quelle. Doch die vielfach einseitig vorgenommene Streichung unzeitgemäßer Darstellungen und der nicht nur von historischem Interesse geleitete Blick kann nicht immer allen strengen historischen Kriterien genügen.

Auch heute sind und bleiben diese Texte ein wichtiges Hilfsmittel der historischen Forschung, das aber auch die Wissenschaft wesentlich beeinflußt hat. Vor allem die Forschergeneration, die um die Jahrhundertwende heranwuchs, hat aus diesen Klassikern ihre Inspiration empfangen. Beispielsweise schreibt *Einstein* in einem Bewerbungsschreiben vom 9. März 1900 an *Otto Wiener*, daß er sein Wissen „durch Besuch der Vorlesungen, Studium der Klassiker, sowie durch Arbeiten im pysikalischen Laboratorium erworben" hatte.

Eine quellenkritische Edition ist also ein Desideratum ersten Ranges für die heutige Wissenschaftsgeschichte. Mit der EDITION VIEWEG soll eine größere Reihe wichtiger klassischer Texte aus dem Gebiete der exakten Naturwissenschaften vorgelegt werden, wobei sich die Herausgeber um die Mitwirkung herausragender Fachleute bemüht haben, welche die Bearbeitung der einzelnen Texte besorgen.

Die grundlegenden Klassiker der Wissenschaftsgeschichte sollen dabei durch Schriften ergänzt werden, die ein größeres allgemeines Interesse beanspruchen und über den Kreis der Physiker und Wissenschaftshistoriker hinaus ihre bleibende geistige Bedeutung dokumentieren. Besonders eindrucksvoll und deutlich wird die Auseinandersetzung zwischen Wissenschaft und Zeitgeist dabei in vielen Fällen in heftigen Polemiken und Streitschriften, die einen Beitrag zur Wissenschaftsliteratur bilden, der bedauerlicherweise in neuerer Zeit nur selten anzutreffen ist. Ein besonderes Anliegen der EDITION VIEWEG wird es

---

13 Die Mitarbeit einer erstaunlich großen Anzahl bedeutender Fachleute ist nicht zuletzt dem tatkräftigen Organisationstalent von *Ostwald* zuzuschreiben. Die bekanntesten unter ihnen sind: *A. v. Baeyer, J. Bauschinger, V. Bjerkenes, L. Boltzmann, E. Brüche, F. Dannemann, Th. Des Coudres, R. Fürth, E. Gehrcke, P. v. Groth, F. Hausdorff, J. H. van't Hoff, K. Klusius, A. Kneser, F. Kohlrausch, K. Kollath. A. Korn, G. Kowalewski, M. v. Laue, E. O. v. Lippmann, H. A. Lorentz, L. Mayer, W. Nernst, C. Neumann, M. Planck, C. Ramsauer, F. Reiche, F. Rinne, M. v. Rohr, O. Sackur, M. Siegbahn, P. Stäckel, H. E. Timerding, A. Wangerin, E. Wiedemann, J. Wislicenus* und *H. Weber.*

sein, diese und andere Quellen, in denen die Wissenschaft über ihren „Elfenbeinturm" hinausgehend Resonanz in der Öffentlichkeit sucht und findet, zu dokumentieren. Große wissenschaftliche Umbrüche oder „Revolutionen" vollziehen sich ja im allgemeinen nicht in der Abgeschiedenheit wissenschaftlicher Zirkel. Sie durchbrechen vielmehr diese Schranken und rufen die Öffentlichkeit zur Stellungnahme für oder gegen alte Denkgebote auf. Erst damit werden wissenschaftliche Errungenschaften zum Allgemeingut und ein neues Weltbild entsteht.

Viele bedeutende Wissenschaftler sind mit epochalen Entdeckungen oder Erkenntnissen selbst an die breitere Öffentlichkeit getreten. Das war besonders der Fall, wenn ein wissenschaftliches Ergebnis auch außerhalb der Wissenschaft Geltung beanspruchen konnte. So hat z.B. erst *Galileis* „Dialog über die beiden hauptsächlichsten Weltsysteme" seine Zeitgenossen auf die übergreifende geistesgeschichtliche Bedeutung der kopernikanischen Lehre aufmerksam gemacht. Nur ein so brillanter Schriftsteller wie *Voltaire* vermochte die scholastisch-kartesische Denkweise der französischen Gelehrtenwelt des 18. Jahrhunderts zu überwinden und der induktiv- mechanistischen Naturbeschreibung eines Newton den Weg zu bereiten. Ein weiteres Beispiel hierfür ist der erbitterte Kampf um *Einsteins* spezielle und allgemeine Relativitätstheorie zu Beginn der 20er Jahre, der sich in einer breiten Öffentlichkeit unter dem Einsatz wissenschaftlicher, philosophischer, weltanschaulicher, religiöser und rassistischer Argumente vollzog[14].

Das Programm der „EDITION VIEWEG" macht es sich zur Aufgabe, das Quellenmaterial zum Verständnis dieses bedeutsamen Entwicklungsprozesses durch eine geeignete Auswahl von Schriften und Werken zu erschließen.

Roman U. Sexl   *Karl von Meyenn*
Wien   Stuttgart

14 Vgl. hierzu *A. Kleinert:* Nationalistische und antisemitische Ressentiments von Wissenschaftlern gegen Einstein. In *H. Nelkowski, A. Hermann, H. Poser, R. Schrader* und *R. Seiler* (Hrsg.): Einstein-Symposium Berlin. Berlin–Heidelberg–New York 1979. Sort S. 501–516.

BENJAMIN FRANKLIN
1706–1790

Einleitung*

1 Elektrizität Anno 1750

Benjamin Franklins Erfindungen

Franklins Experimente und Beobachtungen schufen die Grundlage der modernen Elektrizitätslehre; ihre Entstehung verdanken sie jedoch handgreiflichen Späßen und Salonkunststücken. Etwa um 1745 gelang es einigen spielfreudigen deutschen Professoren, warmen Vitrioläther mit Hilfe eines elektrostatischen Funkgenerators zu entzünden. Das Publikum strömte herbei, um die neuerstandenen Götter Feuer aus ihren Fingern ziehen zu sehen, die „Beatification"** eines Menschen zu erleben (Bild 1) und zu beobachten, wie man Blitze nachahmte und die Venus electrificata — eine isoliert aufgestellte elektrisierte Dame, deren Küsse ein seltsames Prickeln verursachten — zur Schau stellte.

Ein Bericht über diese Spiele, die der Göttinger Professor Albrecht von Haller aufgezeichnet hatte, wurde in einer von holländischen Akademikern geführten französischen Zeitschrift veröffentlicht. Eine Übersetzung erschien 1745 in der Aprilnummer des Londoner Gentleman's magazine, gelangte im Oktober oder November in Philadelphia in Franklins Hände und regte ihn zu seinen ersten elektrischen Versuchen an. Zu dieser Zeit hatte er sich schon von seinen verlegerischen Geschäften zurückgezogen und war noch nicht in Staatsangelegenheiten tätig. Er hatte Muße, war neugierig, zuversichtlich und geübt im Zusammenspiel von Auge, Hand und Verstand, alles notwendige Voraussetzungen für einen Verleger der Kolonialzeit und nützliche Eigenschaften für einen Naturphilosophen. Die Neuigkeiten über die Elektrizität fesselten ihn. Im Winter 1745/1746 entwickelte er die wesentlichen Prinzipien seiner Lehre, wobei er Hallers Bericht über die elektrischen Forschungen der europäischen Gelehrten folgte.[1]

Unter den von Haller beschriebenen Belustigungen befand sich die Darstellung eines geerdeten Mannes, der seine Finger nach einer elektrisierten Venus ausstreckt und dabei einen Funken zieht, der „einen plötzlichen Schmerz hervorruft, für welchen beide Beteiligte nur allzu empfänglich sind". Franklin kam auf die Idee, den Funkenempfänger B ebenso wie die Spenderin A, die sich selbst durch Reiben eines Glasstabes auflud, zu isolieren.

---

* Die Herausgeber danken Gerda Bodenseher für die freundliche Hilfe bei der Durchsicht der Übersetzung.

** Unter Beatification verstand man den leuchtenden Glorienschein, der das Haupt eines im Dunkeln isoliert aufgestellten elektrisierten Menschen umgab, sobald man sein Haupt mit metallischen Spitzen umringte. Diese Erscheinung wurde von ihrem Erfinder, dem Wittenberger Professor Georg Mathias Bose, elektrische Beatification oder Apotheose genannt. (Anm. des Übers.).

Bild 1 Die Beatification, wie sie in dem Werk von B. Rackstrow:
*Miscellaneous observations, together with a collection of experiments
on electricity*, London 1748, dargestellt ist. Elektrische Materie wird
von einem Reibungsgenerator auf die Platte oberhalb der Krone geleitet.
Die Krone selbst ist evakuiert, um die Wirkung zu verstärken. Zusätzlich
zu den Entladungen an den äußeren Spitzen der Krone ist das partielle
Vakuum in ihrem Inneren von einem diffusen Leuchten erfüllt.

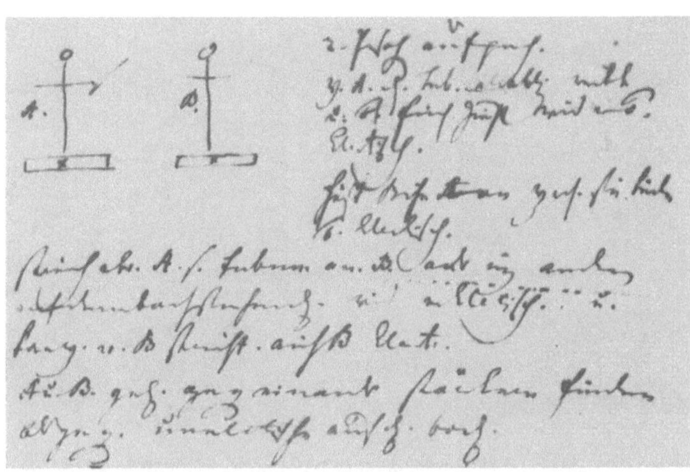

Bild 2 Wilckes Notizen zu Franklins Versuch, eine isolierte Person B
stetig durch Funken aufzuladen; diese werden einer Röhre entzogen,
welche von einer zweiten, isolierten Person A gehalten wird.
„X" bezeichnet einen Isolator. „Literaria electrica", f. 10 (Wilcke:
Handschriften Nr. 45, KVA).

Er beobachtete, daß sowohl A als auch B nach dem Austausch einen Funken an C (der
währenddessen auf dem Boden gestanden hatte (Bild 2)) weitergeben können. Um ihr
Verhalten zu deuten, führte Franklin die Bezeichnungen und Begriffe von Plus- und Minus-
Elektrizität ein: Alle Körper besitzen eine gewisse natürliche Menge elektrischer Materie.
Hat A etwas von der ihrigen auf dem Glase abgerieben, so hat sie ein Defizit; B hat die
verdrängte Materie aus dem Glase abgezogen und besitzt somit einen Überschuß; C kann
an beide einen Funken übertragen und dabei den Überschuß bei B und das Defizit bei A
ausgleichen, indem er sich durch Entnahme oder Eintauchen in das unerschöpfliche
Reservoir elektrischer Materie der Erde entlädt.[2] Diese Art der Analyse scheint die bei
Franklin übliche gewesen zu sein. In seinem ersten veröffentlichten Werk A Dissertation
on Liberty and Necessity, Pleasure and Pain (1725), begründete er einen moralischen
Kalkül auf dem eigenartigen Grundsatz, daß jedes wahrgenommene Vergnügen (oder jeder Schmerz) letztlich durch ein gleiches Maß von Schmerz (oder Vergnügen) aufgewogen
wird. A habe 10 Einheiten Schmerz. Zehn Einheiten Vergnügen müssen deshalb auf sein
Konto gebucht werden. Möge er sein Vergnügen haben; schließlich kehrt er in den gleichen Zustand zurück, den ein Felsen B die ganze Zeit hindurch innehatte. Die Analogie
von Schmerz, Vergnügen und Empfindungslosigkeit einerseits und von negativer Elektrizität, positiver Elektrizität und neutralem Zustande andererseits, fällt sofort auf.

Wie Wilcke später hervorhebt, stammt weder der Grundgedanke einer allen Körpern eigenen unzerstörbaren elastischen elektrischen Materie ursprünglich von Franklin[3], noch die
Vorstellung, daß die überschüssige elektrische Materie eines positiv geladenen Körpers
diesen infolge ihrer Elastizität in einer der Form angepaßten Hülle oder Atmosphäre um-
gibt. Um den Gleichgewichtszustand dieser Atmosphären zu gewährleisten und auch die
Möglichkeit des neutralen Zustandes zuzulassen, machte Franklin die ausdrückliche, auch

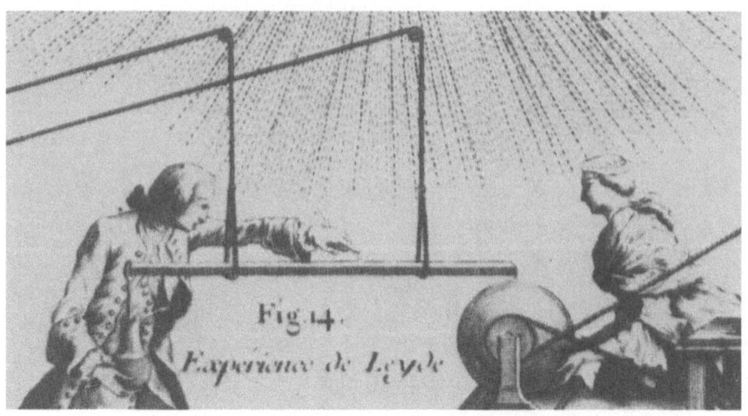

Bild 3 Der Leidener Versuch nach einer Darstellung bei Nollet: *Essay sur l'électricité des corps*. Paris 1746. Der Zuleitungsdraht ist ein vom Konduktor herunterhängender Metallstreifen. Die Person, welche die Flasche hält, übernimmt die Aufgabe des Ableitungsdrahtes und erwartet den „Leidener Schlag".

schon in der früheren Literatur auftauchende Annahme, daß die Teilchen der gewöhnlichen Materie anziehend auf die sich gegenseitig abstoßende elektrische Materie wirken. (Daß diese beiden Kraftarten nicht hinreichen, um die Erscheinungen zu deuten, hat später Wilckes Lehrer F. U. T. Aepinus erkannt.) Neu in Franklins Darstellung der elektrischen Phänomene war die Erkenntnis, daß negative und positive Elektrizität sich in ihrer Eigenart und nicht nur in ihrer Qualität unterscheiden, und daß ihre Gegensätzlichkeit, ihr Streben nach gegenseitiger Aufhebung das Wesen der elektrischen Erscheinungen ausmacht.

Der entscheidendste Test für Franklins Modell war die Leidener Flasche, ein Kondensator mit einem Glas als Dielektrikum, die um 1746 bekannt wurde und sich im Rahmen der damals in Europa gängigen Theorien bald als unerklärbar erweisen sollte. Die Theoretiker der alten Welt merkten nicht, daß die Elektrizitäten auf beiden Seiten des Glases entgegengesetzt waren. Sie nahmen an, daß beide Seiten auf die gleiche Weise elektrisiert und jede von ihnen durch eine elektrische Atmosphäre erzeugt würde. Dieser Annahme zur Folge müßte elektrische Materie durch Glas hindurchsickern können. Gemäß der üblichen Form der Theorie des Leidener Experimentes wurde elektrische Materie bei der Drehung einer Glaskugel gegen die Hand oder gegen ein Lederkissen erzeugt (Bild 3) und gelangte von dort durch eine isolierte Eisenstange (den „Primär-Konduktor"*) und von dieser durch einen Zuleitungsdraht („Headwire") auf die innere Beschichtung der Flasche. Dort sammelte sich ein Überschuß an, da das Glas, obwohl es für die elektrische Materie als durchlässig angenommen wurde, kein ungehindertes Durchsickern erlauben sollte. Die elektrische Materie, die an die Außenwand gelangte, häufte sich an, trotz der Notwendigkeit, den äußeren Belag während des Ladens über einen Ableitungsdraht („tailwire") zu erden.

---

* In der zeitgenössischen deutschen Literatur wird dafür auch die Bezeichnung „Hauptleiter", „erster Leiter" oder auch einfach „Konduktor" verwendet. (Anm. des Übers.)

Die Annahme der Durchlässigkeit stimmte mit der herkömmlichen Theorie insofern überein, als elektrische Anziehung durch direkte Wirkung der elektrischen Materie auf den be-
treffenden Gegenstand wirkt: Da Anziehungen aber auch durch eine Glaswand hindurch-
wirken, kann Glas den Durchtritt elektrischer Materie nicht verhindern. Dagegen behielt
ein geladener, auf Glasziegel gesetzter Primärkonduktor offensichtlich seine Elektrizität,
weil die Ziegel ein Abfließen der elektrischen Materie zur Erde verhinderten. Die Tatsache, daß die Flasche nur unter Umständen geladen werden konnte, die einen möglichst
großen Verlust elektrischer Materie an den Erdboden herbeiführen sollten, war ebenfalls
schwer mit der Annahme der Durchlässigkeit vereinbar. Ein möglicher Ausweg — daß
Glas von der Dicke eines Glasziegels isoliert, dagegen nicht, wenn es so dünn wie ein
Flaschenboden ist — war nicht mit der Entdeckung zu vereinbaren, daß die dünnwandig-
sten Leidener Flaschen den größten Schlag abgeben oder die meiste elektrische Materie
speichern. Die europäischen Elektrizitätsgelehrten fanden keinen Ausweg und mußten
auf das assylum ignorantiae zurückgreifen, das durch die Quantenphysiker wiederent-
deckt wurde: Glas wirkt je nach dem vorgenommenen Experiment auf widersprüchliche
Weise.[4]

Franklin meisterte die Schwierigkeit, indem er Glas für elektrische Materie als undurch-
lässig erklärte und Tatsachen und Theorien verwarf, die dieser Annahme widersprachen.

Mit der Forderung der Undurchlässigkeit wurde die Auffassung der entgegengesetzten
Elektrizitäten auf die Leidener Flasche anwendbar. Nach Franklin sammelte sich die
elektrische Materie, die man auf die obere Oberfläche des Glases (die Innenseite der
Flasche) gibt, dort an und zieht durch die vereinten abstoßenden Kräfte ihrer Teilchen
eine gleiche Menge elektrischer Materie aus der unteren Oberfläche (oder Außenseite)
ab. Er nahm an, daß dieser Vorgang so lange anhalten würde, bis die untere Fläche ihre
gesamte elektrische Materie abgegeben habe: Franklins System konnte als einziges der
Welt die Eigentümlichkeiten der Flasche erklären, einschließlich der Notwendigkeit, die
Flasche während des Ladens zu erden, und zwar nach den gleichen Prinzipien, die zur Erklärung elektrostatischer Anziehung und Abstoßung gelten.[5]

Die Vorteile der Franklinschen Begriffe von Plus- und Minus-Elektrizität, wie er sie auf
die Leidener Flasche anwendete, mußte den europäischen Elektrizitätsgelehrten die Über-
legenheit seines Systems ohne Zweifel bald vor Augen führen. Tatsächlich fanden seine
Ideen unmittelbar Gehör durch eine Überprüfung ihrer ungereimten Vorschläge zum Um-
gang mit Blitzen und wie man sich gegen sie schützt. Wiederum war es nicht Franklins
eigene Idee, wenn er — mit den Worten des führenden französischen Elektrizitätsgelehrten der Zeit, Jean Alphonse Nollet, gesprochen — annimmt, daß „Elektrizität in unseren
Händen das sei, was Blitze für die Natur sind."[6] Diese Analogie, die jedem sofort auffällt,
der Funken beobachtet, erschien schon 1709 im Druck und ist auch in Hallers Berichten
von 1745 zu finden. Franklins ureigenster Beitrag die Ausführung: Er schlug erstens ein
Experiment vor, um die Analogie in eine Identität umzuwandeln; und gab zweitens eine
Methode an, Gebäude während Gewittern vor Schäden zu bewahren.[7]

Das Experiment — Blitze an einer spitzen hochgelegenen isolierten Stange einzufangen
und für gewöhnliche elektrische Demonstrationen zu benutzen — wurde zuerst in Marly-
la-ville in der Nähe von Paris unter der Leitung von Georges de Leclerc (dem späteren
Grafen von Buffon) ausgeführt. Dieses führte im Mai 1752, wie es schien, zum Erfolg.

Unternehmungslustige Elektrizitätsgelehrte schlugen sofort Löcher in ihre Häuser, errichteten isolierte Stangen und experimentierten mit der Elektrizität, die sie dem Himmel entnahmen. Im Juli 1753 traf ein Blitzstrahl den deutschen, an der Petersburger Akademie der Wissenschaften angestellten Physiker G. W. Richmann, der statt der üblichen elektrischen Störungen der niederen Atmosphäre an seinen Stab gelangte und ihn auf der Stelle tötete. Dies beendete die in Marly begonnene Manie. Die Franklinisten wendeten sich dem Entwurf schützender Blitzableiter und der Verbesserung des Franklinschen Systems zu.[8]

Franklin selbst beschäftige sich nicht lange mit dem Studium der Elektrizität. Er und seine Mitarbeiter — Philip Syng, ein Silberschmied, Thomas Hopkinson, ein Jurist und Ebenezer Kinnersley, ein Prediger und Lehrer — entwickelten während des Winters 1745/1746 das System der Plus- und Minus-Elektrizität und wendeten dieses 1746/1747 auf die Leidener Flasche an. Franklin unterbreitete seine Vorschläge über Blitze um 1750, als er auch eine wunderliche Mechanik der elektrischen Materie im Stile der europäischen Physiker entwickelte, die ganz außerhalb der Ideenwelt seiner eigenen Arbeit lag. Zudem lieferte er nur eine weitere wichtige Veröffentlichung, eine Erläuterung der Experimente über elektrische Influenz, die John Canton, ein englischer Schulmeister, erfunden hatte.[9]

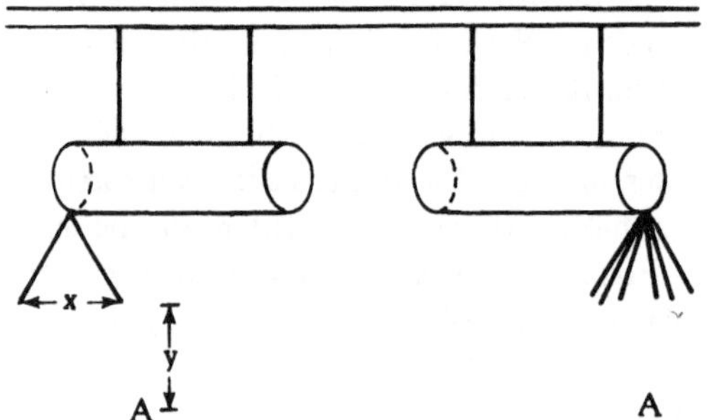

Bild 4
Der von Franklin (rechts) verbesserte Influenzversuch Cantons (links). In einer typischen Versuchsanordnung elektrisierte Canton den Zylinder mit einem Funken aus der Röhre, was zur Folge hatte, daß die Korken sich bis zu einem Abstand x von zwei Zoll voneinander entfernten. Anschließend brachte er die Röhre im Abstand y unterhalb der Korken nach A. x nahm ab im Maße wie y verringert wurde, fiel dann auf Null und wuchs wieder an, wenn man y noch weiter verkleinerte.

Cantons Experimente wurden durch die alternierenden Ladungen angeregt, die mit Hilfe von Sonden der unteren Atmosphäre entnommen wurden. Um der Sache nachzugehen, hing er einen Blechzylinder (den Pol) an isolierenden Seilen auf und brachte eine geladene Röhre (die Wolke) nach oben; als Detektor benutzte er ein Paar Korkkügelchen, die vom Zylinder herabhingen. Franklin verbesserte Cantons Aufbau und unterschied säuberlich zwischen dem Abspreizen des Detektors (in seinem Falle eine Fadenquaste) durch den alleinigen Einfluß der Röhre und der Abhängigkeit von der Ladung, die dem Zylinder zugeführt wurde (Bild 4). In den eindeutigsten Fällen näherte man die Röhre dem Zylinder und die Quaste spreizte sich. Entfernte man die Röhre, so fiel die Quaste zusammen; wenn man alles gleich ließ, die Röhre aber sehr nahe an den Zylinder brachte, blieb die Quaste beim Entfernen der Röhre geöffnet. Franklin erklärte, daß im ersten Fall der Röhre ihre gesamte „Atmosphäre" durch einen Funken entzogen, im zweiten Fall aber elektrische Materie dem Zylinder übermittelt wurde; in moderner Sprechweise war das erste reine Influenz, das letztere eine Mischung von Influenz und Leitung; beide hatten

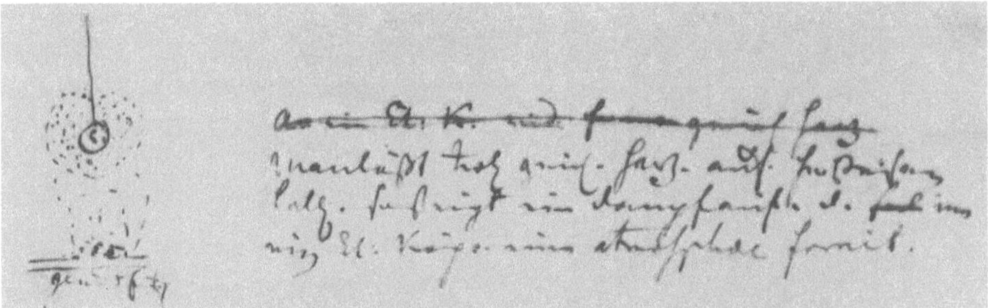

Bild 5 Wilckes Darstellung der Atmosphäre in der Umgebung einer geladenen Kugel. Die Ströme legen hier den Mechanismus der Anziehung durch die unmittelbare Wirkung der elektrischen Materie nahe. „Literia electrica", f. 10 (Wilcke: Handschriften Nr. 45, KVA). Franklins Auffassung der konformen Atmosphären findet man in der Abb. VIII, in *Briefe*, Frontispiz, dargestellt.

nichts mit einer die Röhre umgebenden Atmosphäre elektrischer Materie zu tun. Schon in Franklins Darstellung wurde die Atmosphäre etwas Geisterhaftes, nur Quasi-Körperliches: Unter gleichen Voraussetzungen konnte sie vollständig (und geheimnisvoll) an der Röhre haften oder aber auch einen Teil ihrer selbst an den Zylinder übertragen. Unter Benutzung der Tatsachen, die Wilcke zusammengetragen hatte, sollte Aepinus die letzten Überbleibsel von Körperhaftem oder Substanzartigem aus dem Konzept der elektrischen Materie entfernen.

Die Entmaterialisierung des Vorganges der elektrischen Anziehung und Abstoßung unterschied Franklins System von allen anderen. Sicherlich haben Überreste der alten Ansicht, daß die Ausströmungen („effluvia") eines geladenen Körpers benachbarte leichte Gegenstände in Bewegung versetzen, Franklins ursprüngliche Konzeption der Abstoßung zweier positiv geladener Körper angeregt: ihre Atmosphären treiben sie wegen der elementaren Abstoßung zwischen benachbarten Elementen der elektrischen Materie auseinander. Aus dieser Sicht mußte Kinnerleys Entdeckung, daß negativ geladene Körper, denen per definitionem der Mechanismus der elektrischen Interaktion fehlte, sich ebenfalls abstoßen, als eine sinnlose Tatsache angesehen werden, die keine Beziehung zu dem mechanischen Bild für den Fall der positiven Ladung hatte (Bild 5). Auf ähnliche Weise erhob Franklin bei der Erläuterung von Cantons Experimenten und seiner Kritik an einer Rokokotheorie, welche Benjamin Wilson vorgeschlagen hatte[10], die unbequemen Tatsachen zu Grundprinzipien und entfernte sich damit weiter von dem alten Programm, Elektrizität auf Mechanik zurückzuführen.

Die Gegnerschaft des Abbé Nollet

Um 1750 war Nollet der angesehenste Vertreter der via antiqua, „das Haupt der elektrisierenden Physiker Europas", Mitglied der Pariser Akademie der Wissenschaften und „ein Stern zweiter Größe am Gelehrtenhimmer".[11] Nollet hatte das unglückliche Geschick, sein System vor der Entdeckung der Leidener Flasche zu entwickeln. Er wählte das „älteste, bekannteste und zuverläßlichste aller elektrischen Phänomene", nämlich die An-

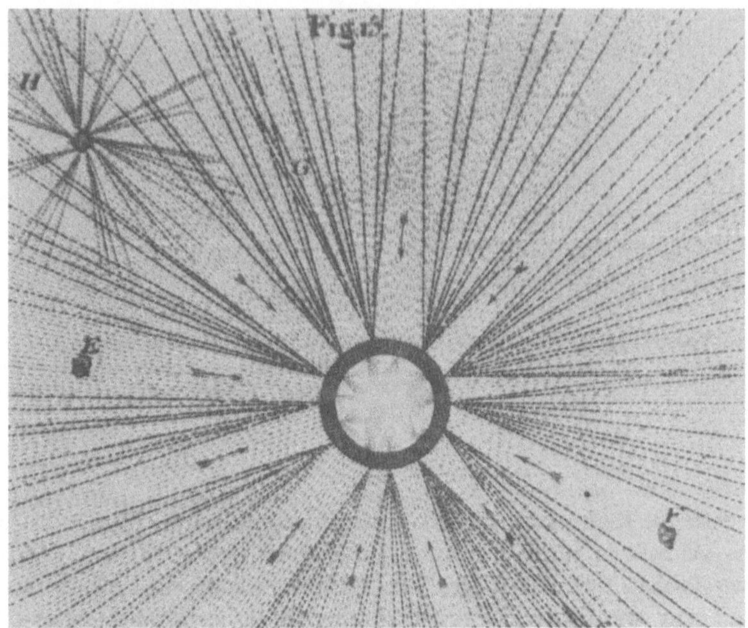

Bild 6 Der Abbé Jean Antoine Nollet wollte die bekannten elektrischen
Phänomene seiner Zeit im Sinne der Cartesischen Naturphilosophie deuten.
Die Umgebung elektrisch geladener Körper dachte er sich durch gleichzeitige
Zuflüsse („affluences") und Ausflüsse („effluences") elektrischer Materie
durchsetzt. Aus den kleinen Poren der Oberfläche eines zylinderförmigen
Körpers, dessen Querschnitt wir hier sehen, treten divergierende Büschel
elektrischer Materie aus. Der Verlust wird ständig durch einen homogenen
Zufluß elektrischer Materie ersetzt. Kleine, durch den Sog dieses Zuflusses
an die Oberfläche des Körpers getragene Partikel (wie E und F), können
zuweilen von einer ausströmenden Garbe erfaßt und wieder fortgerissen
werden. Ein anderes Teilchen (wie H) dagegen, das bis zur Oberfläche vor-
dringen konnte, wurde durch Berührung elektrisiert. Es erzeugt jetzt ebenfalls ausströmende Garben, die dem Ausfluß des zylinderförmigen Körpers
entgegenwirken und zu einer Abstoßung führen.
(Nach J. A. Nollet: Essay sur l'électricité des corps. Paris [3] 1753.)

ziehung und Abstoßung[12], als Leitlinie und Erklärungshilfe. In seinem einfallsreichen System (Bild 6) schießen aus den Poren der Oberfläche eines elektrifizierten Körpers Ausflüsse („effluences") elektrischer Materie in konisch verlaufenden Garben; diese Ausflüsse regen ähnliche Ausflüsse bei allen Substanzen — einschließlich der Luft — welche sie berühren, an; die Sekundärströme verbinden sich zu Zuflüssen („affluences") oder strömen
direkt in Richtung des ursprünglich elektrifizierten Körpers; leichte Gegenstände zeigen
Anziehung oder Abstoßung je nach der Bewegungsrichtung der elektrischen Materie, die
sie trägt. Da die Ausflüsse in divergierenden Strahlen und die Zuflüsse nahezu isotrop verlaufen, wird ein kleiner Gegenstand in der Nähe der elektrifizierten Körper mit größerer
Wahrscheinlichkeit angezogen als abgestoßen. Bei näherem Herangehen an den Körper

wird der Gegenstand jedoch von dem ausströmenden Strahl getroffen und beginnt infolgedessen selbst einen starken Ausfluß auszusenden, und er wird durch die daraus resultierenden Zusammenstöße weggetrieben. Nollet brachte Funken- und Leuchterscheinungen in seinem System unter, indem er elektrische Materie mit derjenigen von Feuer und Licht gleichsetzte und den Unterschied zwischen Glas- und Harzelektrizität (welche der positiven und negativen Elektrizität entsprechen sollten) der unterschiedlichen Stärke ihrer Ausflüsse zuschrieb.

Vier Aspekte des mechanistischen Systems von Nollet verdienen unsere Beachtung. Erstens hatte es keinen Platz für qualitative Unterscheidungen: Alle elektrischen Erscheinungen mußten auf Unterschiede der Geschwindigkeit, Richtung und Menge eines einzigen, homogenen, besonderen Stoffes zurückgeführt werden. Je ein mit Glas- und ein mit Harzelektrizität geladener Körper sollten nebeneinandergesetzt eine größere elektrische Wirkung hervorrufen als jeder für sich allein. Zweitens überging das System viel zu leicht solche Phänomene, die offensichtlich mit ihm unvereinbar waren: Jede unerwartete Bewegung oder jeder Funken konnten auf eine momentane Gleichgewichtsstörung zwischen Ausflüssen und Zuflüssen zurückgeführt werden. Drittens hatte das System wenig Wert als Richtlinie für weitere Experimente: Es lieferte mit Hilfe mechanischer Vorstellungen eine ungenaue Erklärung phänomenologischer Regeln, die man ohne seine Hilfe gewonnen hatte. Viertens schien es trotz seiner Begrenztheit und Schwächen durch einleuchtende und unumstößliche Sinnesdaten bestätigt zu sein. Die mit gesundem Menschenverstand ausgestatteten und nicht mathematisch argumentierenden Naturphilosophen der Mitte des 18. Jahrhunderts, welche das Studium und die Verbreitung der elektrischen Phänomene beherrschten, konnten die Zuflüsse eines elektrischen Körpers riechen, hören, sehen und fühlen. Es erforderte aber ein höheres Maß an Abstraktion als sie besaßen dazu, die Gerüche, die Geräusche und das Glühen der Sekundärphänomene zu erkennen, welche durch den Durchschlag der Luft verursacht wurden, und die Wahrnehmung des Zuges an dünnen Hauthärchen auf die Wirkung einer Fernkraft zurückzuführen.[13]

Nollet zeigte keine Abneigung gegen die Fernkräfte im allgemeinen. Er akzeptierte die Behandlung der Gravitation in Newtons Principia, welche die gegenseitige Annäherung ponderabler Körper durch Wirkung unbekannter Ursachen wiedergab als beste Beschreibung der Tatsachen. Aber er warnte vor der Gefahr, solche Kräfte ohne Einschränkung überall anzuwenden, weil sie unter anderem von der Suche nach tieferliegenden mechanischen Ursachen ablenkten und so den Weg zu neuen Entdeckungen behinderten. „Ich bin ein echter Newtonianer", sagte er, „ich erkenne die Anziehung nur als eine Tatsache an ..., die anziehenden Qualitäten sind nicht nach meinem Geschmack."[14]

Vom Standpunkte Nollets war Franklins Berufung auf mikroskopische Abstoßungen zwischen den Teilchen elektrischer und makroskopischer Materie durch die Böden der Leidener Flasche unnötig und falsch konzipiert. Die Existenz der Ausflüsse und Zuflüsse in Frage zu stellen, sagte er, wäre das gleiche, als daran zu zweifeln, daß der Wind die Wetterfahnen dreht[15]. Der Erfolg zu Marly bedrohte nicht nur Nollets Stellung als führenden kontinentalen Elektrizitätsgelehrten, sondern auch alle Arten physikalischer Erklärungen, welche durch die Naturphilosophen seiner Zeit akzeptiert und verbreitet wurden. Außerdem hatte er allen Grund zu der Annahme, daß die Förderung Franklins in Frankreich etwas mit einem alten akademischen Streit zwischen seinem Lehrmeister René de Reaumur und dem ehrgeizigen Buffon zu tun hatte. Nollet fühlte sich persönlich und beruflich be-

Bild 7 Elektrische Wirkungen im Inneren von verschlossenen Glasgefäßen. Mit den hier
gezeigten Versuchen wollte Nollet Franklins Behauptung von der elektrischen Undurchdringlichkeit des Glases widerlegen. Fig. 1 zeigt eine elektrisch geladene Kugel, die durch
eine Scheibe hindurch dünne Metallplättchen vom Boden der Vase anhebt. In Fig. 2
sehen wir eine Leidener Flasche im Inneren eines versiegelten Glasbehälters. Durch Aufladung mit einer Elektrisiermaschine können im Inneren des Behälters leuchtende Garben
(von Nollet als glühende elektrische Materie angesehen) hervorgerufen werden. Die drei
oberen evakuierten Glaskolben (Fig. 3, 4 und 5) sind mit eisernen Röhren (Konduktoren)
versehen und durch die Elektrisiermaschine aufgeladen. Durch Berühren mit der Hand
entstehen im Inneren der Kolben mannigfaltige Leuchterscheinungen.
(Nach J. A. Nollet: Letters sur l'électricité. Paris ³1753.)

droht und bemühte sich eifrig, den Fehler der via nova zu finden: 1753 veröffentlichte er den ersten von drei Bänden der nicht abgesandten Lettres sur l'électricité, in welchem er gleichgesinnten Kollegen und Franklin selbst die Fehler, Überteibungen, Widersprüche und Ungereimtheiten des Franklinschen Systems vorführte.[16] Einige seiner Einwände überzeugten. Das Hauptanliegen der ausführlichen Anmerkungen, mit welchen Wilcke seine Übersetzung von Franklin ausstattete, war die Wiedergabe von Nollets Argumenten, die Beurteilung ihrer Vorzüge und dort, wo er es für notwendig befand, Franklin entsprechend zu korrigieren oder neu zu formulieren.

Nollet hatte Einwände von dreierlei Art. Der erste leicht einzusehende betraf kategorische Aussagen wie z.B. Franklins Behauptung, daß eine isolierte Leidener Flasche nicht geladen werden kann (sie wird wie jeder andere Körper elektrisiert, wirkt jedoch nicht wie ein Kondensator).[17] Der zweite war Franklins unangebrachte Betonung seiner Weigerung, die elementaren Phänomene von Anziehung und Abstoßung zu erläutern, bevor er zur Erklärung des komplizierteren Verhaltens der Leidener Flasche überging. Franklin versuchte einmal die Tatsache zu erklären, weshalb eine Feder im Innern einer Glasflasche auf einen elektrisierten Körper außerhalb derselben reagiert. Die Atmosphäre des Körpers, sagte er, überstreicht das Äußere der Flasche, deren Wände sie wegen der Durchlässigkeit des Glases nicht zu durchdringen vermag. Statt dessen veranlaßt sie die elektrische Materie der inneren Oberfläche zur Bildung einer Atmosphäre im Inneren der Flasche, welche die Bewegung der Feder verursacht. Nollet bemerkte ganz richtig, daß das Modell unsinnig ist, aber weder erkannte noch akzeptierte er, daß solche Bilder auch verworfen werden konnten, ohne damit das Franklinsche System zu gefährden.[18] (In Wirklichkeit wurde es dadurch verbessert.)

Nollets scheinbar überzeugendste Kritiken waren Experimente, welche darauf abzielten, die entscheidende Annahme bei Franklins Analyse der Leidener Flasche — die vorausgesetzte Undurchlässigkeit des Glases — zu widerlegen. In einer mustergültigen Versuchsanordnung verschmolz Nollet eine Leidener Flasche mit der Öffnung eines langen evakuierten Behälters (Bild 7), und lud das Ganze wie einen einzigen Kondensator auf, indem er die innere Belegung der Flasche mit einem elektrostatischen Generator verband und das Äußere des Behälters erdete. Ein wunderbares Leuchten zeigte sich in dem Behälter, die unwiderlegbare Evidenz für die Anwesenheit elektrischer Materie in dem evakuierten Raume, welche durch den Boden der Flasche hindurchgedrungen war. Außerdem lud sich die äußere Oberfläche des Behälters stark auf, ein untrügliches Zeichen der Anwesenheit elektrischer Materie im evakuierten Raume, die zwei Lagen von Glas durchquert hatte. Jeder, der dem Urteil seiner Augen nicht traute, konnte sich leicht von der Ladung überzeugen, indem er die innere Belegung der Flasche und die äußere Oberfläche des Behälters berührte.[19]

Nollet erhielt zuerst eine Antwort von David Colden, einem der Freunde Franklins, der jedoch nicht über das Gerät verfügte, um eine Leidener Flasche in einem evakuierten Behälter zu bauen. Eine vollständigere Antwort kam von dem Turiner Physikprofessor Giambattista Beccaria, der das erste Lehrbuch oder die erste systematische Darlegung des Materials bot, das Franklin ganz zwanglos vorgetragen hatte. Als Beccaria sein Werk drucken ließ, entwendeten Nollets Freunde in Turin die Seiten und veröffentlichten eine Widerlegung zum großen Franklinistischen Text, bevor derselbe erschien. Beccaria fügte daraufhin in der Mitte seines Textes eine Erwiderung auf Nollets Einwände hinzu.[20]

Seine Verteidigung gleicht in vieler Hinsicht derjenigen von Colden, soweit diese reichte, ging aber darüber hinaus, da sie das Experiment mit der Leidener Flasche in dem evakuierten Gefäß gemäß den Franklinschen Prinzipien neu interpretierte. Beccaria behauptete, daß sich die Ladung im Innern der Flasche anhäuft und die elektrische Materie von der äußeren Oberfläche verdrängt. Es wäre diese von der ursprünglichen verschiedene Materie, die in dem evakuierten Raume leuchtete.

Buffons Anhängerschaft erachtete Beccarias Antwort als zutreffend, übersetzte sie ins Französische und machte sie zu ihrer eigenen. Sie vermeinte, daß dadurch die Parteigänger Nollets entwurzelt und von der Presse unbeachtet bleiben würden. Hinter sich die Gefolgschaft der älteren deutschen Gelehrten forderte Nollet die Pariser Franklinisten zu einem Streitgespräch vor die Akademie der Wissenschaften.[21] In diesem Stadium der Streitigkeiten nahm Wilcke das Studium der Elektrizität auf.

2 Elektrizität in Berlin

Eulers Tischgesellschaft

Wilcke übersetzte Franklins Werk während der Vorbereitung seiner Thesis, De electricitatibus contrariis, die er im Oktober 1757 an der Universität Rostock verteidigte. Er war damals 25 Jahre alt. Die Dissertation ist ungewöhnlich für eine Doktorarbeit des 18. Jahrhunderts und zeichnet sich durch große Länge, Tiefe, Klarheit und Detailliertheit aus. Wilcke sollte damit seine Eignung für eine akademische Laufbahn unter Beweis stellen.[22] Wilckes Vater, Pastor einer einflußreichen deutschen Gemeinde in Stockholm, wollte nicht, daß sein Sohn eine so wenig versprechende Laufbahn antrat. Er hätte lieber gesehen, daß Wilcke in ein Ministerium eingetreten wäre, und schickte ihn zu diesem Zwecke an die Universität von Uppsala. Dort lernte Wilcke durch Samuel Klingenstierna und Marten Strömer Mathematik und Physik kennen und fand diese interessanter als Theologie. 1751 sandte ihn sein Vater nach Rostock — vielleicht um seinen Blick auf höhere und besser bezahlte Studien zu lenken — wo A. I. D. Aepinus, ein alter Freund und sein ehemaliger Student den Lehrstuhl für Rhetorik innehatte. Dieses Manöver schlug fehl. Einem Brauch folgend, speiste Wilcke bei seinem Professor und kam auf diese Weise täglich mit dem jüngeren Bruder des Rhetorikers, Franz Ulrich Theodor Aepinus, zusammen, der an der Universität Mathematik lehrte.[23]

Die Freundschaft, die sich zwischen Wilcke und dem jüngeren Aepinus rasch entwickelte, beschleunigte Wilckes Abwendung von der Theologie, und im Jahre 1753, als er sich in Göttingen immatrikulierte, um die Vorlesungen von J. A. Segner und Tobias Mayer zu hören, schrieb er sich nicht als „theologus", wie noch in Rostock, sondern als „mathematicus" ein. Zwei Jahre später benutzte A. I. D. Aepinus all seine Überzeugungskraft, um Wilckes Vater von der schon vollzogenen Tatsache zu überzeugen. Ohne Zweifel wird er bei dieser Gelegenheit erwähnt haben, daß ein Mathematiker des aufgeklärten

18. Jahrhunderts nicht zu verhungern braucht. Der junge Franz, der mit einem armseligen Jahresgehalt der Universität von 100 Reichsthalern begonnen hatte, war gerade als Astronom mit einem vier- oder fünffachen Gehalt an der Berliner Akademie der Wissenschaften berufen worden. Es wurde vereinbart, daß Wilcke sich im Herbst 1755 dem neuen Astronomen in Berlin zugesellen und in dessen Haus leben sollte, um keine Gelegenheit zu versäumen, seine mathematischen Kenntnisse zu vertiefen.[24] Um das Maß des Glückes voll zu machen, richtete Aepinus es ein, daß man im Hause Leonhard Eulers speisen konnte. So wurde eine zwanglose wissenschaftliche Gesellschaft am Mittagstisch des großen Mathematikers ins Leben gerufen. Außer Euler, seinem Sohn Johann Albrecht (der wie Aepinus ein neues Mitglieder der Berliner Akademie war), und Aepinus nahmen an der Tischrunde noch einige andere junge Anwärter auf eine akademische Laufbahn teil: Stefan Rumoskii und Semyon Kotelnikow, beide später an der Petersburger Akademie, und der ehemalige Theologiestudent Johann Carl Wilcke.[25]

Selbstverständlich gelangte Wilcke unter Eulers Einfluß. Er griff eine der Schrullen des großen Mannes, die Schmähung der Monadentheorie von Leibniz und von Wolff, auf und attackierte sie in einer öffentlichen Vorlesung, indem er zeigte, daß man mit einer endlichen Anzahl punktförmiger Monaden keinen festen Körper bilden kann. Das bedeutete, Metaphysisches mit Mathematischem, Kraft mit Ausdehnung und Philosophie mit Theologie zu vermengen. Wilcke kannte ohne Zweifel die theologische Bedrohung durch die Monaden — welche eine Verneinung des freien Willens implizierte — aus seiner Zeit in Uppsala, als diese Frage dort ausgiebig debattiert wurde. Aber er war nicht dazu ausersehen, ein Metaphysiker zu sein, und folgte dem Beispiel von Klingenstierna, der es vorzog, Mathematik und Physik zu betreiben, als über Wolffs Philosophie zu streiten.[26]

Eine andere von Eulers Auffassungen, die Wilcke zu übernehmen versuchte, war diejenige, daß „Hypothesen" — worunter Euler mechanische Modelle verstand — „der einzige Weg seien, um ein gewisses Verständnis der physikalischen Ursachen zu erreichen". Eulers Modelle setzten die Existenz einer sehr subtilen elastischen, den Sinnen nicht wahrnehmbaren Materie voraus, durch deren Drücke und Bewegungen wahrnehmbare Fernwirkungen hervorgerufen werden sollten. Licht ist die Schwingung dieser subtilen Materie oder dieses Äthers und möglicherweise die Ursache aller Elastizität, ihre eigene natürlich ausgenommen. Kurz gesagt, Euler folgte dem kartesischen Programm einer mechanischen Reduktion mit der wichtigen und für die Aufklärungszeit typischen Modifikation, daß die Physiker nicht in das innerste Prinzip von Äther und Materie eindringen können. Newtons Naturphilosophie stieß ihn ab, weil sie die Existenz aller den Sinnen nicht wahrnehmbaren Materie ablehnte. Dies war, wie er äußerte, „viel schlechter als irgend eine Hypothese".[27]

Die Elektrizität interessierte Euler als eine Äußerung ätherischer Aktivität. Einige Berichte über den elektrischen Charakter der Blitze wurden im Sommer 1752 an die Berliner Akademie gesandt. Sie wiesen auf die Wichtigkeit dieser Erscheinungen hin, ebenso wie auch die Wahl des Themas „Die Kraft der Elektrizität" für das Preisausschreiben der Petersburger Akademie für das Jahr 1755.[28] Euler, der damals über Hydrodynamik arbeitete, faßte das Prinzip der elektrischen Wirkung als einen Strömungsvorgang des Äthers in Körpern auf, von denen er durch Reibung abgetrennt worden war. Unsicher, ob er als Mitglied der Petersburger Akademie berechtigt sei, an dem Preisausschreiben teilzunehmen, gab er seinem Sohn Gelegenheit, die Erklärung bekannter elektrischer Phänomene auf der Grundlage der Äthermechanik auszuarbeiten.[29] Dies tat der junge Mann und gewann den Preis.

Johann Albrechts sehr einfacher Entwurf stützte sich auf die Annahme, daß — um eine
unnötige Vermehrung von Grundbegriffen zu vermeiden — der universale lichttragende
Äther auch Träger der Elektrizität sei. Dieser Äther durchdringt die Körper mit einer
Leichtigkeit, die von der Enge ihrer Poren abhängt. Glas und Luft absorbieren ihn nur
schwer, Metall und Wasser dagegen leicht. Ein elektrischer Körper ist ein partielles Äthervakuum und bleibt solange elektrisch, bis der umgebende Äther es wieder auffüllt. Dieser Nachfluß erzeugt ein differentielles Druckgefälle in der Luft, welches kleine Körper
umherwirbelt. Das ist die elektrische Anziehung. Die Abstoßung ist schwieriger, aber
auch hydrodynamisch zu verstehen.[30] Der preisgekrönte Beitrag gibt keinen nützlichen
Hinweis zum Verständnis der Leidener Flasche und erwähnt Benjamin Franklin überhaupt
nicht.

Euler sandte sein Manuskript im Dezember 1754 ein.[31] Es ist unwahrscheinlich, daß im
folgenden Jahr oder danach ein weiterer Beitrag zu dem Thema aus dem Eulerschen
Kreis kam. J. A. Euler ging von den elektrischen zu den magnetischen Kräften über und
verfaßte eine Denkschrift im Stile der Instrumentalisten. Er lieferte eine Berechnung des
Drehmoments drehbar aufgehängter Magnetnadeln unter verschiedenen Versuchsbedindungen, ohne auf die dafür verantwortliche Äthermechanik einzugehen. Zur Bestätigung
der Rechnungen machte er Experimente mit eigens dafür konstruierten Nadeln. Diese beschäftigten den jungen Gelehrten während des Sommers und vielleicht sogar bis zum
November 1755, als er den letzten Teil seiner Denkschrift der Akademie vorlegte.

Aepinus war während des Sommers ebenso eifrig, die Instrumente seines Observatoriums
in Ordnung zu bringen. Wilcke traf erst im Herbst in Berlin ein; keiner von ihnen scheint
bis dahin irgendein besonderes Interesse an der Elektrizität gezeigt zu haben.[32] 1756
und 1757 hingegen arbeiteten Wilcke, Aepinus und ihr Freund Euler gemeinsam über
diesen Gegenstand, was für die damalige Zeit eine ungewöhnliche Konstellation war:
Eine Zusammenarbeit, bei der die Verantwortung für die verschiedenen Teile der Arbeit, für die Theorie und das Experiment deutlich, wenn auch zwanglos, geteilt war.

Es ist nicht bekannt, was diesen einzigartigen Forschungsbetrieb in Bewegung setzte.
Wahrscheinlich hatte Wilcke Johann Albrechts Entwurf gelesen. Dabei bemerkte er,
daß die Theorie nicht richtig sein konnte und dieses hat er wohl auch geäußert. Wilcke
hatte den Vorteil, während seiner Studentenzeit in Uppsala Experimente gesehen zu haben, welche die „gegensätzlichen Elektrizitäten" demonstrierten. Seine Professoren
Klingenstierna und Strömer entdeckten, daß die Ladung einer (auf dem normalen Wege)
von oben geladenen Leidener Flasche qualitativ anders ausfiel, als wenn man sie vom
Boden her lud. Wenn man jeweils die oberen Teile und die unteren Teile von gleichartig elektrisierten Leidener Flaschen verband, so behielt jede ihre Elektrizität bei; wenn
man dagegen unterschiedliche, aber gleichstark elektrisch geladene Flaschen auf diese
Weise verband, verschwand alle Ladung. „Wir finden es sehr bemerkenswert (schreiben
sie 1746), daß die Elektrizitäten der zwei Phiolen, welche auf die zwei von uns beschriebenen Weisen mit Elektrizität angefüllt werden, verschiedenartig sind."[33] Wilcke bemerkte in seiner Dissertation, daß seine Professoren ihre Entdeckungen nicht genügend weit
geführt hatten, um die Lehre von der Plus- und Minuselektrizität vorwegzunehmen. Aber
sie waren ausreichend vorbereitet, um zu erkennen, daß der Kern der Franklinschen

Theorie in der Behauptung besteht, Elektrizität trete in gegensätzlichen Formen sowie auch in unterschiedlichen Stärken auf. Ende Oktober 1755 beschrieb und verteidigte Klingenstierna diese Auffassung vor der Schwedischen Akademie der Wissenschaften. Es mag die gedruckte Fassung seiner Rede gewesen sein, welche Wilcke kannte und welche Eulers Tischgesellschaft auf die Möglichkeit hinwies, daß Johann Albrecht das Geheimnis der Elektrizität nicht gelöst hatte.[34]

Wilckes Vorgesetzte zweifelten zunächst an dieser Möglichkeit. Der junge Euler glaubte nicht, daß die Unterscheidung zwischen Glas- und Harzelektrizität, mit welcher er die Gegensätzlichkeit von positiver und negativer Elektrizität gleichsetzte, von fundamentaler Wichtigkeit sei. Aepinus nahm an, daß Franklin hier irrte und versuchte dieses zu beweisen. Er befestigte ein Fadenpaar, das als Detektor dienen sollte, an dem Ende eines isolierten Drahtes. Dem anderen Ende näherte er eine geladene Glasröhre, die eine vitröse (positive) Atmosphäre auf den Draht übertrug und ein Spreizen der Fäden veranlaßte. Danach ersetzte er die Glasröhre durch eine aus Siegellack, die eine rezinöse Ladung trug, und erwartete, daß die Fäden sich noch stärker spreizen würden. Man erinnere sich, daß in der überlieferten Theorie die Harz-Elektrizität von ähnlicher Natur als die vitröse angenommen wurde, wenn auch schwächer in ihren Auswirkungen. „Dieses würde die Unrichtigkeit der Ansicht von Mr. Franklin beweisen, welcher behauptet, daß die Elektrizität eines Stabes aus Siegellack zu der einer Glasröhre entgegengesetzt ist." Die Fäden fielen in sich zusammen, wenn man Siegellack benutzte. Damit schwand auch die Selbstgefälligkeit der Berliner Elektrizitätsgelehrten. Aepinus entschied sich für Franklin, der junge Euler paßte seine Hypothesen entsprechend an, und Wilcke wandte sich einem ausführlichen Studium der gegensätzlichen Elektrizitäten zu.[35]

1756 und in der ersten Hälfte von 1757 arbeiteten die drei Experimente und Theorien für fünf bedeutende Veröffentlichungen über Elektrizität aus. Aepinus fand die Gesetze für das Verhalten von Turmalin, einem Mineral, das sich durch Erwärmen elektrisieren läßt, und entwickelte daraus eine weitreichende Analogie zwischen Elektrizität und Magnetismus. Das Mineral wurde Gegenstand einer Denkschrift, welche er im März 1757 der Akademie vorlegte. Die Analogie bildete die Grundlage für den berühmten *Tentamen theoriae electricitatis et magnetismi*, welchen Aepinus 1759 vollendete.[36] Euler übernahm sowohl Franklins Theorie als auch einige von Wilckes experimentellen Ergebnissen in einer revidierten hydrodynamischen Theorie, die im Oktober und November 1757 der Berliner Akademie übermittelt wurde.[37] Zur gleichen Zeit waren sowohl Euler als auch Aepinus eifrig mit anderen Projekten beschäftigt. Der Hauptanteil der Arbeit fiel auf Wilcke, der alles, was für oder gegen die Auffassung der entgegengesetzten Elektrizitäten geschrieben worden war, experimentell überprüfte. Insgesamt waren es an die 70 Versuche. Die von ihm vertretene Darstellung der Franklinschen Theorie wurde seine Dissertation.[38] Seine sorgfältige Überprüfung der Einwände gegen die Theorie sind in einem ausführlichen Anmerkungsteil seiner Übersetzung des Franklin-Textes beigefügt, der wahrscheinlich Anfang 1758 in Leipzig publiziert wurde.

Die einzelnen Arbeiten verdienen aus verschiedenen Gründen Beachtung. Eulers vergeblicher Versuch, die neuen Tatsachen der Theorie seines Vaters anzupassen, ist ein frühes Beispiel für eine schwache physikalische Theorie, die durch einen aufwendigen und ungeeigneten mathematischen Formalismus verdeckt wird. Aepinus Werk ist von großer Tiefe, das Erzeugnis eines klaren mathematischen Geistes, der – im Gegensatz zu Euler – nicht

durch verwandtschaftliche Abhängigkeiten beeinträchtigt war. Aepinus lehnte den An-
satz, der seinem Freund den Petersburger Preis eingetragen hatte, vollständig ab und
führte Newtons Methoden in die Elektrizitätstheorie ein. Der ältere Euler bedauerte natürlich den Rückgriff seines ehemaligen Tischgenossen auf „willkürliche anziehende und
abstoßende Kräfte".[39] Wilckes Fall ist in mancherlei Hinsicht der interessanteste. Da er
weder die Fähigkeit besaß, noch die Ausdauer aufbrachte, eine Theorie unabhängig von
seinen Kollegen zu entwickeln, übernahm er von beiden etwas und gelangte zu einer inkon-
sistenten Theorie der Elektrizität im Geiste seiner Zeit. Besser als bei Euler oder bei
Aepinus kann man in Wilckes Werk den Gegensatz von Altem und Neuem und die noch
offenen Probleme abschätzen. Die so fruchtbare Zusammenarbeit endete mit Aepinus'
und Wilckes Abreise aus Berlin. Neue günstige Arbeitsmöglichkeiten zerstörten diese
Gruppe. Im April 1757 nahm Aepinus eine Stellung an der Petersburger Akademie an,
mit der er seit dem vorhergehenden Sommer verhandelt hatte. Im August ging Wilcke
nach Rostock, um die Drucklegung seiner Dissertation zu überwachen. Auch er erhielt
ein Angebot aus Rußland, aber er zog es vor, sein Glück in Schweden zu versuchen.
Durch den Einfluß von Klingenstierna und anderen Gelehrten wurde für ihn eine neue
Position bei der Schwedischen Akademie der Wissenschaft geschaffen, ein Lehrstuhl
für Experimentalphilosophie. Schließlich wurde er dort auch Sekretär. Euler blieb bis
1766 in Berlin, dann kehrte er und sein Vater nach Rußland zurück, um in Petersburg
Aepinus' Kollegen zu werden.[40]

Die Via media

Euler eröffnete seine Denkschrift von 1757, indem er Aepinus dankte, ihn auf die Wichtigkeit der Plus- und Minuselektrizität aufmerksam gemacht zu haben. Glücklicherweise
konnte Franklins Entdeckung widerspruchsfrei dem alten Äthermodell angepaßt werden:
Es war nur angezeigt, Euler nicht zu sehr mit der Grundstruktur des Äthers oder der Körper,
durch die er hindurchdringt, in die Enge zu treiben: „In der Physik müssen wir auf eine
Kenntnis letzter Ursachen verzichten."[41] Dafür aber können wir Mathematik betreiben.
Sei ϕ (x, t) die Ätherdichte an einem Punkt x zur Zeit t und außerdem − in Analogie
zu Boyles Gasgesetz − sein Druck oder seine Elastizität gleich n ϕ, dann gilt, da die
Ätherbeschleunigung gleich der totalen Änderung seiner Geschwindigkeit v ist,

$$\frac{\delta v}{\delta t} + v\frac{\delta v}{\delta x} = -\frac{n}{\phi}\frac{\delta \phi}{\delta x}.$$

Diese Beziehung und eine Integralgleichung, welche die Erhaltung der subtilen Materie
ausdrückte, „enthält alle Bedingungen, um die Ätherbewegung zu bestimmen." Unglück-
licherweise konnte sie nicht allgemein gelöst werden. Euler untersuchte den Fall, daß
$\delta v/\delta t = 0$ ist, woraus sich ϕ = const. exp $(- v^2/2n)$ ergibt. Dies ist ein Sonderfall des
Bernoullischen Prinzips − je stärker die Strömung desto geringer der Druck − für welches
Euler keine nützliche Anwendung finden konnte. Seine Darlegungen haben den gleichen
qualitativen Charakter wie die seines Preisausschreibens: Der Ätherfluß zwischen einem
positiven und einem negativen elektrischen Körper oder zwischen jedem von beiden und
einem neutralen erzeugt einen Druckabfall, der den sie umgebenden Äther oder die Atmosphäre veranlaßt, sie einander zu nähern. Um die Abstoßung zwischen Körpern gleicher Ladung wiederzugeben, stellte sich Euler lokale Äthererschütterungen vor. Er er-

klärte die Influenzversuche von Canton und Franklin als Folge eines Ätherwindes, der von der Glasstange (oder zum Siegellack) zum (oder von dem) aufgehängten Zylinder strömt. Zylinder und influenzierende Körper sollten sich nach Eulers Theorie schließlich mit Elektrizität gleichen Vorzeichens aufladen.[42]

Eulers Modell ergab eine neue Schwierigkeit für die Franklinsche Theorie, die schon Beccaria und auch J. B. Le Roy, einem der ersten Franklinisten an der Pariser Akademie, aufgefallen war. Wie läßt sich feststellen, ob die Glaselektrizität wirklich positiv ist, d.h. eine Anhäufung elektrischer Materie darstellt? Le Roy und Beccaria glaubten, daß sie das Problem mit ihren Entdeckungen gelöst hätten, daß nämlich positiv elektrisierte Metall-Spitzen lange konische Leuchterscheinungen oder „Büschel" erzeugten, während solche, die negativ elektrisiert waren, Lichtpunkte oder „Sterne" zeigten. Die Büschel wiesen offenbar auf einen leichten Austritt und die Sterne auf einen schwierigen Eintritt der elektrischen Materie hin. Euler verwarf diese Anzeichen als nicht überzeugend, was sie in der Tat auch waren und verwies statt dessen auf zwei durch Wilcke verbesserte Experimente. In einem wurde verflüssigter in ein Glas gegossener Schwefel durch Abkühlung elektrisiert. Euler vermutete, daß der Äther durch die Kontraktion aus seinen Poren verdrängt wurde und ihn somit durch Überschuß (positiv) elektrisierte. In einem anderen Experiment zeigte Wilcke, daß alle Metalle bis auf Blei mit Harzelektrizität geladen wurden, wenn man sie mit den üblichen Materialien — vom Glase bis zum Schwefel — rieb. Euler vermutete, daß sie wahrscheinlich in Folge der leichten Fortpflanzung des Äthers in Metallen einen Überschuß während des Reibungsvorganges erlangten.[43] Hätte Eulers Auffassung vorgeherrscht, wäre ohne Zweifel das Studium der Elektrizität einfacher gewesen. Elektrische Materie fließt durch Drähte in einer zu Franklins Annahme entgegengesetzten Richtung.

Die Reaktion von Eulers Kollegen auf diese Ketzerei war charakteristisch. Aepinus stimmte zwar zu, daß die Leuchterscheinungen nicht ausreichen, aber er weigerte sich, Euler zu folgen: Denn nach seiner Auffassung der Franklinschen Theorie spielte die elektrische Materie nur eine formale Rolle. Es kümmerte ihn wenig, ob die Glaselektrizität einem Überschuß oder einem Mangel entsprach. Aber Wilcke, der ein detaillierteres Verständnis der Mechanik der elektrischen Materie anstrebte, nahm das Problem ernst. In seiner J. A. Euler gewidmeten Dissertation betrachtete er das Argument der Aufladung des Schwefels durch Abkühlung als entscheidend. In seinen Bemerkungen zu Franklins *Briefen* pflichtete er der Schlüssigkeit der Leuchterscheinungen bei.[44] Manchmal ist es eben zweckmäßig, zwei Bücher auf einmal zu schreiben.

Aepinus' Elektrizitätsforschungen drehten sich um den Turmalin, auf dessen Fähigkeit, nach Erhitzen Asche anzuziehen, ihn das Akademiemitglied Johann Gottlieb Lehmann hingewiesen hatte. Aepinus interpretierte dies als einen elektrischen Effekt und zeigte, daß das scheinbar so eigenwillige Verhalten des Minerals mit Hilfe der Plus- und Minuselektrizität gedeutet werden konnte. Er fand, daß das Gestein Pole besitzt, die durch Erwärmung entgegengesetzt geladen werden — so wie Weicheisen durch einen Magneten magnetisiert werden kann. Wenn man den Turmalin in der Hand hielt und rieb, so lud sich die eine Seite positiv und die andere negativ auf. Daraus schloß er, daß er es mit einer Leidener Flasche in Miniatur zu tun hatte. Die durch Reibung erzeugte Plusladung auf einer der Oberflächen des dünnen Gesteins verdrängte die elektrische Materie von der entgegengesetzten Seite durch seine Hand hindurch zur Erde. Er begann überall potentiell Kondensatoren wahrzunehmen: Alle Edelsteine, natürlich alle Nichtleiter – einschließlich der Luft – konnten als Leidener Flasche dienen.[45]

Wilcke, der allen diesen Experimenten mit Turmalin beigewohnt und sie anschließend wiederholt hatte, diskutierte um diese Zeit mit Aepinus die Ergebnisse der Experimente, die im Stile von Franklin und Canton ausgeführt wurden. Mit brillantem, treffendem Scharfblick erkannte Aepinus die Anordnung aus isoliertem Zylinder und angenäherter Glasröhre als eine unvollständige Leidener Flasche. Die Röhre entsprach der inneren Belegung, der Zylinder der äußeren und – dieses war der Durchbruch – die Luft dem Glase. Bei den Varianten des Experiments, bei denen der Zylinder plötzlich geerdet wurde, wenn er dem Einfluß der Röhre ausgesetzt war, ist die Analogie eine vollständige. Wilcke konnte sich anfangs nicht dazu entschließen, eine so neuartige Doktrin zu akzeptieren. Um sie zu überprüfen, hingen er und Aepinus zwei metallene Zylinder parallel zueinander auf und luden sie wie eine Flasche. Es geschah jedoch nichts. Daraufhin überlegten sie, daß die Analogie besser durch Verwendung großer flacher Metallplatten erfüllt sei. Sie versuchten es mit zwei Platten, jede von ungefähr einem Quadratfuß Fläche, und stellten diese einen Zoll voneinander entfernt auf. Freudig verspürten sie einen schwachen Schlag, wenn sie die Platten durch Berührung mit Daumen und Ringfinger der gleichen Hand entluden. Ermutigt bauten sie metallbeschichtete Rahmen von 3 Fuß Breite und 4 Fuß Länge und erzielten zu ihrer vollen Genugtuung auch damit Stöße.[46] Daraufhin begann auch Wilcke überall Kondensatoren wahrzunehmen: zwischen geladenen Wolken und der Erde, zwischen Versuchsapparaten und Zuschauern, zwischen einem elektrisierten Gegenstand und der Wand des Raumes, der denselben enthielt. Immer vorausschauend, schlug er vor, eine Wand seines „Laboratoriums" (er wählte diesen Ausdruck) mit Metallfolien als Teil eines großen Luftkondensators zu versehen, der ihn vor Schaden und Gefahren explodierender Leidener Flaschen schützen sollte.[47]

Der Luftkondensator beschleunigte die Vollendung eines Umwandlungsprozesses in der Elektrizitätstheorie – und damit natürlich auch in der physikalischen Wissenschaft – welcher sich in Franklins Arbeiten nur andeutungsweise gezeigt hatte. Franklins Darstellung der positiven Elektrizität als einer Atmosphäre oder einer Art Heiligenschein um den geladenen Körper war das Überbleibsel einer verständlichen, mechanischen, qualitativen, anschaulichen und zunehmend unzureichenden Darstellung, die am besten durch Nollets System der Aus- und Zuflüsse wiedergegeben wurde. Aepinus sah jetzt, daß der Überschuß von elektrischer Materie einer positiven Atmosphäre sich nicht über eine wahrnehmbare Entfernung eines geladenen und isolierten Gegenstandes erstrecken konnte. Während die abstoßende Kraft der oberen Platte seines Luftkondensators ohne Zweifel die untere erreichte, war das für die überschüssige elektrische Materie ganz sicher nicht der Fall: In diesem Fall könnte der Kondensator nicht geladen werden, weil er innerlich kurzgeschlossen wäre.

Da Aepinus nichts daran lag, sich ein Bild der elektrischen Anziehung in Raum und Zeit zu machen, verwarf er die körperhaften Atmosphären zugunsten unkörperlicher Wirkungssphären. „Für mich", schrieb er, „bedeuten diese Wörter nichts als das Gebiet, in welchem die elektrische oder magnetische Anziehung und Abstoßung wahrnehmbar bleiben." Er lehnte Nollets plumpe Sinneszeugnisse für die Anwesenheit einer ausgedehnten Atmosphäre ab, die als Äußerungen der Wirkung elektrischer Kräfte auf unsere Körper entstehen sollten. Sein kühner Stil war der eines kaltherzigen Mathematikers. Ein Physiker wie Wilcke dagegen, „welcher seine Wissenschaft mit Emotion betrieb, als etwas das Begeisterung und menschliche Anteilnahme erzeugt", gab die Bilder und Mechanismen nicht so einfach auf.[48]

Wilcke erlangte einen unbefriedigenden, dem natürlichen Verständnis aber entgegenkommenden Kompromiß. Er akzeptierte positive Atmosphären, Franklins Erklärung der Abstoßung zwischen positiven Körpern und Eulers Zuordnung der Funken mit den Schwingungen der elektrischen Materie oder des Äthers.[49] Er überging die Schwierigkeit mit dem inneren Kurzschluß eines Luftkondensators und ersetzte dieses Oxymoron einer negativen Atmosphäre durch körperlose Wirkungssphären (sphaera activitatis). Er schrieb die Abstoßung zwischen zwei positiven Körpern dem „Druck" ihrer Atmosphären zu, welche nur dann zur Wikrung kommen, wenn sie „Platz zur Ausdehnung" haben. Sie drücken gegeneinander, ohne sich zu mischen. Sie können von Körpern „abgetrennt" und weggeleitet werden. Sie „füllen" den Raum und verhindern durch ihre körperhafte Anwesenheit eine weitere Anhäufung. Zur Erklärung der Experimente von Canton und Franklin, die er zu den wichtigsten Entdeckungen der Elektrizitätslehre zählte, beschrieb Wilcke positive Atmosphären als körpereigen, Körper umgebend, als selbst körperhaft und negative als von Körpern entleerte Räume, als Regionen, die durch die Anwesenheit eines fehlenden Gegenstandes deformiert sind. „Diese [negative Atmosphäre] setzet zwar in dem Körper einen Mangel der Materie voraus: Sie hindert aber nicht, daß derselbe eine Atmosphäre haben könnte, obgleich diese Atmosphäre nicht aus elektrischer Materie besteht."[50] Einmal frei von dem Einfluß Aepinus', gab Wilcke auch noch diesen Kompromiß auf und kehrte zu rein mechanischen Erklärungen zurück.[51]

Die Verschiedenartigkeit der Darstellungen von Wilcke und Aepinus, zwischen der abstrakten via nova und der verworrenen via media kann man bis zum innersten Kern der elektrischen Theorie verfolgen. Aepinus bemerkte bald nach seiner Bekehrung zu Franklins Ansichten, daß die grundlegenden vorgeschlagenen Wechselwirkungen — abstoßend zwischen den Teilchen elektrischer Materie, anziehend zwischen ihnen und den Teilchen der gewöhnlichen Materie — nicht zu einem Gleichgewicht zwischen ungeladenen Körpern führen können. Bezeichnet man die gewöhnliche Materie in den Körpern mit M, m und die elektrische mit E, e, dann ist die postulierte Kraft auf ein Teilchen der elektrischen Materie in jedem der beiden Körper, die durch die Gegenwart des anderen hervorgerufen wird, gleich $M - E = m - e = 0$; die äußere Kraft auf ein Teilchen gewöhnlicher Materie aber ist eine nicht ausgewogene Anziehung $E = e > 0$. Zur Herstellung des Gleichgewichtes ist eine weitere elementare Abstoßung notwendig. Aepinus setzte wider alle Analogien eine gegenseitige Abstoßung zwischen den Teilchen gewöhnlicher Materie voraus. Die von ihm postulierte, auf ein Element gewöhnlicher Materie wirkende Kraft M oder $m < 0$ führt dazu, daß neutrale Körper sich auch neutral verhalten. Außerdem liefert sie eine natürliche Darstellung — um nicht zu sagen Erklärung — der Abstoßung zwischen negativ elektrisierten Körpern.

Aepinus wußte, daß er seinen Zeitgenossen damit eine schwierige Lektion abverlangte; er grämte sich anfangs über den offenkundigen Widerspruch zum Gesetz der universellen Gravitation. Er fand aber bald einen rationalen Zugang mit Hilfe des von Mathematikern entwickelten Instrumentalismus, der das Rechnen mit Fernkräften rechtfertigte: „ich betrachte weder die hier entdeckten abstoßenden Kräfte noch die als universelle Gravitation bekannten anziehenden Kräfte als solche Kräfte, welche der Materie innewohnen oder für ihren Aufbau wesentlich sind". Der Mathematiker braucht die Kräfte nur als äußere Zutaten seiner Objekte zu erklären, um sich vor weiteren Erörterungen über ihre Natur zu befreien. „Es ist kein Widerspruch zu sagen, daß derselbe Körper zur selben Zeit gerade zwei äußeren, aber entgegengesetzten Kräften ausgesetzt ist."[52]

Diese Lehre widersprach Wilckes Empfindung. „Ich weiß wirklich nicht, ob man eine solche Hypothese ernsthaft erwägen sollte", klagte er. Aber was kann man an ihre Stelle setzen? Wie die Abstoßung zwischen negativen Körpern „erklären", welche zugestandenermaßen eine harte Nuß war, die weder Franklin noch Euler zu knacken vermochten? „Repulsio electrica est, quae semper excruciavit theoriarum conditores", elektrische Abstoßung beunruhigt die Theoretiker schon immer. Wilcke nahm deshalb vorerst als Hypothese eine Abstoßung für die gewöhnliche Materie an, bestand aber darauf, daß weder sie noch die entsprechende Annahme über die elektrische Materie als Erklärungen dienen könnten. „Sie können eher nur als phänomenologische Regeln zugelassen werden."[53]

Daher sein Insistieren in dem Vorwort seiner Übersetzung von Franklin, daß das System seines Autors am besten als ein Gebäude aus Erfahrungssätzen anzusehen sei, und daß ein Physiker auf die Hoffnung verzichten muß, „die ersten Triebfedern der Natur" zu erkennen.[54] In seiner Verteidigungsrede für Aepinus' Hypothese erfaßte Wilcke die Logik des Franklinschen Systems vollständig: „Obgleich ich diesen Satz nicht weiter beweisen noch für wahr ausgeben kann, so kann mir dennoch ein Franklinianer denselben nicht ableugnen. Denn so gut er sich die elektrische Materie abstoßen läßt, kann ich solches die gemeine Materie auch thun lassen."[55] Eine solche Willkür fand jedoch nicht seine Zustimmung. Wilcke wurde bald ein strenger Anhänger des Antifranklinistischen Systems, das zwei verschiedene entgegengesetzte elektrische Materien voraussetzte, welche er wirklichen Atmosphären zuschrieb, die er mit dem Feuer- und Wärmestoff identifizierte.[56]

Wilckes Beiträge

Ein Philosoph des 18. Jahrhunderts gab sich im allgemeinen nicht mit Experimenten ab. Gewöhnliche Elektrizitätsgelehrte verschwendeten in ihren Kabinetten mit Planen und Ausführen neuer Forschungen keine Zeit, sondern beschränkten sich auf die gelegentliche Wiederholung allgemein bekannter Versuche, die sie von Zeit zu Zeit verbesserten. Wilcke war eine Ausnahme. Erfüllt von seiner Aufgabe und von protestantischer Ethik, arbeitete er daran, jedes Detail nachzuprüfen und gegebenenfalls zu verbessern. An einer Stelle erwähnte er beiläufig, daß sein Argument auf 600 Experimenten fußt.[57] Er wunderte sich über die Faszination der Deutschen an „unterhaltsamen und spielerischen Experimenten", „Experimente, die mehr das Auge ergötzen als den Verstand." Ihre umfangreichen Schriften über Elektrizität scheinen ihm hohl und wertlos: „Mit Wahrheit (kann man) sagen, daß wohl von keiner Sache in vielen Büchern weniger geschrieben sey, als eben von dieser Materie."[58] Für ihn ebenso wie für die Eulers war Naturphilosophie eine ernsthafte und unabläissige Beschäftigung.

Gelegentlich gestattet uns Wilcke Einblick in seine Arbeitsweise. Er liebte große Apparate: Er spricht von einem 24 Fuß langen Konduktor, welcher 50 Pfund wog, und von einer 30 Fuß langen Glasröhre. Auch kennen wir schon seinen Vorschlag, eine Wand des Laboratoriums in einen Kondensator zu verwandeln. Seine rauhen Hände eigneten

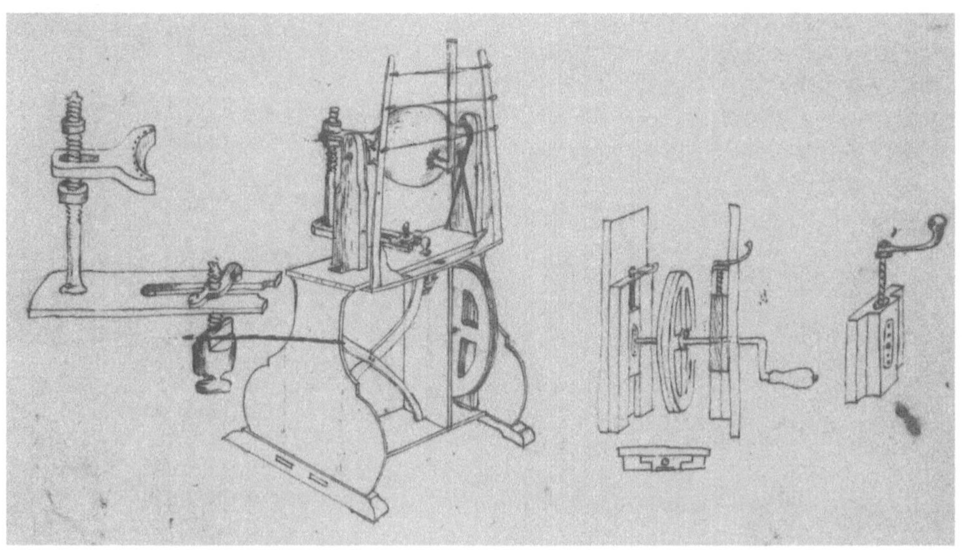

Bild 8 Wilckes Entwurf einer kompakten elektrischen Maschine (Wilcke: Handschriften Nr. 51, KVA). Vgl. die „bequeme Maschine", *Briefe*, Stich II.

sich besser zum Reiben einer Kugel als Leder; auch scheute er keine körperlichen Anstrengungen, wie z. B. die notwendigen 1500 Umdrehungen seiner Elektrisiermaschine (Bild 8) , um eine große Leidener Flasche zu laden. Das heißt, wenn die Kugel nicht vorher barst. Wilcke mußte fortwährend herumfliegenden Glassplittern ausweichen; das war jedoch nicht die einzige Gefahr in seinem Laboratorium. Während er einmal einen geladenen Konduktor justierte, erhielt er einen Schlag, der ihm das Bewußtsein raubte. Ein Freund, vielleicht Aepinus, „welchen bei diesen Experimenten als Gefährten gehabt zu haben mehr als einmal sehr nützlich war"[59], belebte ihn wieder. Während des Sommers 1757 übersiedelte Wilcke auf den höchstgelegenen Teil von Berlin, um dort Blitze zu beobachten. „Fast alle Tage", so sagte er, entdeckte er „neue Ähnlichkeiten dieser großen Erscheinung mit den kleinen Spielwerken der Naturforscher."[60]

Drei Ergebnisse seines Denkens und Arbeitens mögen hier hervorgehoben werden. Zum einen korrigierte Wilcke Fehler und wies auf die Übertreibungen in Franklins Darstellung hin.[61] Zum anderen entdeckte er neue wichtige Tatsachen. Drittens entwaffnete er Nollet vollständig. Wie Aepinus es sah, hat Wilcke „so viel Licht über die Ansicht der entgegengesetzten Elektrizitäten geworfen, daß er fast jeden Zweifel über ihre Realität ausräumt." Wilcke errang seinen Sieg auf unerbittliche, aber dennoch zuvorkommende Weise. Im Gegensatz zu den französischen und italienischen Franklinisten behandelte er Nollet freundlich und nicht nur höflich. Wie wir gesehen haben war er Nollets qualitativen und anschaulichen Methoden zugetan, welche Nollet ja auf genau die gleiche Weise wie Wilckes Freunde, die Eulers, empfahl: „Allein mechanische Ursachen vermögen den Fortschritt der Experimentalphysik voranzutreiben."[62]

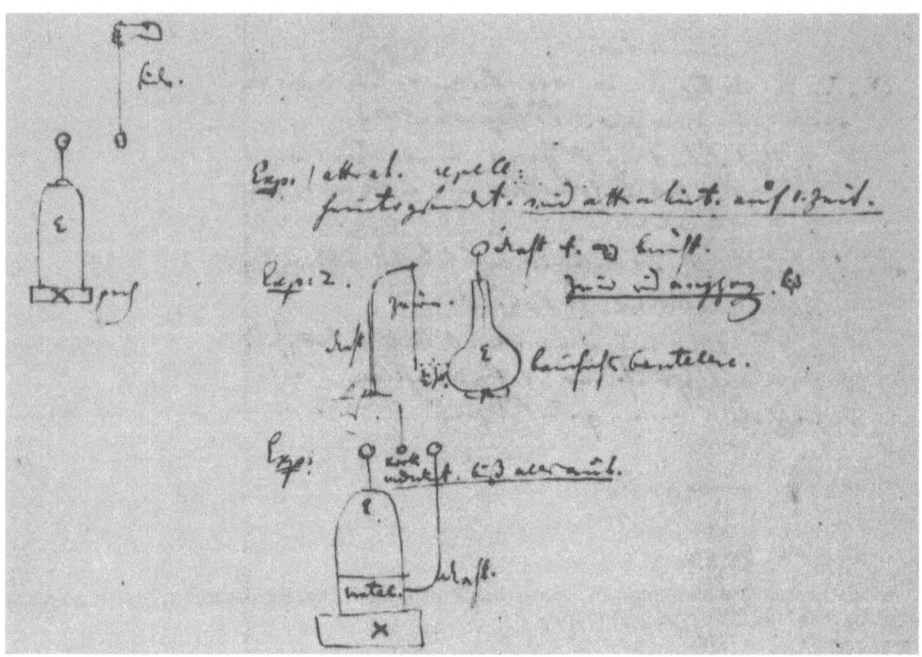

Bild 9 Wilckes Aufzeichnungen zu Franklins Versuch über die Gegensätzlichkeit der Elektrizitäten auf den Oberflächen der Leidener Flasche. „Literaria electrica", ff. 8−9 (Wilcke: Handschriften Nr. 45, KVA). Der Versuch 1 (oder 2) zeigt die Anziehung eines Körpers durch den Zuleitungs- (oder Ableitungs-)Draht mit anschließender Abstoßung. Der Versuch [3] zeigt das Pendeln des Korkstückchens. Vgl. Franklins Zeichnungen, Abb. I und II, in *Briefe*, Frontispiz. „X" bezeichnet wieder einen Isolator.

Wilckes überzeugendste Argumente gegen Nollet waren die Varianten der Experimente, die Aepinus bekehrt hatten, und die Erläuterungen der von Franklin erfundenen Anordnungen. Unter ihnen war der Beweis, daß die Anziehung zwischen einem mit Harz- und einem mit Glaselektrizität geladenen Körper mit der Ladung derselben zunimmt. Vor dieser Tatsache versagte Nollets Theorie, derzufolge elektrisierte Körper sich mit einer proportional zu ihrer Ladung wirkenden Kraft abstoßen. Franklins Theorie dagegen wurde dadurch vollständig bestätigt. Nach ihr ist die Anziehung ein untrügliches Zeichen für die gegensätzliche Elektrizität der Körper oder dafür, daß einer von ihnen neutral ist.[63] Tatsächlich geht Franklins Annahme zu weit, wie Wilcke feststellte. Sie erklärt die Zunahme der Anziehung zwischen einem Plus- und Minuskörper, versagt aber bei einem von Aepinus entdeckten Phänomen, nämlich, daß mit gleicher Elektrizität elektrisierte Gegenstände sich unter gegebenen Umständen anziehen. Während aber die Anziehung von unterschiedlich geladenen Gegenständen Nollet widersprach, fügte sich diejenige gleichartig geladener Körper zwanglos in Aepinus' Version des Franklinschen Systems ein. Man lade dazu die beiden betrachteten Körper positiv, A stärker als B. Dann kann es passieren, daß unter dem Einfluß von A die Ladung von B und ein Teil seiner natürlichen elektrischen Materie durch A fortgedrängt wird; die Gesamtkraft auf B, welche als Differenz des Zuges von A auf B's negative näher gelegene Seite und als Druck auf seine positive ferngelegene Seite resultiert, kann bei starker Annäherung anziehend werden.[64] Wilcke wies darauf hin, daß einer der größten Vorteile des Franklinschen Systems gegenüber den anderen seine Fähigkeit sei, sein eigenes scheinbares Versagen zu erklären. „Man kann sich kein Experiment ausdenken, sagte er, welches nicht in wunderbarer Weise mit ihm in Übereinstimmung gebracht werden kann.“[65]

Die zweite Klasse von Beweisen, „die brillantesten“ nach Wilckes Urteil, erwähnen die gegenseitige Aufhebung der Glas- und Harzelektrizitäten.[66] Man betrachte Franklins berühmten Versuch, bei welchem ein Korkstück zwischen den Drähten, welche an den beiden Beschichtungen einer Leidener Flasche befestigt sind, hin und her pendelt bis es (gemäß der Theorie) das Defizit der einen mit dem Überschuß der anderen ausgeglichen hat, woraufhin alle Zeichen von Elektrizität erlöschen (Bild 9). Für Nollet erklärte sich dieser Vorgang dadurch, daß sich auf der Außenseite der Flasche Elektrizität der gleichen Art, aber sehr viel weniger als auf der Innenseite befindet, so daß der Kork vom Zuleitungs- zum Ableitungsdraht geht, wie jeder elektrisierte zu jedem unelektrisierten Körper. Wilcke stimmte darin überein, daß der Kork zwischen einem geladenen und einem neutralen Zuleitungsdraht oszilliert. Er bestand aber, in Anlehnung an Franklin darauf, daß er dieses nicht tun würde, sofern — unabhängig von den unterschiedlichen Ladungsstärken — jeder Zuleitungsdraht für sich hinreichend elektrisiert sei, um ihn nach Berührung abzustoßen. Wilcke folgerte aus Franklins Theorie, daß der Kork auch pendeln würde, wenn die Flaschen isoliert sind und man ihre Ableitungsdrähte verbindet: Dann kann der Kork elektrische Materie von dem stärker positiven Zuleitungsdraht A^+ zu dem weniger positiven B^+ transportieren, weil der Ableitungsdraht B^- und die zugehörige Beschichtung negativer ist, als zur Neutralisierung von B^+ erforderlich wäre. Die Verbindung von A^- und B^- macht A^+ zum Geber und B^+ zum Empfänger, solange bis $A^+ = B^+$.[67]

Eine ähnliche Beantwortung erhielt Nollets Einwand zu Franklins wunderbarem Versuch der stufenweisen Entladung einer isolierten Flasche durch Funken, welche dem Zuleitungsdraht, der die äußere Beschichtung berührte, durch einen gebogenen isolierten Konduktor entzogen wurden (Bild 10). Nollet wandte ein, daß der Versuch nichts beweise, denn Funken, die aus einem isolierten Körper gezogen werden, entladen diesen stets. Wilcke erläuterte, daß Nollet den wesentlichen Punkt der Isolierung des gebogenen Konduktors übersehen habe. Wären die Elektrizitäten auf der Innen- und Außenseite der Flasche nicht entgegengesetzt, so würden die Funken den Konduktor bald so hoch aufgeladen haben, daß dieser nichts mehr aufnehmen könnte. Der gebogenen Konduktor war lediglich eine Verlängerung des Ableitungsdrahtes und nichts als das sichtbare Zeichen der stufenweisen Wiederherstellung des Gleichgewichtes.[68] Der Vorgang zeigt die Vernichtung von gleichen Mengen entgegengesetzter Elektrizitäten in kleinen Schritten, die auch stattfindet, wenn ein isolierter Mensch eine geladene Flasche kurzschließt, so daß weder sie noch er am Ende Elektrizität tragen. „Welcher Schluß hier eben so vollkommen gilt, als dieser, daß $+ x$ und $- x$ einander gleich gewesen sind, wenn $+ x - x = 0$ ist. Überhaupt ist die Destruktion der Elektrizität durch einander der stärkste Beweis ihrer contradictorischen Opposition.“[69]

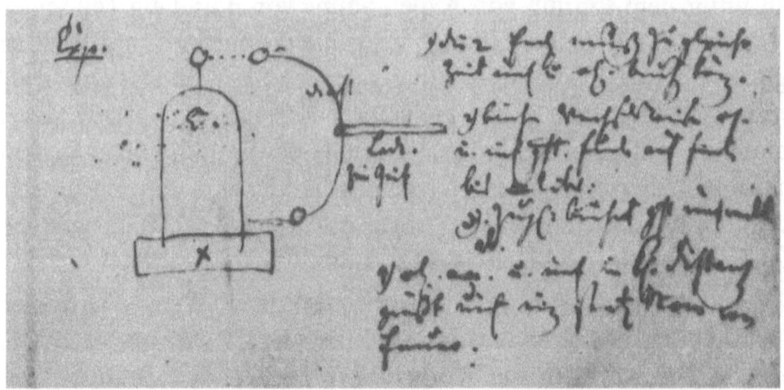

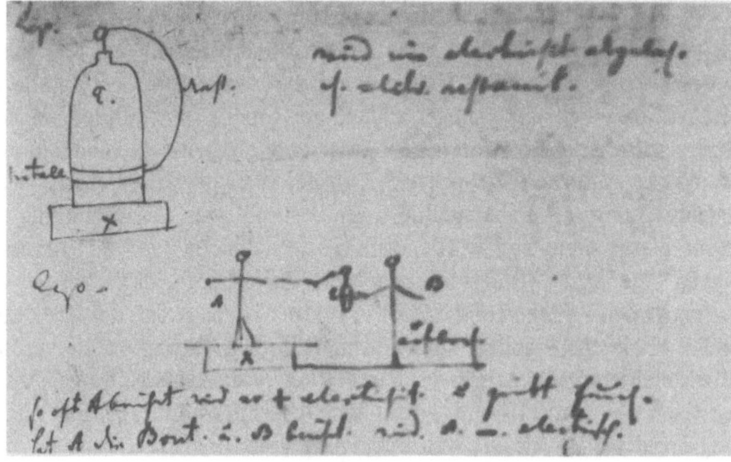

Bild 10 Wilckes Aufzeichnungen zu Franklins Beweisen. Forts.
Im Versuch [4] wird das Gleichgewicht stufenweise, und in [5] instantan
erreicht (vgl. Franklins Zeichnungen, Abb. III und IV). In einer Variante
des Versuchs [6] wird die äußere Oberfläche in B geerdet und der
Zuleitungsdraht bei A angezapft: „so oft A berührt, wird er + electrisi[ert]
u[nd] giebt Funk[en]; hat A die Bout[eille] u[nd] B berührt, wird
A − electrisch".

Ein letztes Beispiel von Wilckes Verteidigung der entgegengesetzten Elektrizitäten betrafen Franklins neue Methode, eine Leidener Flasche mit ihrem „eigenen Feuer" zu laden.
Franklin isolierte die Reibungsmachine und führte einen Draht von ihrem Reibkissen zur
äußeren Beschichtung der Flasche. Die äußere Beschichtung lieferte dabei die elektrische
Materie, welche das Kissen auf der Kugel ablagerte, zur Weiterleitung zum Konduktor
und zum Zuleitungsdraht. Dieser „Hauptversuch", wie ihn Wilcke nannte, ist der entgegengesetzte zu dem soeben diskutierten: Wir haben jetzt sozusagen $0 = + x - x$. Die Experimente verstießen derart gegen Nollets Verfahren, daß er es nicht fertigbrachte, sie zu
wiederholen. Da die Erfindung des Leidener Experiments von einer einwandfrei ausge-
führten Erdung der Flasche abhängig gewesen war, meinte Nollet, daß Franklin einen

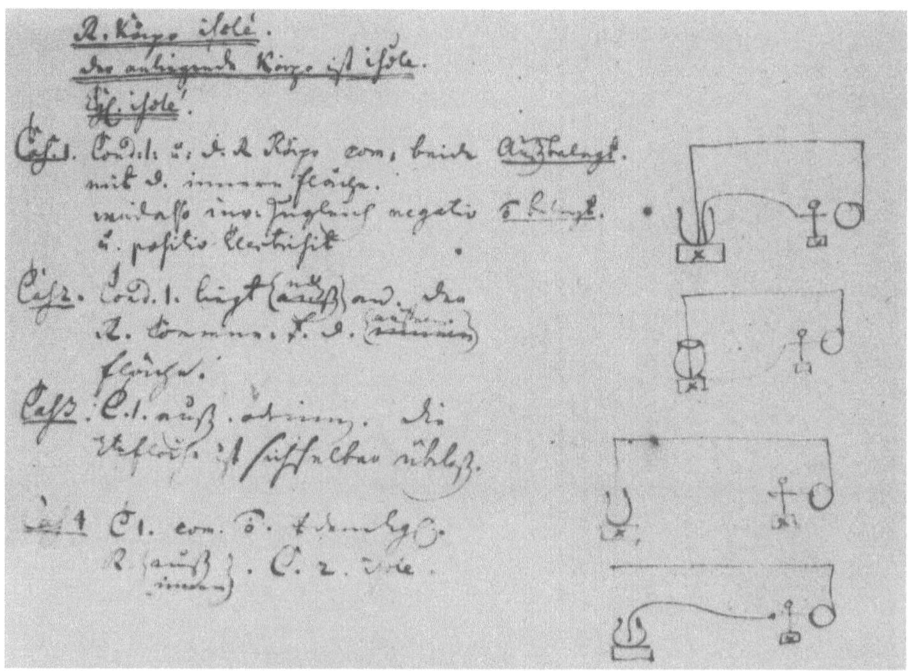

Bild 11 Wilckes Aufzeichnungen seiner systematischen Veränderung des Schaltplanes bei der Leidener Flasche (Wilcke: Manuskripte Nr. 48, KVA). Im Fall 1 entleert der Reiber die Flasche sobald sie von der Kugel gespeist wird und „wird also inw[endig] zugleich negative u[nd] positive electrisi[ert]". Fall 2 stellt Franklins Experiment dar. In den Fällen 3 und 4 erhält die Flasche, ohne geladen zu werden, Plus- bzw. Minus-Elektrizität. „X" bedeutet wie üblich Isolator. „Cond. 1" heißt Konduktor; „isole" isoliert; „o" ohne; „R" reibende oder reibende Körper.

wesentlichen Umstand seiner Anweisungen außer acht gelassen habe. Nollet hatte Erfolg beim Laden einer Flasche, die er von außen mit dem Kissen verband und in einer nicht näher angegebenen Weise erdete. Wilcke erwog viele Möglichkeiten (Bild 11, 12) und schloß daraus, daß Nollet sowohl die Kugel als auch die innere Beschichtung der Flasche geerdet habe. Mit dieser Interpretation des Nolletschen Experiments war es dem üblichen Ladungsverfahren ähnlich und brachte nichts Neues. Franklins Auffassungen, welche Wilcke in allen Fällen, die er untersuchte, zum Erfolg führten, bestätigten die Gegensätzlichkeit der Elektrizitäten glänzend.[70]

Es blieb noch, Nollets hübschen Versuch über die Durchdringbarkeit des Glases zu beantworten. Wilcke wiederholte alle Experimente mit Leidener Flaschen, die er in evakuierten Behältern versiegelte, und er fand, daß sich alle wie vorhergesehen verhielten. Das alles konnte jedoch Franklins System nichts anhaben, gab es doch zu viele Beweise dafür; wenigstens für diejenigen, die zu unterscheiden vermochten, daß das Vakuum wie eine Leiter wirken kann. Man erinnere sich, daß die elektrische Materie bei Nollets großem Versuch in den Zuleitungsdraht einer Leidener Flasche trat, welche mit der Öffnung eines evakuierten Behälters versiegelt wurde: Funken und Leuchterscheinungen erfüllten

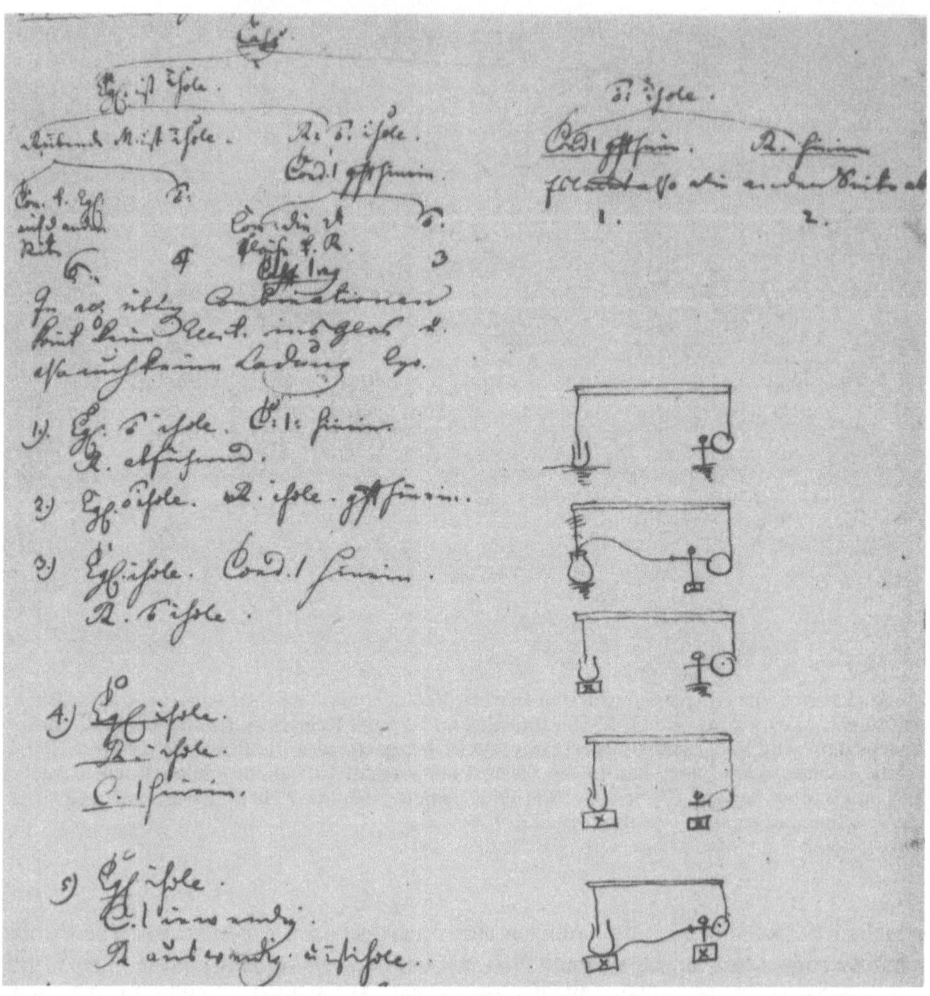

Bild 12 Wilckes Aufzeichnungen einer systematischen Veränderung, Forts. Fall 1 ist das übliche
Leidener Experiment und Fall 5 Franklins Methode, eine Flasche mit ihrem eigenen Feuer zu laden.
In Fall 2 erhält der Konduktor eine starke Plus-Elektrizität, im Fall 3 wird die Flasche schwach positiv,
und im Fall 4 sehr schwach positiv. „Egf" bedeutet: elektrisch geladene Flasche (Leidener Flasche)
und die Horizontallinien deuten Erdung an.

das Vakuum unterhalb des unbeschichteten Bodens der Flasche, und der Experimentator,
der den Behälter in seiner Hand hielt, erhielt einen schweren Schlag, sobald er gleichzeitig
den Konduktor berührte. Nach Nollet trat die elektrische Materie durch den Boden der
Flasche, breitete sich im Vakuum aus und drang schließlich durch den Boden des Behälters, so daß die Flasche und der Behälter zusammen eine einzige Leidener Flasche bilde-
ten. Wilcke wandte ein, daß Nollet lediglich zwei elektrische Kondensatoren in Serie
elektrisiert habe: Die Flasche mit dem Vakuum als äußeren Belag und den Behälter,

welcher an der Innenseite durch die von der äußeren Oberfläche der Flasche verdrängte elektrische Materie geladen und an der Außenseite auf die übliche Weise durch Berührung mit der Hand geerdet wurde. Um diesen Zusammenhang zu bestätigen, ersetzte Wilcke das Vakuum durch Wasser und unterdrückte auf diese Weise die Funken; außerdem erfand er eine elegante Art, um eine Anzahl von Kondensatoren in Serie aus dem gleichen Glasstück herzustellen (Bild 13).[71]

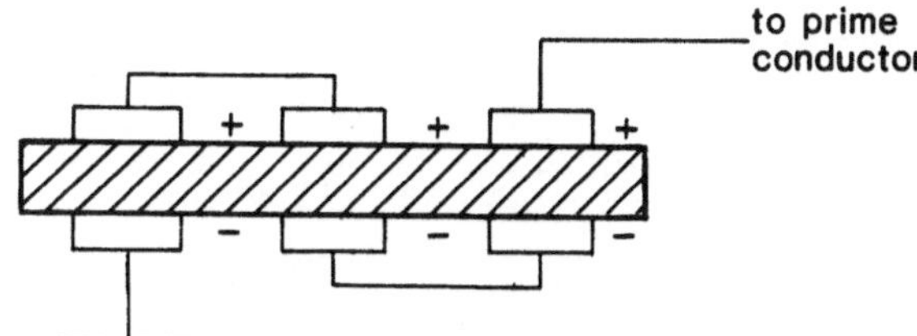

Bild 13
Wilckes Entwurf zur Erzeugung einer Reihe von Kondensatoren aus dem gleichen Glasstück; zur Erläuterung *Briefe*, S. 346 f.

Wilckes ausführliche Analyse fiel nicht immer zugunsten ihres Autors aus. Franklins Darstellung enthielt Minus- und Pluspunkte. Nollet hatte recht, wenn er darauf bestand, daß die Flasche, auch wenn sie kurzgeschlossen oder isoliert ist, geladen werden kann. In diesem Fall, sagte Wilcke, verhält sie sich aber wie ein gewöhnlicher Leiter und lädt sich nicht wie bei dem Leidener Experiment auf.[72] Er gestand Nollet die Berichtigung zu, daß eine zugespitzte und geerdete Sonde in der Nähe eines geladenen, isolierten Konduktors nicht dessen gesamte Elektrizität absaugt; daß Franklin ein wichtiges Detail in seiner Analogie zwischen einer Schalenwaage und einer spitzen Stange einerseits und einer Wolke und einem Blitzableiter andererseits übersehen hatte, und daß ein Reisender durch seine durchnäßten Kleider nicht vor einem Ungewitter geschützt sei.[73] Wilcke verwarf Franklins Theorien der konformen Atmosphären (weil sie physikalische Prinzipien verletzten), über die Struktur des Glases (was auch immer dem Glase seine Wirkung in einer Leidener Flasche verleiht, muß ebenso für Luft gelten), über den Mechanismus der Elektrisierung (dieser muß sowohl von den Eigenschaften des Reibers als auch von denen des geriebenen Stoffes abhängen) und über den Ladungsvorgang von Gewitterwolken (bei dem Wärme wahrscheinlich eine wichtigere Rolle spielt als die Reibung).[74]

Von all diesen Einwänden war nur derjenige gegen die konformen Atmosphären von ernsthafter Natur. Franklins Fundamentalkräfte würden zu einer seichten Atmosphäre über den Ebenen und zu einer tiefen Atmosphäre über den spitzen Punkten eines positiv geladenen Konduktors führen und sich damit diesem nicht „konform" anpassen. Wilcke bestand auf einer strikten Einhaltung der Gleichgewichtsbedingung der postulierten Wechselwirkungen; darum folgte er in dieser Hinsicht Aepinus, der streng darauf achtete, daß man die Konsequenzen aus der Annahme, Elektrizität entstehe durch Newtonsche Kräfte, gewissenhaft beachtete. Zwei der sich daraus ergebenden Konsequenzen sind uns schon begegnet: Die Notwendigkeit, Abstoßungskräfte zwischen den Teilchen gewöhnlicher Materie vorauszusetzen, und die Möglichkeit, Anziehungen zwischen gleichwertig geladenen Körpern zuzulassen. Wilcke wies auf eine weitere Konsequenz hin, daß nämlich die beiden Seiten einer Leidener Flasche nicht gleichartig elektrisiert sein können. Die Bedingung für die Beendigung eines Ladungsvorganges ist nicht – wie Franklin annahm –

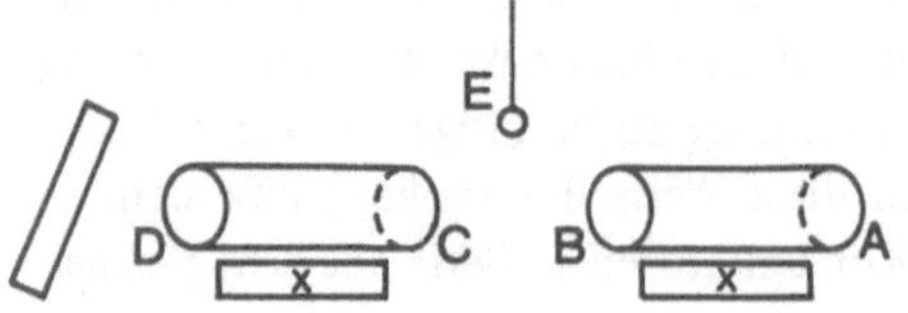

Bild 14
Wilckes Fassung der Canton-Franklin-Versuche;
zur Erläuterung *Briefe*, S. 308. AB und CD
bezeichnen Metallzylinder, E einen isoliert an
einem Faden aufgehängten Korken.

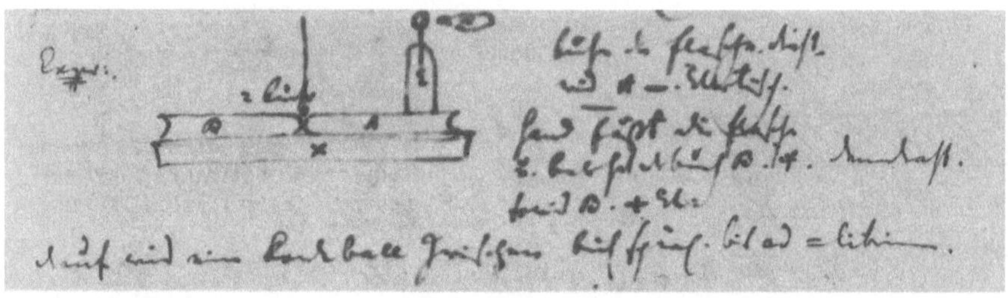

Bild 15 Wilckes Fassung eines Versuchs von Franklin, der die Anordnung von Abb. 14
angeregt haben könnte (Wilcke: Handschriften Nr. 45, KVA). Wenn die Hand den
Zuleitungsdraht berührt, wird A negativ aufgeladen. Wenn B geerdet und wirksam von A
isoliert ist, wird er positiv und der Korken pendelt zwischen A und B „ad libitum".

die Beseitigung aller elektrischen Materie von ihrer negativen Oberfläche, sondern vielmehr auf das Verschwinden der Kraft in dem Ableitungsdraht zurückzuführen. Damit
dieses geschah, muß die Sammlung im Innern der Flasche das äußere Defizit überwiegen,
wobei die Ungleichheit um so größer wird, je dicker das Glas ist. Jeder stimmte darin
überein, daß die elektrischen Wirkungen mit zunehmendem Abstand vom elektrisierten
Körper monoton abnehmen. Wilcke beschrieb verschiedene Effekte, welche von einem
Überschuß der positiven Elektrisierung der Flasche herrühren; und Aepinus machte
darauf aufmerksam, daß eine dicke geladene Flasche, die man isolierte und dann kurz-
schloß, am Ende auf den beiden Belegungen etwas Pluselektrizität aufwies.[75]

Bei seiner Bemühung, Nollets Fragen zu beantworten und Franklins Modell zu systemati-
sieren, fand Wilcke viele nützliche experimentelle Verbesserungen. Dabei erweiterte er
den Gültigkeitsbereich der zuverlässigen empirischen Kenntnisse. Die Verbesserungen
betrafen sowohl praktische Hinweise, wie man Leidener Flaschen mit Folien belegt,
wie man Glas reibt und Metalle schmilzt, wie man Franklins Spiele perfektioniert – als
auch elegante Demonstrationsversuche.[76] Unter den letzten verdient Wilckes Ausführung des Canton-Franklin-Versuches – vielleicht diejenige Anordnung, die Aepinus die
Möglichkeit eines Luftkondensators nahelegt – unsere besondere Aufmerksamkeit. Wilcke stellte zwei Metallzylinder auf Glasziegel (Bild 14 und 15). Wenn er die Röhre ohne Fun-
kenübertragung bei D annäherte, pendelte ein isoliertes Korkstückchen zwischen B und C,
zuerst rasch und allmählich immer langsamer werdend. Wenn er die Röhre entfernte,
wiederholte sich der Vorgang von selbst. (C wird durch Influenz plus und B minus; E
oszilliert, bis beide neutral sind; nach Entfernen der Röhre wird C negativ und B positiv,
und das Spiel setzt von neuem ein.) Wilcke vereinte die Zylinder zu einem einzigen und
trennte sie dann in Anwesenheit der Röhre durch isolierende Fäden voneinander. So-

lange er die Röhre an ihrem Orte ließ, blieb E in Ruhe, sobald er aber die Röhre entfernte, begann E zu schwingen, bis beide Zylinder entladen waren. (Nach der Trennung haben C und B die gleiche Ladung, die sie während ihrer Berührung hatten, d.h. ungefähr Null; ohne die Röhre wird C minus und B plus.) Zur Abwechslung stellte Wilcke das Gleichgewicht durch Vereinigung der beiden Zylinder her, nachdem er die Röhre entfernt hatte.[77]

Der bemerkenswerteste Beitrag Wilckes zur Erweiterung des Tatsachenmaterials über Elektrizität rührte von Cantons Entdeckung her, daß aufgerauhtes (unpoliertes) Glas je nach Belieben durch Reiben mit Flanell mit Plus-, oder durch Reiben mit geölter Seide mit Minus-Elektrizität geladen werden kann. Das Ergebnis der Reibung hing offenbar von der Natur der beiden Partner ab. In Wilckes Terminologie speicherte jeder von ihnen elektrische Materie durch Reibung im Verhältnis zu seiner anziehenden Kraft. Es gelang ihm, eine Tabelle der triboelektrischen Reihen (oder Gewinner) anzulegen, die angab, welcher Partner eines jeden Paares der aufgeführten Substanzen positiv und welcher negativ würde, wenn man sie miteinander reibt. Seine Reihe lautete: Poliertes Glas, Wolle, Federkiele, Holz, Papier, Siegellack, weißes Wachs, rauhes Glas, Blei, Schwefel und alle Metalle (außer Blei). Jede der erwähnten Substanzen wird positiv, wenn man sie mit einer der weiter unten gelegenen Substanzen der Sequenz reibt.[78]

Wilcke beschloß seine Franklin Edition mit einem langen Essay über atmosphärische Elektrizität, die dem Autor große Reputation eintrug. Hier zeigt sich Wilcke nicht nur als sorgfältiger Beobachter, sondern auch als ein Experte in praktischen Fragen, eine höchst ungewöhnliche Verbindung, die dem Gelehrten des 18. Jahrhunderts jedoch sehr zustatten kam. Franklins Vorschläge zum Schutze von Gebäuden gegen Bilitzeinschläge machten den spekulativen Naturphilosophen zu einem wichtigen Berater von Hausbesitzern und den Elektrizitätsgelehrten zum Ratgeber von Königen. Allgemeine Regeln für eine betriebssichere Anlage schützender Blitzableiter konnten nicht gegeben werden; jeder Fall erforderte die Anweisung eines Experten. „So leicht die Anlage von dergleichen Ableitern in besonderen Fällen einem erfahrenen Electrico seyn wird; so schwer läßt sich dieselbe im allgemeinen bestimmen."[79] Für den Berliner „Electricus" Wilcke verhieß physikalische Forschung nicht nur einen Fortschritt des Wissens, sondern auch eine Verbesserung der menschlichen Lebensbedingungen. In dieser Überzeugung als auch in der Auffassung seines Studiums als eine Vollzeitbeschäftigung, hat Wilcke mehr Ähnlichkeit mit den Wissenschaftlern einer späteren Epoche als mit den Naturphilosophen seiner eigenen Zeit.

3 Franklins Briefe

Der Text

Wilcke benutzte die erste englische Ausgabe der »Experiments and observations on electricity«, welche die drei 1751, 1753 und 1854 zuerst in London veröffentlichten Teile zusammenfaßt. Sie setzt sich aus 13 Briefen zusammen, die hauptsächlich von Franklin an seinen Londoner Korrespondenten Peter Collinson gerichtet sind, aus einem Brief von Franklins Mitarbeiter Ebenezer Kinnersley, sowie aus sieben anderen „papers"; fünf davon sind von Franklin, eines von David Colden und eines von John Canton.

Irgendwie war während des Druckes die Reihenfolge der ersten beiden Briefe vertauscht worden, so daß die Analyse der Leidener Flasche an falscher Stelle vor der Einführung der Begriffe von Plus- und Minus-Elektrizität durch das Rohrexperiment erscheint. Dieser Irrtum hat sowohl Logiker wie auch Historiker fehlgeleitet. Ebenso weichen die in den ersten Briefen veröffentlichten Daten von denen des Manuskriptes ab. Auch das hat die Vermutung unterstützt, daß Franklin seine Versuche mit der Leidener Flasche noch vor Hallers Bericht begonnen hätte.

Die Konkordanz zwischen Wilckes Text und der maßgebenden modernen Ausgabe von I. B. Cohen[80] ist folgende:

	Wilcke		Cohen			
		Seite			Seite	Datum
I.	Brief	1	Letter III		179	28. Juli 1747
II.	Brief	14	Letter II		171	25. Mai 1747
III.	Brief	26	Letter IV		187	1748
IV.	Brief	50	Letter V		201	29. April 1749
	Beilagen	70	Add'l papers		212	29. Juli 1750
	Gedanken	72	Opinions		213	"
	Versuche	115	Experiment		237	"
V.	Brief	118	Letter VI		241	27. Juli 1750
VI.	Brief	123	Letter VII		245	1751
	Fragen	125	Queries		246	"
	Versuch	128	Experiment		249	"
VII.	Brief	131	Letter VIII		249	3. Febr. 1752
VIII.	Brief	135	Letter IX		250	2. März 1752
IX.	Brief	136	Letter X		253	16. März 1752
X.	Brief	141	Letter XI		265	19. Okt. 1752
XI.	Brief	143		160, n. 29		n. d.
XII.	Brief	145	Letter XII		267	Sept. 1753
XIII.	Brief	168	Letter XIII		280	18. April 1754
Anmerkungen		170	Remarks (Colden)		282	4. Dez. 1753
Elek. Exp.		186	Elec. Exp. (Canton)		293	6. Dez. 1753
Fortsetzung		200	Appendix		302	14. März 1755
Anhang		208	Extract		307	29. Juni 1755

Die Benutzung von Wilckes Anmerkungen soll durch folgende Tabelle erleichtert werden.
Die mit + versehenen Seitenzahlen beziehen sich auf die im Anschluß an Seite 272 der
Originalausgabe falsch paginierten Seiten 257[+] bis 272[+].*

Wilcke Anmerkung	S	Cohen Anmerkung	S/Z
1	217	1	180/1
2	218	2	180/6
3	218	2	180/7
4	219	3	180/11 u
5	221	3	180/8 u
6	224	3	180/7 u
7	225	3	181/2
8	225	6	182/11 u
9	225	7	182/1 u
10	226	7	183/11
11	231	8	183/6 u
12	231	8	183/6 u
13	232	9	184/1
14	232	9	184/7
15	233	10	184/9 u
16	236	12	185/4 u
17	238	13	186/1 u
18	239	14	171/10
19	239	17	173/13
20	240	17, 18	173/18
21	240	22	176/14
22	241	23	177/1
23	241	23	177/7
24	241	25	178/7
25	243	26	187/2 u
26	245	28	189/2
27	248	29	189/14
28	248	30	190/6
29	250	31	190/21
30	252	35	192/6 u
31	259	37	193/9 u
32	259	39	194/5 u
33	260	45	197/14 u
34	270	46	198/8
35	270	47	199/2
36	270	48	199/7 u

* S bedeutet Seiten- und Z Zeilenzahl. Ein u wurde hinzugefügt, wenn die Zählung der Zeilen von
unten beginnt. (Anm. des Übers.)

Wilcke Anmerkung	S	Cohen Anmerkung	S/Z	
37	271	49	199/1	u
38	271	49	200/2	
39	271	49	200/1	
40	272	50	201/9	
41	272	52, 74	202/5	u
42	258[+]	59	206/15	
43	259[+]	65	209/15	u
44	261[+]	66	209/1	u
45	261[+]	66	210/6	
46	262[+]	67	210/13	
47	262[+]	75	214/9	u
48	263[+]	83	219/16	
49	267[+]	86	220/2	u
50	268[+]	92	224/8	
51	269[+]	94	225/10	
52	270[+]	97	227/12	
53	271[+]	105	231/14	
54	272[+]	106	231/2	u
55	273	109	233/15	u
56	277	109	233/1	u
57	278	111	234/9	u
58	279	116	237/15	u
59	280	116	237/8	u
60	285	117	238/1	u
61	286	119	242/11	
62	287	120	242/1	u
63	288	122	244/1	u
64	290	127	247/10	u
65	293	129	249/2	
66	293	132	250/6	u
67	294	139	255/17	u
68	294	139	255/10	u
69	294	140	255/2	u
70	295	141	265/8	
71	297	152	271/9	
72	298	160	275/10	
73	298	161	276/8	
74	304	162	277/3	
75	306	169	281/6	
76	306	186	293/1	
77	310	194	297/8	u
78	310	200	301/8	
79	313	214	310/1	u

Die Abbildungen

Man kann Wilcke nicht vorwerfen, er habe seine Franklin-Ausgabe übermäßig ausgeschmückt. Er lieferte eine getreue Wiedergabe eines Stiches, den auch Franklin seinem Werk beigegeben hatte, und zwei weitere Abbildungen, die seine Anmerkungen erläutern sollten. Eine davon (Stich I), die eine als Konduktor dienende Person abbildet, war offensichtlich nicht für Wilcke gestochen worden. Die zuerst Christian Friedrich Ludolff gelungene Entzündung von Weingeist durch Funken war das Glanzstück einer Versuchsvorführung anläßlich der Feier zur Wiedereröffnung der reorganisierten Berliner Akademie der Wissenschaften 1745 vor Friedrich dem Großen.[81] Diese Vorführung war ein wichtiger Teil im Versuchsrepertoire der damaligen Vorlesungen über Naturphilosophie und trug dazu bei, daß sich so viele — unter ihnen auch Franklin — ernsthafter mit den elektrischen Spielereien auseinandersetzten.

Die in Stich II abgebildete elektrische Maschine war für das Jahr 1758 keineswegs sehr fortschrittlich. Abgesehen von der Montierung der beiden Glasbehälter ähnelt sie weitgehend der auf dem Stich I wiedergegebenen Maschine und Nollets Generator in Bild 3. Diese Ähnlichkeit betrifft auch die Größe der verschiedenen Bestandteile insbesondere die Kugel, die im allgemeinen einen Durchmesser von neun bis zehn Zoll aufwies. Wie Nollets Maschine war auch Wilckes Maschine nicht mit einem Kissen ausgestattet, da die beiden waghalsigen Forscher das Reiben lieber mit der bloßen Hand vornahmen. Die auffallendste Neuerung an der Maschine ist der Zylinder. Die Idee, mehrere Körper auf einmal zu reiben, hatte der Leipziger Universitätsprofessor Johann Heinrich Winkler 1744 erfunden. Er verwendete jedoch nur Kugeln, während mehrere seiner Zeitgenossen schon Zylinder benutzten. Ein Zylinder war leichter anzufertigen als eine Kugel, bot zur Reibung eine größere Oberfläche und wies geringere Verluste am Achsenzapfen auf.[82] Wilcke scheint diese Vorteile nicht voll erkannt zu haben.

Die Maschine gehört zu den kostspieligsten Stücken der von Wilcke benutzten Geräte. Wenn wir auch die Kosten der Luftpumpe, der Behälter, der Glasgeräte und der anderen kleinen Hilfswerkzeuge hinnehmen, müssen Wilckes Auslagen für seine Ausrüstung nahezu die Höhe des akademischen Stipendiums seines Freundes Aepinus erreicht haben. Diesen „nicht unbeträchtlichen Aufwand", wie ihn A. I. D. Aepinus nannte, hat Wilcke selbst oder, was wahrscheinlicher ist, sein Vater getragen.[83] Die deutsche Übersetzung von Franklins Briefen und ihre sorgfältige Kommentierung mag deshalb als ein charakteristisches Werk der Aufklärungszeit angesehen werden: Die von einem erfolgreichen, zurückgezogen lebenden Verleger während seiner Mußestunden entwickelten Ergebnisse wurden von einem ehemaligen Theologiestudenten ausgearbeitet, der mit Unterstützung seines Pastorengehaltes an einer wissenschaftlichen Akademie oder in deren Umfeld Karriere machen konnte.

Es ist mir ein Vergnügen, der KVA für die Erlaubnis zu danken, in Wilckes Manuskripte Einsicht nehmen und daraus zitieren zu dürfen;[84] auch dem Herausgeber danke ich für seine sorgsame Übersetzung.

XLVIII

Anmerkungen

In den Anmerkungen werden folgende Abkürzungen verwendet:

Briefe: *Des Herrn Benjamin Franklins Esq. Briefe von der Elektricität*, übersetzt von J. C. Wilcke. Leipzig 1758
Briefe, 257$^+$–272$^+$, bezieht sich auf den falsch paginierten Bogen im Anschluß S. 272
EC: J. C. Wilcke: *Disputatio physica experimentalis de electricitatibus contrariis*. Rostock 1757
KVA: Kungl. Svenska Vetenskapsakademi, Stockholm
Lettres: J. A. Nollet: *Lettres sur l'électricité*. Paris 1753
MAS/Ber: Mémoires der Akademie der Wissenschaften zu Berlin.
Study: J. L. Heilbron: *Electricity in the 17th and 18th centuries: A study of early modern physics*. Berkeley 1979

1 J. L. Heilbron: Franklin, Haller, and Franklinist history. *Isis* 68, 539–549 (1977).

2 *Briefe*, S. 19–21.

3 *Briefe*, Vorrede, S. 6; *EC*, S. 5–7.

4 *Briefe*, Vorrede, S.6; eine detaillierte Darstellung der Leidener Flasche findet man in *Study*, S.309–323.

5 *Briefe*, S. 1–13.

6 Nollet: *Leçons de physique expérimentale*. 6 Bände. Paris 1743–1748. Dort Bd. 4, S. 314 f. Vgl. Pierre Brunet: Les premières recherches expérimentales sur la foudre et l'électricité atmosphérique. Lychnos 10, 117–148 (1946–1947).

7 *Briefe*, S. 83–89, 141–143 (der Papierdrache).

8 *Study*, S. 349–352.

9 *Briefe*, S. 74–82 (Atmosphären), 186–200 (Cantons Experimente), 200–208 (Franklins Verbesserungen).

10 *Study*, S. 379.

11 Zitierungen respektive aus A. H. Paulian: *L'électricité soumise à un nouvel examen*. Paris 1768 (dort S. XVII), und Otto Spiess: *Basel anno 1760, nach den Tagebüchern der ungarischen Grafen Joseph und Samuel Teleki*. Basel 1936 (dort S. 99).

12 Nollet: *Lettres sur l'électricité*. Paris 1760. S. 56 f., 63, 155–162, 195–200.

13 Nollet: *Essai sur l'électricité des corps*. Paris 1746. Einzelheiten über Nollets System findet man in *Study*, S. 280–289; über seine Rezeption dort selbst, S. 300, 345, 351n, 362, 369n, 370n, 413, 421, 423, 430, 435 f. und 465.

14 Nollet an J. Jallabert, 2. Juli 1751. Dieser Brief wird zitiert bei I. Benguigui: La theorie de l'électricité de Nollet et son application à médicine à travers sa correspondence inédite avec Jallabert. *Gesnerus* 38, 225–235 (1981).

15 Nollet (Anm. 12), S. 63.

16 *Study*, S. 346–348.

17 *Briefe*, S. 3 f.; *Lettres*, S. 108 f.

18 *Briefe*, S. 109; *Lettres*, S. 61–73.

19 *Lettres*, S. 74–82.

20 Colden in *Briefe*, S. 170–186; Beccaria: *Dell' elettricismo artificiale e naturale libri due*. Turin 1753. Dort S. 235–245; *Study*, S. 365–370.

21 Vgl. R. W. Home: Electricity in France in the post-Franklin era. Congrès International d'Histoire des Sciences, 1974. *Actes* 2, 269–272 (1975).

22 *EC*: Vgl. *Göttingische Anzeigen von gelehrten Sachen*, 1757:2, S. 1456.

23 C. W. Oseen: *Johann Carl Wilcke, experimentalfysiker*. Uppsala 1939. Dort S. 9–33.

24 Ebd., S. 34 f.; A. I. D. Aepinus: *De electricitatibus contrariis quam… [J. C. Wilcke] sine praeside ventilabit*. Rostock 1757. Dort S. 10 f.

25 Euler an Müller, 20./31. Juli 1756, in A. C. Yushkevich und E. Winter (Hg.): *Die Berliner und die Petersburger Akademie der Wissenschaften im Briefwechsel L. Eulers. I. Der Briefwechsel L. Eulers mit G. F. Müller.* Berlin 1959. Dort S. 119 f.; R. W. Home, Introduction, in R. W. Home (Hg.) und P. J. Connor (Übers.): *Aepinus Essay on the theory of electricity and magnetism.* Princeton 1979. S. 3–224, dort auf S. 24.
   Der 1734 geborene J. A. Euler wurde im Dezember 1754 und der 1724 geborene Aepinus im April 1755 zum Akademiemitglied gewählt. Eduard Winter (Hg.): *Die Registres der Berliner Akademie der Wissenschaften, 1746–1766.* Berlin 1957. Dort S. 208, 212.

26 Oseen (Anm. 23), S. 36; V. P. Zubov: Die Begegnung der deutschen und der russischen Naturwissenschaft im 18. Jahrhundert und Euler, in E. Winter (Hg.): *Die deutsch-russische Begegnung und Leonhard Euler.* Berlin 1958. S. 19–48. Dort S. 28 f.; Winter (Anm. 25), S. 31–33, 42, 45–47; L. Euler: *Gedanken von den Elementen der Cörper.* Berlin 1746; –: *Lettres à une princesse d'Allemagne,* hg. von Condorcet und Lacroix. 3 Bände, Paris 1787–1789. Dort I, S. 297–301 (Nr. 76); Tore Frängsmyr: *Wolffianismens genembrott i Uppsala.* Uppsala 1972. Dort S. 82–87, 166–168.

27 Euler an Mme du Châtelet, c. 1745, in Akademiya Nauk S. S. S. R., Institut Istorii Yestestvoznaniya i Tekhniki, *Leonard Eiler, Pis'ma k uchenym.* Moskau und Leningrad 1963. Dort S. 278; Valentin Boss: *Newton and Russia.* Cambridge, Mass. 1972. Dort S. 143 f.; Euler, *Lettres* (Anm. 26), I, S. 263–267 (über die „empörenden Ideen" der Attraktionisten) und I, 67–84 (über den optischen Äther).

28 Bouguer an Euler, 14. Juli 1752, in R. Lamontagne: Lettres de Bouguer à Euler. *Revue d'histoire des sciences* 19, 225–246 (1966). Dort S. 231 f.; Winter: *Registres* (Anm. 25), S. 181–183.

29 Euler an Müller, 26. September/7. Oktober 1755, in Yushkevich und Winter (Anm. 25), S. 92; R. W. Home: On two supposed works by Leonard Euler on electricity. *Archives internationales d'histoire des sciences* 25, 3–7 (1975).

30 J. A. Euler: Disquisitio de causa physica electricitatis, in J. A. Euler, et al.: *Dissertationes selectae quae ad imperialem scientiarum petropolitanam academiam an. 1755 missae sunt.* St. Petersburg 1757, S. 1–40, insbes. 6, 18, 23 f., 27 f., 32. Vgl. *Göttingische Anzeigen,* 1758: 1, 1–4.

31 L. Euler an Müller, 26. September 1755, in Yushkevich und Winter (Anm. 25), S. 92.

32 J. A. Euler: Théorie de l'inclinaison de l'éguille magnétique. MAS/Ber 1755, S. 117–201. Dort S. 181, 186 und 190; Winter: *Registres* (Anm. 25), S. 215, 218; L. Euler an T. Mayer, 27. Mai 1755, in Eric G. Forbes (Hg.): *The Euler-Mayer correspondence, 1751–1755.* London 1971. Dort S. 88.

33 M. Strömer: Untersuchungen von der Electricität, KVA, *Abhandlungen,* übersetzt von A. G. Kästner, 9, 154–157 (1747); auch in P. van Musschenbroek: *Inledning til naturkunnigheten,* übersetzt von S. Klingenstierna. Stockholm und Uppsala 1747. Dort S. 608–610; Bengt Hildebrand, *Kungl. Svenska Vetenskapsakademien; Förhistoria, grundläggning, och första organisation.* 2 Bände, Stockholm 1939. Dort I, S. 283, 498 ff.; Oseen (Anm. 23), S. 9–15.

34 *EC,* S. 7, 111f.; *Briefe,* S. **2f.; S. Klingenstierna: *Tal, om de nyaste rön vid electriciteten hallit … d. 31. Oct. år 1755.* Stockholm 1755. Dort insbes. S. 4, 9, 12, 16. Vgl. Home (Anm. 25), S. 90 f. und Oseen (Anm. 23), S. 95 f.

35 J. A. Euler: Recherches sur la cause physique de l'électricité. MAS/Ber 1757, S. 125–159. Dort S. 125 f.; Aepinus: *Recueil de différents mémoires sur la tourmaline.* St. Petersburg 1762. Dort S. 136 f.

36 Aepinus: Quelques nouvelles expériences électriques remarquables. MAS/Ber 1756, S. 105–121; Winter, *Registres* (Anm. 25), S. 227, 231. Aepinus veröffentlichte eine vorläufige Zusammenfassung des *Tentamen* als *Sermo academicus de similitudine vis electricae atque magneticae.* St. Petersburg 1758.

37 Euler (Anm. 35); Winter, *Registres* (Anm. 25), S. 235 f.

38 *EC;* Oseen (Anm. 23), S. 46–56. Wilckes Anmerkungen während seiner Lektüre sind in der Manuskriptensammlung Nr. 46, KVA erhalten.

39 Euler an Müller, 30. Dezember 1760/10. Januar 1761, in Yushkevich und Winter (Anm. 25), S. 166.

40 Home (Anm. 25), S. 26 ff.; Oseen (Anm. 23), S. 25 f., 37.

41 Euler (Anm. 35), S. 130, 136; vgl. Euler (Anm. 32), S. 126.

42 Euler (Anm. 35), S. 126 ff., 136–147; *Study*, S. 392–395.

43 Euler (Anm. 35), S. 134, 156–159; vgl. L. S. Minschenko: Ob odnoi dissertatsii Leonarda Eilera po elektrichestvu Akademiya Nauk, S.S.S.R. Institut Istorii Yestestvoznaniya i Tekhniki, *Trudy* 28, 188–200 (1959). Dort S. 192.

44 Aepinus: Akademische Rede von der Ähnlichkeit der elektrischen und magnetischen Kraft. Übers. von *Sermo* (Anm. 36). *Hamburgisches Magazin* **22**, 227–272 (1759). Dort S. 236; *EC*, S. 29, 47 ff., 121; *Briefe*, S. 294.

45 Aepinus (Anm. 36), S. 106 f., 117 f.; Aepinus (Anm. 35), S. 50 f.; Aepinus: *Tentamen theoriae electricitatis et magnetismi*. St. Petersburg 1759; Home (Anm. 25), S. 237 f.; Aepinus (Anm. 44), S. 230, 246; Home (Anm. 25), S. 25 f., 89–96; Wilcke: Geschichte des Tourmalins. *Abhandlungen* (Anm. 23), **28**, 95–113 (1766). Dort S. 99 f.

46 *EC*, S. 95 f.; stimmt bis auf kleine Abweichungen mit Aepinus, *Tentamen* (Anm. 45), S. 75–83 (Home (Anm. 25), S. 283 ff.) überein; *Briefe*, S. 308 f.

47 *EC*, S. 100–103.

48 Aepinus (Anm. 36), S. 108; Aepinus (Anm. 45), S. 257 ff. (Home (Anm. 25), S. 392 f.); G. F. Firtzgerald: *Scientific writings*. Dublin und London 1902, dort S. 388, empfiehlt die Modelle wegen ihrer emotionellen Wirkung und ahmt damit Maxwell nach.

49 *EC*, S. 122 f.; J. A. Euler (Anm. 35), S. 141.

50 *Briefe*, S. 236; vgl. 221–224, 235 ff., 262 f., 270 f., 277 f., 292, 306 f., 340 f.; *EC*, S. 16, 73 f.

51 Vgl. Wilcke: Elektrische Versuche mit Phosphorus. *Abhandlungen* (Anm. 33), **25**, 207–226 (1763).

52 Aepinus: *Tentamen* (Anm. 45), S. 5–10, 35–40 (Home (Anm. 25), S. 258 f.); in *Study*, S. 55–63, wird die übliche Verteidigung des Newtonschen Standpunktes wiedergegeben.

53 *EC*, S. 14; *Briefe*, Vorrede, S. 7; J. A. Euler (Anm. 35), S. 144.

54 *Briefe*, Vorrede, S. 7.

55 *Briefe*, S. 271; vgl. daselbst S. 347 und *EC*, S. 10 f., 14.

56 *Study*, S. 438 f.; Oseen (Anm. 23), S. 250.

57 *EC*, S. 37.

58 *EC*, S. 2, 9; *Briefe*, Vorrede, S. 3.

59 *Briefe*, S. 288, 311 f., 261–271, 263[+], 290 ff.,; *EC*, S. 93, 109.

60 *Briefe*, S. 348, 354.

61 Vgl. *Briefe*, Vorrede, S. 5.

62 Aepinus (Anm. 35), S. 77 f.; Nollet an T. Bergman, 20. September 1766, in G. Carlid und J. Nordstrom (Hg.): *Tobern Bergman's foreign correspondence*. Stockholm, 1965. Dort S. 285. Vgl. J. A. Euler (Anm. 35) und Beccarias Antwort an Nollet, die in deutscher Übersetzung im *Hamburgischen Magazin* **18**, 378–433 (1757) veröffentlicht wurde.

63 *EC*, S. 38 f.

64 EC, S. 31–37; *Briefe*, S. 229; Aepinus: *Tentamen* (Anm. 45), S. 132–136 (Home (Anm. 25), S. 315–325). J. A. Euler (Anm. 35, S. 144) erwähnt auch die Möglichkeit von Abstoßungen zwischen homolog geladenen Körpern, welche er allerdings nicht näher ausführt.

65 *EC*, S. 118; vgl. *Briefe*, S. 347.

66 *Lettres*, S. 101 f.; *Briefe*, S. 226–231.

67 *EC*, S. 7 f., 41.

68 *Lettres*, S. 107 f.; *Briefe*, S. 231 f.

69 *Briefe*, S. 236–238. Vgl. *EC*, S. 119 f., wo gezeigt ist, daß ein Konduktor, der zugleich mit gleichstarken Quellen von Glas- und Harzelektrizität verbunden wird, sich nicht auflädt.

70 *Briefe*, S. 281–284; vgl. *EC*, S. 109–114, und Briefe, S. 240 f. Weitere Stellen, wo Wilcke die von Nollet falsch verstandenen Experimente Franklins berichtigt, sind: *Briefe*, S. 232 f., 245–250, 285 f.

71 *Lettres*, S. 74, 80, 224; *Briefe*, 323–347. Wilcke unterscheidet deutlich zwischen Serien- und Parallelschaltungen (*Briefe*, S. 250 ff.).

72 *Briefe*, S. 232, 280.

73 *Lettres*, S. 130, 134, 150; *Briefe*, S. 239, 261[+], 267[+], 268[+].

74 *Briefe*, S. 263[+] f., 273, 298–304.

75 *Briefe*, S. 221–224, 254 ff.; Aepinus: *Tentamen* (Anm. 45), S. 82–87 (Home (Anm. 25), S. 286 ff.). Siehe auch *Study*, S. 333 f., 399n, 409–412, 415–420, wo über weitere Arbeiten über entladene Kondesatoren berichtet wird und *EC*, S. 18, wo man ein anderes Beispiel zu Wilckes Auffassungen über Kräfte findet.

76 *Briefe*, S. 218, 241 f., 259–271.

77 *EC*, S. 84–92; *Briefe*, S. 308. Vgl. *EC*, S. 73–82.

78 *EC*, S. 54–67; Oseen (Anm. 23), S. 48; *Briefe*, S. 257[+].

79 *Briefe*, S. 313–321, dort auf S. 319; vgl. daselbst S. 258[+]–261[+], 295 ff.

80 *I. B. Cohen* (Hg.): *Benjamin Franklin's experiments. A new edition of Franklin's Experiments and observations on electricity*. Cambridge, Mass. 1941. Dort insbes. S. 141, 147 f., 158 f.

81 *Study*, S. 272 f.

82 W. D. Hackmann: *Electricity from glass. The history of the frictional electrical machine, 1600–1850*. Alphen aan den Rijn 1978. Dort S. 104–115, 125, 266–269; Winkler: Epistola ... quae continet descriptionem et figuras pyrogani sui electrici. Royal Society of London, *Philosophical transactions* 44, 497–502 (1747).

83 *Study*, S. 156 f.; Aepinus (Anm. 24), S. 10.

84 Oseen (Anm. 23), S. 375 f., führt die zuständigen Manuskripte auf.

Editorischer Hinweis

Das Originalexemplar, das der vorliegenden Neuausgabe als Druckvorlage diente, befindet sich in der Universitätsbibliothek Tübingen. Druckfehler, drucktechnische Unvollkommenheiten und kleinere handschriftliche Zutaten früherer Benutzer (z. B. auf Seite 77, 97, 103 und 123) wurden nicht korrigiert, um diesen Text möglichst getreu in seiner ursprünglichen Gestalt zu erhalten.

Um das umfangreiche Werk auf ein vertretbares Maß zu reduzieren, wurde der Text spaltenförmig zusammengefaßt. Die dadurch entstandene Veränderung der Seitenzahlen ist durch Hinzufügen der Original-Seitenzahlen am Rande des vorliegenden Textes berücksichtigt. Weil der Text ursprünglich falsch paginiert wurde, macht diese Zählung (auf Seite 97 der vorliegenden Ausgabe) bei 272 einen Sprung und beginnt bei 257 von neuem (siehe hierzu Seite XLV f.).

Die „Vorrede des Übersetzers" in der Originalausgabe wurde nicht paginiert. Deshalb ist bei Verweisen auf diese unpaginierten Seiten in der Einleitung die Seitenzahl der vorliegenden Ausgabe genannt.

Die Zuordnung der Illustrationen auf Seite 79 zum Text ist folgende:
Fig. I (S. 12); Fig. II, III, IV (S. 13); Fig. V (S. 14); Fig. VI (S. 27); Fig. VII (S. 34); Fig. VIII (S. 35); Fig. IX (S. 37) und Fig. X (S. 40).

Des
Herrn Benjamin Franklins
Esq.
Briefe
von der
Elektricität.

Aus dem Engländischen übersetzet,
nebst Anmerkungen

von

J. C. Wilcke.

Leipzig, 1758.

verlegts Gottfried Kiesewetter,
Buchh. in Stockholm.

Wenig Theile der Naturlehre haben das Glück gehabt, eine ſo allgemeine Aufmerkſamkeit auf ſich zu ziehen, als die Lehre von der Elektricität. Ja man kann von wenig Erſcheinungen der Natur, ſo viele Verſuche und Erklärungen aufweiſen, als von dieſen, von welchen faſt ein jeder, der nur, es ſey ſo ſchwach wie es wolle, Hand an dieſelbige geleget hat, ſeine Gedanken und Erläuterungen der Welt mitgetheilet hat. Hierdurch iſt die Anzahl der Schriften dieſer Art dergeſtalt angewachſen, daß man mit wenig Mühe eine kleine Bibliothek davon ſammlen könnte, wollte man auch nur diejenigen darinn aufnehmen, welche Deutſchland dargeleget hat. Dem allen unerachtet kann man mit Wahrheit ſagen, daß wohl von keiner Sache in vielen Büchern weniger geſchrieben ſey, als eben von dieſer Materie. Man bemerket unterdeſſen auch hier dasjenige, ſo in allen Fällen eintrifft, wo viele an einem und eben demſelben Gegenſtande arbeiten. Es ſteigt mehrentheils ein glückliches Genie empor, deſſen Arbeiten ſich vor den übrigen herausheben, und deren Züge deſto weniger verwittern, je feiner und tiefer ſie ſind. Beſchweret man ſich, daß man von dieſer Sache ſo wenig Gründliches finde; ſo hat man die Schuld nicht in dem guten Willen der Schriftſteller zu ſuchen. Der Eigenſinn der Natur iſt Schuld. Dieſe verſtattet nur wenigen Lieblingen tiefere Einſichten in ihre Geheimniſſe. Und man findet, aller Vorurtheile ungeachtet, auch von der Elektricität gute und gründliche Schriften.

Daß ich hier auf gegenwärtige Schrift des Herrn Franklin eine Anwendung machen wolle, und daß ich dieſelbe denen vorzüglichſten in dieſer Art beyzuzählen willens ſey, wird man von ſelbſt errathen können; und ich will dieſes dahero nicht thun. Die Schrift ſelbſt mag für ſich reden. Der allgemeine Beyfall, und die große Aufmerkſamkeit, womit dieſelbe nicht nur in England, ſondern durchgängig, von den größten Kennern der elektriſchen Verſuche aufgenommen worden, lobet dieſelbe weit nachdrücklicher, als das mehrentheils verdächtige Lob eines Ueberſetzers. Es wird mir aber dennoch erlaubet ſeyn, von dem Inhalte dieſer Briefe, und von der gegenwärtigen Ueberſetzung einiges anzuführen.

Herr Franklin, ein geſchickter Buchhändler zu Philadelphia, in Nordamerica, ward durch die zur Elektricität gehörigen Werkzeuge, und die denenſelben beygefügte Anweiſung ſolche zu gebrauchen, welche ihn aus London überſandt worden, aufgemuntert, und in den Stand geſetzet, dieſe Verſuche in dieſem entfernten Welttheile bekannt zu machen, und ſich auf eine vorzügliche Weiſe damit zu beſchäfftigen. Wie groß der Fortgang ſey, welchen der arbeitſame Fleiß dieſes geſchickten Mannes in dieſer Sache gemachet habe, kann man aus gegenwärtigen Briefen erſehen, welche deſſelben Gedanken und Erklärungen enthalten. Dieſe zeigen deutlich die großen Vortheile, welche denen Wiſſenſchaften dadurch zuwachſen können, wenn Leuten von Luſt, Trieb und Fähigkeiten Gelegenheit gegeben wird, ihren Fleiß in Schwung und Ausübung zu ſetzen. Man erhält hier aus den Händen eines Americaners eine Schrift, welche auch in dem Vaterlande der Elektricität lehrreich bleibt.

Herr Franklin hat ſeine Erfindungen und Arbeiten ſeinen Freunden in London, beſonders dem Herrn Collinſon, in verſchiedenen Briefen und kleinen Abhandlungen mitgetheilet. Dieſelben ſind in dreyen kleinen Theilen zuſammen gedruckt, und unter dem Titel: New experiments and obſervations on Electricity, made at Philadelphia in America, by Mr. Benjamin Franklin, and communicaled in ſeveral Lettres to Mr. Collinſon at London, F. R. S. London, printed and ſold by E. Cave, at St. John's Gate 1751 in 4to. bekannt gemachet.

Die Seltenheit dieſer Schrift in unſern Gegenden, die Wichtigkeit derſelben, und der große Vortheil, welchen ich ſelber daraus gezogen habe, haben mich veranlaſſet, dieſelbe in einer deutſchen Ueberſetzung bekannter zu machen. Ich kann mein Urtheil zwar für keine Entſcheidung und Beſtimmung des Werthes eines Buches anſehen; ſo viel muß ich aber geſtehen, daß ich dieſe Schrift werth halte, allgemeiner bekannt, und denen Vorurtheilen entriſſen zu werden, welche man häufig gegen dieſelbige findet. Ich wünſche, daß ein kleiner Theil dieſer Abſicht durch meine Arbeit erreichet werde. Und hierzu wünſche ich abermals, daß es denen Feinden derſelben damit, wie mir, ergehen möge. Ich wollte die Regel, deren man ſich bey Unterſuchung von Hypotheſen und Erklärungen phyſicaliſcher Verſuche bedienet, auch hier anbringen. Ich zog aus dem Syſtem des Herrn Franklins eine Menge von Schlüſſen und Folgerungen heraus. Auf dieſe bauete ich den Entwurf von neuen Verſuchen, welche dieſe Sätze durch ihren Erfolg entweder beſtätigen, oder umſtoßen mußten. So viel ich von dieſen Verſuchen ins Werk ſetzete, ſo viele neue Gründe und Beweiſe fand ich für die Richtigkeit

des Syſtems und der Erklärung des Herrn Franklins. Die eigenen Verſuche deſſelben, habe ich ſehr ofte und allezeit mit dem glücklichſten Erfolge wiederholet, und kann dahero mit Zuverſicht behaupten, daß ſie wahr und ohne Fehler ſind; und daß man den von Herrn Franklin vorgegebenen Erfolg niemals verfehlen werde, wenn man ſich nur die Mühe gegeben hat, von dem Zuſammenhange des ganzen Syſtems und denen beſondern Fällen deſſelben, welche hin und wieder einen Einfluß haben können, ſich einen allgemeinen und deutlichen Begriff zu machen.

Weil ich hievon gewiß bin, hat es mich um deſtomehr befremdet, daß ein berühmter und mit den elektriſchen Verſuchen ſehr bekannter Naturforſcher in Frankreich, der Herr Abt Nollet, dieſer Schrift des Herrn Franklin eine ſo ſcharfe Critik entgegen geſetzet hat, als man in deſſen Briefen von der Elektricität findet. Dieſe Lettres ſur l'Electricité, dans leſquelles on examine les dernieres Découvertes, qui ont été faites ſur cette Matiere, et les conſéquences que l'on en peut tirer, par Mr. l'Abbé Nollet, a Paris 1753. ſind eigentlich gegen die Briefe des Herrn Franklins geſchrieben, und man kann die Abſicht, warum ſie geſchrieben ſind, aus vielen Stellen derſelben leichtlich erkennen. Die Lehre des Herrn Franklins iſt in Frankreich ſo wohl aufgenommen worden, daß ſie der, nach des Herrn Nollets Meynung, von der franzöſiſchen Akademie der Wiſſenſchaften für ſouverain erklärten Hypotheſe deſſelben, welche er in den Memoires vom Jahre 1745. Conjectures ſur les cauſes de l'Electricité des corps, und in ſeinem Eſſai ſur l'Electricité des corps, vorgetragen hat, allem Anſcheine nach in ihrem Anſehen gefolget war. Herr Nollet eifert recht ernſthaft hiegegen, und ſuchet den Herrn Franklin von der Falſchheit der Schlüſſe deſſelben, und der Richtigkeit ſeiner eigenen Hypotheſe zu überzeugen. Er thut dieſes auf einem Wege, welcher dem Ruhme des Herrn Franklins ſo nachtheilig, als ſeinen eigenen Abſichten gemäß iſt. Er nimmt Franklins Verſuche vor, untersuchet dieselben zum Theil, läugnet die daraus gezogenen Schlüsse, statt deren er seine eigenen anführet. Er spricht vielen Versuchen den vom Herrn Franklin angegebenen Erfolg ab, und setzet ihm andere Versuche entgegen. Er sieht es also für eine ausgemachte Sache an, daß Herr Franklin seine Versuche weder recht angestellet, noch recht beschrieben, noch recht verstanden, noch recht erkläret habe. Ja er giebt ihm endlich S. 128. den wohlmeynenden Rath, daß er die Gutheit haben solle, seine eigenen Versuche von neuem anzustellen, die Versuche des Herrn Nollets strenge zu untersuchen, und die Wahrheit, welche hartnäckige Leute mit der Ungewißheit der Erfahrungen bedecken wollen, ans Licht zu bringen. Ich bin versichert, Herr Franklin werde nichts verlieren, wenn er alles dieses thut. Die Versuche des Herrn Franklins sind richtig. Die Versuche des Herrn Nollets sind auch richtig: sie haben aber gar nicht die Kraft, welche Herr Nollet ihnen zutrauet; weil sie ehe als so viele Beweise für die Theorie Herrn Franklins können angesehen werden, als für Widerlegungen derselben. Man würde dennoch aber eine unbillige Partheylichkeit verrathen, wenn man dem Herrn Franklin in allem Recht geben wollte. Es kömmt gewiß vieles in seinen Briefen vor, wogegen ein jeder Physicus eben die billigen Zweifel vorbringen würde, welche der Herr Abt Nollet demselben entgegen setzet. Mehrentheils betreffen aber diese Dinge nicht das Wesentliche des Systems, oder können doch als überflüßig angesehen werden; und sind theils vom Herrn Franklin selbst in der Folge verbessert.

Zum Beyspiele hievon dienet die Lehre von der Structur des Glases, und von der Erzeugung der Elektricität der Wolken aus dem Weltmeere. Die übrigen Schwierigkeiten sind nicht so beschaffen, daß man dadurch bewogen werden könnte, aus einem Franklinianer ein Nollettianer zu werden. Man halte nur die beyden Theorien gegen einander; so wird man bald erkennen, welche von beyden mehr Kennzeichen des Natürlichen, des Einfachen und der Hypothese an der Stirne trägt.

Meine Absicht in denen beygefügten Anmerkungen ist nicht, wie es Anfangs scheinen möchte, besonders auf eine Widerlegung des Herrn Abt Nollets und dessen Einwürfe gegen die Schrift und Sätze des Herrn Franklins, gerichtet. Dieses hätte weitläuftiger, besser, und mit mehrerem Nachdrucke auf andere Weise geschehen können. Ich habe mich daher aller Beurtheilung des eigenen Systems und Sätze des Herrn Nollets enthalten. Weil ich aber fand, daß gegenwärtige Schrift des Herrn Franklins in vielen Stücken durch mehrere Versuche und Erfahrungen einer näheren Erläuterung, Bestätigung und Ausarbeitung fähig wäre; so habe ich hiezu meine wenigen Einsichten angewandt. Die Einwürfe des Herrn Nollets können zu diesen Erläuterungen eine besondere Veranlassung geben, welche mehrentheils gegen solche Stellen gerichtet sind, in welchen sich annoch einiger Zweifel, Irrthum und Dunkelheit finden kann. Ich bediene mich dahero dieser Gelegenheit, einige dieser Schwierigkeiten aufzulösen, und suche die Versuche des Herrn Nollets zu Erläuterungen der Franklinischen zu machen, und durch eigene neue Versuche mit selbigen zu verbinden. Die Versuche selbst widersprechen einander nicht. Daß aber die Erklärungen derselben, und die daraus gezogenen Schlüsse einander zuwider sind, dafür kann ich nicht.

Die Beurtheilung der Uebersetzung selber, überlasse ich denen Kennern. Ich verlange in Absicht auf die Schönheit der Ausdrücke keinen Ruhm. Nur dieses wünsche ich, daß mir der Vorwurf nicht möge gemachet werden, welchen der Herr Abt Nollet in seinen Lettres p. 5. der französischen Uebersetzung zur Last leget. Er leget derselben einen gar geringen Werth bey, wenn er saget: Cette traduction est un peu négligée, dans bien des endroits on a peine à entendre l'Auteur, et l'on manqueroit plusieurs de ses expériences, si l'on n'avoit pas recours à l'original anglois. Sollte ich das Glück haben, die Aufmerksamkeit eines Recensenten auf mich zu ziehen; so wünsche ich für ihn den aufrichtigen öftern Wunsch der Recensenten für die Ueberseßer: daß er die Sache, die er beurtheilen will, selber verstehen möge, und die Briefe des Herrn Franklins nicht, wie von vielen geschieht, für eine elektrische Algebra halte; ob gleich viel plus und minus darinn vorkömmt. Man könnte diese Worte zwar durch **mehr** und **weniger** überseßen; ich fürchte aber, man würde dennoch aus gewissen Ursachen, gewissen Leuten unverständlich bleiben.

Die große Menge, der in einer angenehmen Kürze vorgetragenen Sachen, verbiethet mir, einen kurzen und dennoch hinlänglichen Auszug von dieser Schrift zu geben. Unterdessen will ich einen Versuch wagen, von denen vornehmsten Stücken und Verdiensten derselben einen kurzen Entwurf zu machen.

Die Ausarbeitung der Theorie von der Elektricität, ist ein vorzügliches Stück derselben. Ich sage, die Ausarbeitung dieser Theorie. Das System selber, und die Grundsäße davon, welche ich in aller Kürze entwerffen will, sind keine Erfindungen des Herrn Franklins. Man findet dieselben schon in andern Schriften, welche vor Franklinen geschrieben sind, und von welchen man aus Franklins eigenen Worten mit allem Rechte behaupten kann, daß er sie gelesen habe. Herr Watson und Herr Ellicot haben sich derselben schon in denen Abhandlungen bedienet, welche von diesen geschickten Leuten in die englischen Transactionen N. 485. eingerücket sind. Man findet daselbst schon eine Anwendung derselben auf die Erscheinungen des Anziehens, des Anstoßens, der Kraft der Spißen, des an selbigen erscheinenden Feuers, des durch Haarröhrchen auslaufenden Wassers, und andern mehr. Die bekannte und vortreffliche Abhandlung des Herrn Waiz, von der Elektricität und deren Ursachen, welche in Berlin gekrönet ist, enthält zum Theil im Grunde eben diese Lehren, welche man fast in allen vernünftigern Schriften von der Elektricität findet. Die Verdienste des Herrn Franklins um diese Theorie sind dennoch groß. Er hat dieselbe nicht nur in ein

helleres Licht gesetzet; sondern hat sie auch auf die Ladungs- oder Erschütterungsversuche, die unter den Namen der Leidenschen und Muschenbroekischen allgemein bekannt sind, und von welchen man bisher keine natürliche und stichhaltende Erklärung hatte, auf eine sehr sinnreiche Art angewandt. Hat er hiebey ein wenig zu viel gekünstelt, so bleibt dennoch hier allezeit mehr Natur, als in andern unglaublichen Erklärungen. Dem allen unerachtet hat Herr Franklin diese Versuche nicht so ausgearbeitet verlassen, daß nicht noch jedem Naturforscher ein weites Feld von nüßlichen Bemühungen offen bliebe; welches er aber nicht sicherer und mit besserm Fortgange, als auf der Spur, die Herr Franklin gezeiget hat, betreten wird. Das Allgemeine dieser Theorie beruhet kürzlich auf folgendem.

Durch die ganze körperliche Natur ist eine sehr subtile Materie verbreitet, welche den Grund und die Ursachen aller elektrischen Erscheinungen enthält.

Die Theile dieser feinen Materie, welche man nach Belieben Aether, Feuer, Licht, u. d. m. benennen kann, stoßen sich unter einander ab.

Sie werden aber von denen Theilen der gemeinen Materie, aus welcher die Körper bestehen, stark angezogen.

Enthält ein Theil körperlicher Materie so viel von dieser feinen elektrischen Materie, als er einnehmen kann, ohne daß dieselbe auf der Oberfläche gehäuft liegen bleibt; so ist er, in Absicht auf die Elektricität, im natürlichen Zustande.

Ein mehreres macht ihm positiv oder plus, weniger aber negativ oder minus elektrisch.

Alle elektrischen Erscheinungen entstehen durch den Uebergang dieser Materie aus einem Körper in den andern, und durch die proportionirte Vertheilung, oder den Ausfluß derselben.

Dieses sind kürzlich die Hauptgrundsäße dieser Theorie. So einfach dieselben erscheinen, so weit ausgedehnt ist der Nußen derselben in der Anwendung auf die Erfahrungen. Man kann dieselbe kaum eine Theorie oder Hypothese nennen; weil sie eigentlich nichts als allgemeine Erfahrungssätze enthält, bey welchen man zuletzt stehen bleibt. Insonderheit ist das Abstoßen der Theile der elektrischen Materie ein solcher Erfahrungssatz. Man erkläret hiedurch eigentlich nichts; sondern giebt nur das Gesetz an, welchem die Natur in diesen Erfahrungen folget. Die Versuche und Erscheinungen lassen sich dadurch auf eine sehr einfache und natürliche Art erklären, und können ihrer großen Menge und Verschiedenheit ungeachtet, auf gar wenig Regeln gebracht werden. Ja die Theorie von der Elektricität wird dadurch auf eben so einfache, auf ähnliche und allgemeine Grundsätze gebracht, als die Theorie des Weltgebäudes und der Bewegung der himmlischen Körper. Es ist nicht zu läugnen, dieselbe bleibt noch jederzeit vielen und denen alten metaphysischen Einwürfen ausgesetzet: wenn man aber bedenkt, daß alle übrigen Erklärungen, welche man aus einem Druck, aus bloßem Anziehen, oder der Elasticität hernehmen wollte, eben so vielen Schwierigkeiten unterworfen sind, und daß man doch zuletzt bey einigen allgemeinen Erfahrungssätzen, welche keine weitere Erklärung zulassen, müsse stehen bleiben; so wird man in seinem Urtheile etwas gelinder verfahren. Im Grunde kömmt es auf eines hinaus, ob man bey der abstoßenden Kraft stehen bleibt, oder die eben so unbegreifliche unendliche Reihe kleiner gespannten Federn annimmt, durch welche man die Elasticität erklären müßte. Denn, bis auf die ersten Triebfedern der Natur, wird unsere Erkenntniß niemals durchdringen. Eine Erklärung wird dadurch nicht begreiflicher, gründlicher und natürlicher, daß sie ein gelehrteres Ansehen hat.

Ein besonderes Verdienst dieser Theorie, und der gegenwärtigen Schrift, ist die sehr natürliche Erklärung und weitere Ausarbeitung der Lehre von denen zwo contrairen Eickricitäten. Diese ist schon seit den Zeiten des Herrn Du Fay bekannt, und ist jederzeit ein Gegenstand ganz verschiedener Meynungen gewesen. Die allgemeinen Regeln der Versuche waren diese: daß zween elektrische Körper einander abstießen, keine Funken gegen einander schlügen, und einander des elektrischen Zustandes nicht berauben könnten. Man hat aber die Unzulänglichkeit dieser Regeln, bald durch Versuche finden müssen. Herr Du Fay fand, daß elektrische Körper einander anzogen, und machete daher den Unterschied zwischen der Glas- und Harz-Elektricität. Herr Richmann und Herr Gralath fanden, daß elektrische Körper unter sich oft stärkere Funken schlügen, als gegen unelektrische. Die schwedischen Naturforscher und Professores in Upsal, Herr Klingenstierna und Strömer, haben ähnliche Versuche bey Erschütterungsgläsern bekannt gemachet; und es fehlet nicht an Schriften, in welchen dieser Ausnahme von den allgemeinen Regeln Meldung geschieht. Man kann aber mit Recht behaupten, daß keiner auf diese merkwürdige Erscheinung ein so aufmerksames Auge gewandt hat, als unser Herr Franklin, und daß keiner eine der Natur so gemäße Erklärung derselben gegeben habe, als eben er. Man beruhiget sich noch zum Theil heutiges Tages damit, daß man diese Erscheinungen aus der bloßen Verschiedenheit der Grade und der Stärke der Elektricität herleitet. Diese Erklärung thut aber denen Erscheinungen kein Genüge, und erstrecket sich nur auf wenige Fälle. Man hat die Elektricität jederzeit entweder aus einer Häufung oder Beraubung der elektrischen Materie allein erkläret; man hat aber diese beyden Fälle nicht zusammen genommen, und Herr Franklin ist der erste, welcher deutlich gezeiget hat, daß sowohl die Häufung, als die Beraubung eines Körpers von elektrischer Materie, die elektrischen Erscheinungen zuwege bringen könne. Eine Folgerung, die man nothwendig schon lange hatte einsehen können; weil in keinem Körper eine Häufung vorgehen kann, ohne daß zugleich ein anderer ausgeleeret werde. Hiedurch entsteht ein Unterschied des Zustandes der Körper in Absicht auf die elektrische Materie, wel-

the so natürlich, als der Erklärung aller und
jeder Erscheinungen gemäß ist. Es ist diese
Materie zu weitläuftig, als daß ich dieselbe
hier umständlicher ausführen könnte. Ich
habe dieses in einer besondern Abhandlung,
unter dem Titel: Dissertatio physica experimentalis, de Electricitatibus contrariis, gethan; worinn man alles, was zum Wesentlichen und zur Geschichte dieser wichtigen Materie gehöret, finden wird, und woselbst ich zugleich der Erklärung des Unterschiedes der zwo entgegengesetzten Elektricitäten, aus der Verschiedenheit der Stärke
der Elektricität, solche Gründe entgegenge-
setzet habe, die meiner Einsicht nach überzeugend sind. Dieser Unterschied ist die wichtigste Entdeckung in der ganzen Lehre von
der Elektricität, und scheint der einzige Weg
zu seyn, auf welchem wir eine gründliche Erkenntniß von diesen in der ganzen Natur eine
so große Rolle spielenden Erscheinungen zu
hoffen haben. Herr Franklin hat die Verschiedenheit des elektrischen Zustandes schon
an Körpern entdecket, bey denen er sich zur
Erregung der Elektricität des Glases allein
bediente. Er hat Anfangs nicht gewußt,
daß verschiedene für sich elektrische Körper,
schon eben diese verschiedene Wirkung bey
Körpern hervorbringen können, wenn man
sie gegen einander hält. Herr Kinnersley
hat diesen Unterschied, der bey uns lange bekannt ist, ebenfalls entdecket, und Herr Franklin mitgetheilet. Eigentlich haben wir Herr
Franklin also diesen Unterschied überhaupt
nicht zu danken, wohl aber dieses, daß man
durch einen und eben denselben für sich elektrischen Körper, beyde Arten von Elektricität
erregen könne; und überdem die so natürliche als allgemeine Erklärung dieses Unterschiedes.

Die Anwendung der Theorie auf die
Erschütterungsversuche, und die Erklärung dieser Versuche, machet einen großen
und fast den größten Theil dieser Schrift
aus. Herr Franklin beweist durch überzeu-
gende Versuche, daß die Kraft zu erschüttern in dem Glase selber liege. Wenn an
die eine Seite und Oberfläche eines dünnen

Glases, eine Menge von elektrischer Materie
durch Zuleiter angebracht, und gehäufet wird;
so treibt dieselbe die in der entgegengesetzten
Fläche enthaltene elektrische Materie heraus.
Dadurch wird diese letztere Fläche ausgeleeret,
und wird negativ: indem die erstere durch
beständiges Einsaugen der Materie geladen,
und positiv wird. Ist dieses geschehen, und
bringt man durch den bekannten Erschütterungskreis beyde Flächen zur Gemeinschaft
mit einander; so schießt die in der einen
Seite gehäufte Materie, durch diesen Conductor schnell in die andere hinüber, und erwecket in diesem schnellen Durchgange eine
starke Erschütterung in denselben. Alles dieses
geht ebenfalls bey diesen Körpern vor, wenn
die Elektricität statt der Zuleitung unmittelbar
durch das Reiben an selbigen erwecket wird:
und daher kann man die Elektrisirröhre und
Kugel, zugleich zum Erschütterungsglase gebrauchen.

In allen diesen Erklärungen nimmt er das
Glas als absolut impermeabel an. Die beyden Flächen desselben, worunter er die halbe
Dicke versteht, sind zwar voller kleinen Zwischenräumchen, in welchen sich die Materie
befindet; sie sind aber in der Mitte des Glases durch eine undurchdringliche Wand gleichsam von einander geschieden, durch welche
nichts destoweniger die abstoßende Kraft der
Materie in der einen Seite, auf die Theile
derselben, welche sich in der andern Fläche
befinden, ungehindert wirken kann. Was
hievon zu halten sey, werde ich unten in denen Anmerkungen umständlicher ausführen.

Es ist allgemein bekannt, daß wir Herr
Franklin die Kenntniß der Gewittereiek-
tricität zu danken haben. Man hat zwar
schon vor ihm, allerley Gedanken von der
Aehnlichkeit der Blitze mit der Elektricität
vorgetragen; dieses sind aber bis dahin lauter Muthmaßungen gewesen. Und ob gleich
Herr Franklin nicht der erste gewesen ist,
welcher diese Versuche ins Werk gerichtet
hat; so hat er dieselben dennoch schon so deutlich entworfen und vorgeschlagen, daß ihm
der Ruhm dieser Erfindung gar nicht streitig
gemachet werden kann. Er hat eine weitläuf-

tige Abhandlung von Erzeugung der Elektricität in denen Wolken aus dem Weltmeere aufgesetzet. Er glaubet, durch das Reiben der Salztheilchen, als eines für sich elektrischen, und des Wassers, als eines unelektrischen Körpers, könne in dem Weltmeere, in denen durch Hülfe des gemeinen und elektrischen Feuers aufsteigenden Dünsten, Elektricität erreget werden. Er hat aber nachhero seine Meynung geändert, und schreibt diese Wirkung theils dem Reiben der Luft zu, theils der großen Verdünnung und Ausdehnung, der in Dünste aufgeldseten Körper, wodurch dieselben geschickt werden, eine größere Menge von Materie einzusaugen, und also, so lange sie noch ledig sind, als negative Körper zu wirken; oder wenn sie in diesem Zustande ihre natürliche Quantität eingesogen haben, und durch Winde zusammen gedrucket, und gleichsam wie ein Schwamm ausgepresset werden, ihren Ueberfluß von sich geben. Das wichtigste aber, was Herr Franklin von dieser Materie vorträgt, sind die **Gedanken und Vorschläge, die Gewitter und die Blitze abzuleiten.** Diese Gedanken haben zwar einen allgemeinen Beyfall gefunden; sie sind aber mehrentheils unrecht verstanden worden.

Es ist mir kein Exempel bekannt, daß die Ueberzeugung davon, bey jemanden bis zur Ausübung derselben gekommen ware; ob man gleich alle Ursache hat, hier mehr als eine bloße Wahrscheinlichkeit anzunehmen. Die zum Vergnügen aufgesteckten kleinen Gewitterstangen wollen es nicht ausmachen.

Es würde zu weitläuftig werden, wenn ich von allen und jeden vorkommenden Sachen eine Erzählung machen wollte; indem dieselbe fast so lang, als das Buch selber, werden müßte. Herr Franklin hat den Geschmack unserer Zeiten in der Elektricität sehr gut gekannt, und daher zum Besten der Kenner eine Menge der angenehmsten Versuche mit eingestreuet. Theoretische Schriften dieser Art, werden sehr wenig gelesen; die praktischen sind desto angenehmer: und daher kann es auch in dieser Absicht dem Herrn Franklin nicht an Lesern fehlen. Der elek-

trische Bratenwender, die Spinne, die Batterie, die Verschwörung, das Gastmahl, der Fisch, und hundert andere Versuche, sind für einen reisenden Elektricus gewiß eben so vortheilhaft, als das beste harmonische Glokkenspiel. Unterdessen benehmen diese angenehmen Sachen, wegen des vortheilhaften Gebrauches, welchen Herr Franklin davon gemachet hat, dem Werthe der Schrift selber nichts; welche durchgängig so beschaffen ist, daß ein jeder, der sie nicht gelesen hat, nicht sagen kann, daß er von dem itzigen Zustande der Elektricität, und denen neuesten Entdeckungen, einen Begriff habe.

Zur gegenwärtigen Uebersetzung, sind an dem Buche selber weiter keine Veränderungen gemachet, als daß ich denen dreyen kleinen Theilen zusammen, den Titel vorgesetzet habe, welcher im Originale jedem besonders vorgedrucket ist. Der erste Theil geht eigentlich bis an den fünften Brief; der dritte Theil fängt mit dem zwölften Briefe an, und schließt sich mit dem Anhange, der auf die Versuche des Hrn. Cantons folget. Mehr findet sich im Originale nicht. Ich habe aber des Zusammenhanges wegen, diesem noch einige Stücke aus dem neuesten Bande der englischen Transactionen beygefüget; damit man hier alles zusammen finde, was man bisher von Herr Franklin in dieser Materie aufzuweisen hat. Im Originale finden sich unter dem Texte hin und wieder einige Anmerkungen, und am Schlusse des ersten Theiles einige Verbesserungen und Druckfehler. Weil ich von der Nachbarschaft dieser Anmerkungen vieleicht eine gute Wirkung hoffen kann; so habe ich dieselben mit unter die meinigen gesetzet, und nur dadurch unterschieden, daß ich jederzeit, **Franklins Anmerkungen,** oder **Frankl. Verbesserungen,** dazu geschrieben habe. Dieses, und daß ich den Titel des Buches verkürzet habe, wird man doch hoffentlich für keine wesentliche Veränderung ansehen. Ich liebe die buntscheckige Gelehrsamkeit in Büchern, welche das Lesen oft beschwerlich machet, eben so wenig, als die Titel, welche einer Recension oder Geschichte des Buches ähnlicher sehen, als einer Aufschrift: und habe daher alles, was nicht zum Wesentlichen des Buches gehöret, zusammengefasset, und demselben als einen Anhang beygefüget. Sind meine Anmerkungen es werth, daß man sie nachschlägt; so wird man sich diese kleine Mühe nicht verdrießen lassen. Widrigenfalls kann man bey den Worten: **destruiret worden wäre,** stehen bleiben, oder hinten nur so viel weiß Papier anbinden lassen, um selber lesenswürdigere Gedanken darauf zu entwerfen.

Erster Brief,

Von Herrn Benjamin Franklin aus Philadelphia, an Herrn Peter Collinson, Mitglied der königlichen Gesellschaft der Wissenschaften in London, vom 28ten Jul. 1747.

Mein Herr!

Der unvermeidliche Verdruß, welchen das Abschreiben langer Briefe verursachet, die, wenn sie Ihnen zu Händen kommen, dennoch vieleicht wegen des schnellen Fortganges, welchen Sie in der Elektricität gemachet haben, nichts neues und lesenswürdiges enthalten: hat mir den Muth, von dieser Sache etwas mehreres zu schreiben, fast halb benommen. Dem allen unerachtet kann ich nicht umhin, noch einige Beobachtungen von dem wunderbaren Muschenbrökischen Erschütterungsglase beyzufügen.

1) Wenn der unelektrische Körper * der sich im Glase befindet, elektrisiret ist; so unterscheidet sich derselbe von andern außerhalb des Glases elektrisirten, für sich unelektrischen Körpern dadurch: daß bey diesen letztern das elektrische Feuer sich auf der Oberfläche gehäufet befindet, und rund um dieselben eine Atmosphäre von merklicher Größe ausmachet; bey ersterm hingegen in die Substanz desselben eingedrungen ist, und von dem Glase eingeschlossen wird *.

2) Wenn man den Draht und den Kopf der Bouteille ** u. s. w. positiv oder plus elektrisiret; so wird zu gleicher Zeit der Boden derselben in gleicher Verhältniß, negativ oder minus elektrisiret; d. i. so viel von dem elektrischen Feuer durch den Kopf inwendig hinein gebracht wird, eben so viel geht aus dem Boden wieder heraus. Dieses besser zu verstehen, nehme man an: der ganze Vorrath von elektrischer Materie, der sich in ieder Fläche des Glases befindet, ehe noch das Elektrisiren den Anfang genommen hat, betrage zwanzig; bey jedem Striche mit der Elektrisirröhre aber, werde ein Theil, den man für Eins annimmt, in dasselbe hineingebracht: so beträgt die Menge von elektrischer Materie im Drahte und dem obern Theile der Flaschen, nach dem ersten Striche ein und zwanzig, im Boden hingegen neunzehen. Nach dem zweyten Striche bekömmt der obere Theil zwey und zwanzig, der untere wird aber itzt nur noch achtzehen Theile enthalten. Nach zwanzig Strichen wird endlich die Menge von elektrischer Materie im obern Theile gleich vierzig, dahingegen der untere gar nichts behält. Und hiemit ist die Arbeit aus*; weil in den obern Theil nicht das geringste mehr hineingebracht werden kann, so bald man aus dem untern ferner nichts heraus treiben kann. Versuchet man ein mehreres hinein zu bringen, so wird solches entweder durch den Draht wieder zurückgestoßen **, oder es bricht durch die Seiten des Glases mit einem heftigen Knalle aus †.

3) Das Gleichgewicht im Glase, kann auf keine Weise durch eine inwendige Verbindung oder Berührung der Theile wieder hergestellet werden: sondern dieses muß durch eine außerhalb des Glases angebrachte Gemeinschaft zwischen dem Kopfe und dem Boden der Flasche vermittelst eines unelektrischen Körpers, den man beyde Theile zu gleicher Zeit berühren läßt, erhalten werden. Es wird dasselbe in diesem Falle mit einer unaussprechlichen Heftigkeit und Leb-

---

† Vid. Anmerkungen §. 1.

* Anm. §. 2.

** Anm. §. 3.

* Anm. §. 4.

** Anm. §. 5.

† Anm. §. 6.

haftigkeit auf einmal wieder hergestellet. Berühret man die Theile hingegen wechselsweise, so erfolget diese Wiederherstellung des Gleichgewichtes nur nachgerade †.

4) Weil nun nach obigem in den obern Theil des Glases weiter nichts hineingebracht werden kann, so bald aus dem Boden alles heraus getrieben ist; so wird auch in eine bisher noch gar nicht elektrisirte Flasche, durch die Oeffnung nicht das geringste hinein zu bringen seyn, wenn aus dem Boden nichts heraus treten kann. Es zeiget sich dieses, wenn entweder der Boden gar zu dicke ist, oder wenn das Glas auf einen für sich elektrischen Körper hingestellet wird. Wenn hinwiederum das Glas schon elektrisiret ist, so kann bey Berührung des Drahtes nicht das geringste vom elektrischen Feuer aus dem obern Theile herausgezogen werden, woferne nicht zu gleicher Zeit eben so viel durch den Boden wieder hinein gehen kann. Man setze nur die elektrisirte Flasche auf reines Glas oder auf trockenes Pech; so wird man bey Berührung des Drahtes das Feuer oben nicht herausbringen können. Setzet man dieselbe aber auf einen ableitenden Körper, und berühret den Draht; so wird man dasselbe in kurzer Zeit heraus ziehen: am geschwindesten wird dieses von statten gehen, wenn geradezu eine Verbindung, wie oben gelehret ist, angebracht wird.

Auf eine solche bewundernswürdige Weise sind diese beyden Arten der Elektricität, plus und minus, in dem wunderbaren Glase verbunden und gegen einander abgewogen! Sie haben eine Lage und Beziehung gegen und auf einander, die ich auf keine Weise begreiffen kann. Wäre es möglich, daß eine Flasche in einem Theile eine stark zusammengepreßte Luft, in einem andern Theile hingegen einen vollkommenen luftleeren Raum enthielte; so wissen wir, das Gleichgewicht würde inwendig augenblicklich hergestellet werden. Hier aber haben wir ein Glas, welches zu gleicher Zeit von elektrischem Feuer voll, und von eben diesem Feuer leer ist; und dennoch kann das Gleichgewicht in demselben nicht anders als durch eine Gemeinschaft von außen hergestellet werden; obgleich das angefüllte sich heftig auszudehnen bemühet ist, und das hungrige Leere so heftig anzuziehen scheint, weil es suchet gefüllet zu werden.

5) Die Erschütterung der Nerven, oder vielmehr die Convulsion, wird durch den schleunigen Uebergang des Feuers von dem obern Theile nach dem Boden, welcher hier durch den Leib geschieht, verursachet. Dieses Feuer nimmt, wie Herr Watson sehr wohl bemerket hat, allezeit den nächsten Weg. Es scheint aber aus keinen Erfahrungen zu erhellen, daß zur Erschütterung einer Person eine Verbindung derselben mit dem Boden des Zimmers nothwendig erfodert werde. Denn derjenige, welcher die Flasche in einer Hand hält, und mit der andern den Draht berühret, wird eben so stark erschüttert, wenn gleich seine Schuhe trocken sind, oder derselbe auf Pech u. s. f. steht. Bey Berührung des Drahtes, oder welches eben dasselbe ist, des Flintenlaufes, kömmt das Feuer nicht aus dem berührenden Finger, wie man vorausgesetzet hat; sondern es fährt aus dem Drahte in den Finger, und geht von da durch den Leib in die andere Hand, und so weiter in den Boden der Flasche.

* * *

Erfahrungen,
welche das Vorhergehende bestärken.

Erste Erfahrung.

Man setze eine elektrisirte Flasche auf Pech, nehme darauf ein an eine n trockenen seidenen Faden hängendes Korkkügelchen in die Hand, und nähere sich damit dem Drahte; so wird dasselbe zuerst angezogen, darauf aber abgestoßen werden. Während diesem Abstoßen, lasse man die Hand so weit herunter sinken, daß das Kügelchen gegen den Boden der Flasche komme; so wird selbiges augenblicklich, und zwar sehr stark, angezogen werden, bis dasselbe sein Feuer von sich gegeben hat.

Hat aber die Bouteille eben so wohl als der Draht, eine elektrische Atmosphäre; so wird ein elektrisirter Kork von der einen so gut, als von dem andern, abgestoßen werden *.

Zwote Erfahrung.
(Fig. 1.)

Man lasse von einem Drahte, der in dem Tische eingestecket und etwas umgebogen ist (a), einen dünnen leinen Faden (b), ungefähr einen halben Zoll weit von der elektrisirten Flasche (c), herunter hängen. Berühret man hierauf den Draht,

† Anm. §. 7.

* Anm. §. 8.

welcher in die Flasche hineingeht, zu wiederholten malen mit dem Finger; so wird man bey jeder Berührung gewahr werden, daß der Faden von dem Glase augenblicklich angezogen werde. Man kann diesen Versuch am bequemsten mit einer Essigflasche, oder sonst einem bauchichten Gefäße anstellen. So bald man aus dem obern Theile durch Berührung des Drahtes von dem elektrischen Feuer etwas herauszieht, so bald sauget auch der untere Theil des Glases eben so vieles durch den Faden wieder ein *.

Dritte Erfahrung.
(Fig. 2.)

Man befestige einen Draht in das Bley, womit der Boden der Flasche beleget ist (d), und zwar dergestalt, daß dessen ringförmig umgebogenes Ende, wenn man den Draht aufwärts gebogen hat, mit der Spitze oder dem runden Ende des Drahtes (e), der in dem Pfropfe stecket, gleich hoch stehe, und etwa drey oder vier Zolle von demselben entfernet sey. Man elektrisire darauf die Flasche, und setze sie auf Pech. An einen seidenen Faden aber hänge man ein kleines Stück Kork zwischen diese zween Drähte auf: so wird dieser Kork so lange zwischen beyden hin und her spielen, bis das Glas alle Elektricität verloren hat. Es holet nämlich dieser Kork das elektrische Feuer so lange aus dem obern Theile, und führet dasselbe in den Boden des Glases hinüber, bis das völlige Gleichgewicht wieder hergestellet ist **.

Vierte Erfahrung.

(Fig. 3.)

Man setze eine elektrisirte Flasche auf Pech; nehme einen Draht (g) in Gestalt des Buchstabens c, dessen Spitzen, wenn derselbe krum gebogen ist, annoch so weit von einander entfernet seyn müssen, daß die obere den Draht, welcher in der Flasche stecket, erreichen kann, indem die untere den Boden der Flasche berühret. Den ausgebogenen Theil des Drahtes befestige man in eine Stange Siegellack (k), welche hiebey zum Handgriffe dienet. Bringt man hierauf das untere Ende des Drahtes gegen den Boden der Flasche, und nähert dessen oberes Ende nach und

* Anm. §. 9.   ** Anm. §. 10.

nach dem Drahte in der Flasche; so wird der Erfolg dieser seyn: daß Funken auf Funken folgen, bis das Gleichgewicht wieder hergestellet worden. Man berühre den obern Theil zuerst; so wird man bey Annäherung des andern Endes gegen den Boden einen beständigen Strom von Feuer haben, der aus dem Drahte in die Flasche geht. Berühret man aber den obern Theil und den Boden zu gleicher Zeit; so wird das Gleichgewicht zwar geschwinde, aber stille und unvermerkt wieder hergestellet werden: indem hier der krumme Draht die Verbindung machet *.

Fünfte Erfahrung.
(Fig. 4.)

Man lege in einiger Entfernung von, oder über dem Boden der Flasche, rund um das Glas einen Ring von dünnem Metalle oder Papiere (i). Von diesem Ringe lasse man einen Draht in die Höhe gehen, bis solcher den Draht, der in dem Pfropfe der Flasche (k) stecket, berühret; so wird eine auf solche Art zubereitete Flasche niemals können elektrisch gemachet werden *. Es wird nämlich in derselben das Gleichgewicht niemals aufgehoben. Zwischen dem obern und untern Theile der Flasche bleibt, vermittelst des äußern Drahtes, eine beständige Verbindung, und daher läuft hier das Feuer nur in der Runde herum; was aus dem Boden herausgetrieben wird, wird aus der Spitze beständig wieder ersetzet. Aus eben diesem Grunde kann keine Flasche, die auswendig unrein oder feucht ist, und sich diese Nässe bis an den Kork und Draht hinauf erstrecket, elektrisch gemachet werden **.

Sechste Erfahrung.

Man lasse einen Menschen auf den Pechkuchen treten, und den Draht einer elektrisirten Flasche berühren, die ein anderer auf dem Boden stehender in der Hand hält; so wird der erstere, so oft er dieselbe berühret, plus elektrisiret, und es kann jeder, der auf dem Boden steht, Funken aus ihm ziehen. Es geht nämlich in dieser Erfahrung das Feuer aus dem Drahte in den ersten hinein, zu gleicher Zeit aber aus der Hand des andern in den Boden der Flasche.

† Anm. §. 11. 12.

* Anm. §. 13.   ** Anm. §. 14.

Siebente Erfahrung.

Man lasse diesen Menschen die elektrisirte Flasche selbst halten, und ein anderer berühre den Draht; so wird ersterer bey jeder Berührung minus elektrisiret werden, und kann aus jedem, der auf dem Boden steht, einen Funken ziehen. In diesem Falle, geht das Feuer aus dem Drahte in den leztern hinein, und aus dem erstern in den Boden der Flasche *.

Achte Erfahrung.

Man lege zwey Bücher auf zwey Gläser, und zwar dergestalt, daß die Rücken gegen einander liegen, dennoch aber auf zwey bis drey Zolle von einander entfernet sind. Auf eines von diesen Büchern setze man die elektrisirte Flasche, und berühre den Draht; so wird dieses Buch dadurch minus elektrisiret werden: weil der Boden der elektrisirten Flasche alles Feuer aus demselben herausgezogen hat. Man nehme hier die Flasche ab, und selbige in der Hand haltend, berühre man das andere Buch mit dem Drahte der in der Flasche stecket; so wird dieses letztere Buch plus elektrisiret werden. Das Feuer geht nämlich aus dem Drahte in dasselbe hinein, wird aber der Flasche zu gleicher Zeit aus der Hand wieder erstattet. Itzt hänge man zwischen diese zwey Bücher ein kleines Korkkügelchen auf; so wird solches zwischen den beyden Büchern so lange hin und her spielen, bis das Gleichgewicht unter ihnen wieder hergestellet ist.

Neunte Erfahrung.

Wenn ein Körper plus elektrisiret ist, so stößt derselbe eine elektrisirte Feder oder Korkkügelchen von sich. Ist derselbe hingegen minus elektrisiret worden, oder befindet er sich auch nur in dem natürlichen Zustande; so wird er dieselben anziehen. Unterdessen thut er dieses viel stärker, wenn er minus elektrisiret ist, als wenn er sich in seinem natürlichen Zustande befindet; weil in jenem Falle der Unterschied unter ihnen weit größer ist.

Zehente Erfahrung.

Wird nach der sechsten Erfahrung ein Mensch, der auf Pech steht, einige Stunden lang durch wiederholtes Berühren des Drahtes in der elektrisirten Flasche elektrisiret, die ein anderer, der auf dem Boden steht, in der Hand hält; so bekömmt er sein Feuer jedesmal aus dem Drahte. Läßt man ihn aber die Flasche selbst in die eine Hand nehmen, mit der andern aber den darinn steckenden Draht berühren; so wird er einen starken Funken erwecken, sehr heftig erschüttert werden, und nicht die geringste Elektricität behalten. Das elektrische Feuer geht hier einzig und allein, aus dem obern Theile der Flasche in den untern durch ihn hinüber. Man muß hiebey folgenden Umstand in acht nehmen. Man läßt nämlich vor der Erschütterung durch jemanden, der auf dem Boden steht, jenen berühren, um in dessen Körper das Gleichgewicht wieder herzustellen. Denn indem derselbe die Flasche annimmt, wird er zuweilen ein wenig minus elektrisiret; welches auch nach der Erschütterung fortdauert, und daher muß ihm vor derselben einige plus Elektricität gegeben werden. Die Elektricität, welche sich in dem Menschen befindet, durch welchen das Feuer durchgeht, trägt zur Herstellung des Gleichgewichtes in der Flasche nicht das geringste bey, und wird dadurch weder vermehret noch vermindert *.

Eilfte Erfahrung.

Durch folgendes ungemein angenehmes Experiment, kann man den Uebergang des elektrischen Feuers aus dem obern in den niedern Theil der Flasche, welcher das Gleichgewicht wieder herstellet, vollkommen sichtbar machen. Man nehme ein Buch, auf dessen Bande sich goldene Streifen befinden; beuge einen Draht von acht oder zehen Zollen so, wie ihn (m. Fig. 5.) vorstellet, und steche denselben dergestalt auf das eine Ende des Bandes, daß dessen Beugung auf das eine Ende der Goldstreifen aufzuliegen kömmt, das runde Ende aber aufwärts stehe, und sich gegen das andere Ende des Buches neige. Man lege das Buch auf Glas oder Pech, und setze die elektrisirte Flasche auf das andere Ende der Goldstreifen. Hierauf drücke man vermittelst eines Stück Lackes den beugsamen Draht so weit herunter, bis dessen Ring sich dem Ringe, der

* Anm. §. 15.

* Anm. §. 16.

an dem Drahte in der Flasche ist, nähert; so wird augenblicklich ein starker Funke und Schlag erfolgen, und der ganze Goldstreifen, welcher die Verbindung zwischen der Spitze und dem Boden der Flasche vollmachet, wird als eine lebhafte Flamme erscheinen, die dem stärksten Blitze ähnlich ist.   Je genauer die Berührung zwischen der Beugung des Drahtes und dem Golde an dem einen Ende des Streifen, und zwischen dem Boden der Flasche und dem Golde an dem andern Ende ist; je besser geht der Erfolg dieses Experiments von statten. Das Zimmer muß finster seyn. Will man, daß die ganze Verguldung rund um den Rand auf einmal in Feuer erscheinen soll, so lasse man die Flasche und den Draht, das Gold in denen entgegengesetzten Ecken berühren *.

Ich bin, rc.

B. Franklin.

* Anm. §. 17.

* * * * * * * * * * * * * * * * * *

Zweyter Brief,

Von Herrn Benjamin Franklin aus

Philadelphia, an Herrn Peter Collinson, Mitglied der königlichen Societät der Wissenschaften in London, vom 1ten Sept. 1747.

Mein Herr!

In meinem letztern Schreiben habe ich Ihnen gemeldet, daß wir bey Fortsetzung unserer elektrischen Versuche einige besondere Erscheinungen entdecket hätten, welche wir für neu hielten, und von welchen ich Ihnen einen Bericht mitzutheilen versprach. Ich befürchte aber fast, daß Ihnen dieselben nicht mehr neu vorkommen werden; weil nämlich an ihrer Seite des Meeres täglich, so viele Hände mit elektrischen Versuchen beschäfftiget sind: so steht sehr zu vermuthen, daß einer oder der andere auf eben diese Erfahrungen werde gefallen seyn.

Das erste ist, die wunderbare Kraft spitziger Körper, welche dieselben so wohl in Ableitung als Ausströmung des elektrischen Feuers beweisen. * Z. E. Man befestige eine Bleykugel, die drey oder vier Zoll im Durchmesser hat, auf die Oeffnung einer reinen und trocknen Boutellie.   Oben an die Decke des Zimmers hänge man gerade über die Oeffnung der Boutellie, ein kleines Korkkügelchen in der Größe eines Murmels, an einen feinen seidenen Faden auf; der Faden muß aber so lang seyn, daß das Korkkügelchen an die Seiten der Bleykugel anliegt.

* Anm. §. 18.

Man elektrisire die Bleykugel; so wird das Kügelchen auf vier bis fünf Zoll mehr oder weniger, nachdem die Elektricität stärker ist, von derselben zurückgestoßen werden.   Unter diesen Umständen bringe man in der Entfernung von sechs oder acht Zollen die Spitze eines dünnen und spitzigen Pfriemens gegen die Bleykugel; so wird das Abstoßen augenblicklich aufhören und das Kügelchen wird an die Bleykugel zurücke fallen.

Ein stumpfer Körper muß bis auf einen Zoll genähert werden, und muß einen Funken ziehen, wann er eben dieselbe Wirkung thun soll.   Um nun zu beweisen, daß das elektrische Feuer durch die Spitze abgeführet wird, nehme man das Blat des Pfriemens aus dem hölzernen Handgriffe heraus, und befestige dasselbe in ein Stück Siegellack, und nähere sich damit in der zuvor angesetzten Weite; so wird, wenn man auch sehr nahe damit kömmt, dennoch keine solche Wirkung erfolgen.   Läßt man aber einen Finger nach der Länge des Siegellacks so weit herunter gleiten, bis er dieses Blat berühret; so fällt das Kügelchen augenblicklich an die Bleykugel zurück.

Wenn man sich im Dunkeln mit der Spitze nähert, wird man zuweilen gewahr, daß sich schon in der Entfernung von einem Schuhe und weiter ein Licht auf derselben sammlet, welches dem Lichte eines Leuchtwurmes oder Johanneswürmchens gleichet; je weniger scharf die Spitze ift, desto näher muß man solche hinan bringen, um dieses Licht bemerken zu können. Und so bald man in einer gewissen Entfernung das Licht wahrnimmt, so bald kann man auch in eben derselben Entfernung das elektrische Feuer ableiten, und das Abstoßen aufheben.

Wenn ein dergestalt aufgehangenes Kügelchen von der Glasröhre abgestoßen wird, und man geschwinde eine Spize heranbringt; so wird man, wenn solches auch in einer ansehnlichen Entfernung geschieht, mit Erstaunen sehen, wie schnell das Kügelchen wieder an die Röhre zurücke fliegt. Hölzerne Spizen thun eben die Wirkung als die eisernen, nur muß man darauf sehen, daß das Holz nicht ganz trocken sey; denn vollkommen trokken Holz leitet die Elektricität nicht stärker ab als Siegellack.

Zu zeigen, daß Spizen die Elektricität eben so wohl ausströmen als ableiten, lege man eine spizige Nadel auf die Bleykugel; so wird man dieselbe niemals so stark elektrisiren können, daß sie das Korkkügelchen abstieße.

Oder man befestige eine Nadel an das Ende eines aufgehangenen Flintenlaufes oder einer eisernen Stange, dergestalt, daß die Spize wie ein kleines Bayonnet über derselben hervorrage; so kann, so lange die Nadel da ist, der Flintenlauf, oder die Stange durch Anhalten der Glasröhre an das andere Ende niemals so stark elektrisiret werden, daß sie einen Funken gäbe: denn das Feuer strömet beständig und stillschweigend aus der Spize heraus. Im Dunkeln sieht man hier eben die Erscheinung erfolgen, deren wir oben gedacht haben.

Das Abstoßen zwischen dem Korkkügelchen und der Bleykugel wird ebenfalls aufgehoben. 1) Wenn man feinen Sand darauf siebet. Dieser thut solches nachgerade. 2) Wenn man dagegen hauchet. 3) Wenn man Rauch von Brennholze um dieselbe machet. 4) Durch das Licht einer Kerze, wenn die Kerze auch einen Fuß weit entfernet ist, und zwar geschieht dieses sehr plötzlich. Das Licht einer glüenden Holzkohle, und eines glüenden Eisens thun solches ebenfalls, aber in keiner so großen Weite *. Rauch von trockenem Harze auf ein heißes Eisen gestreuet, störet das Abstoßen nicht; sondern wird so wohl von der Bleykugel als dem Korkkügelchen angezogen, und machet rund um dieselben einen proportionirten Dunstkreis, welcher ihnen ein angenehmes Ansehen giebt, und einigermaßen denen Figuren in Burnets oder Whistons Theorie von der Erde ähnlich sieht **.

N. B. Diese Erfahrung muß in einem Zimmer angestellet werden, worinn die Luft sehr ruhig ist.

Wenn man das Sonnenlicht mit einem Spiegel gleich lange Zeit und stark, sowohl auf den Kork, als auf die Röhre wirft, vermindert dasselbe das Abstoßen nicht im geringsten. Dieser Unterschied zwischen dem Lichte der Sonnen und dem Lichte von Feuer, ist also eine andere Sache, welche uns neu und außerordentlich vorkömmt.

Vor einiger Zeit waren wir der Meynung, daß das elektrische Feuer nicht durch das Reiben hervorgebracht, sondern nur gesammlet würde, und daß selbiges wirklich ein besonderes in andern Materien, besonders im Wasser und denen Metallen verbreitetes Element sey, welches von selbigen angezogen würde. Wir hatten ebenfalls den Zufluß desselben gegen die Elektrisirkugel so wohl, als dessen Ausfluß, vermittelst einer Art kleiner und leichter Windmühlenräder, die aus Streifen von steifem Papiere gemachet, und dergestalt schief auf feine Achsen von Draht befestiget waren, daß sie sich frey drehen konnten, entdecket und bewiesen. Eben dieses konnten wir durch kleine Räder aus eben dieser Materie, die aber wie Wasserräder gestaltet waren, verrichten. Ja ich könnte Ihnen, wenn ich Zeit dazu übrig hätte, einen ganzen Bogen von der Stellung und dem Gebrauche dieser Räder, und denen verschiedenen daraus entstehenden Erscheinungen anfüllen *.

Schon einige Monate zuvor, ehe uns des Herrn Watsons sinnreiche Fortsetzung zu Händen kam, hatten wir ebenfalls schon gefunden, daß es unmöglich sey, sich selbst, wenn man auf Pech steht, durch Reiben der Elektrisirröhre, und Erweckung der Funken zu elektrisiren. Ja wir hatten die Art und Weise entdecket, wie man hiezu gelangen könnte; indem man das Rohr für einen Menschen, oder einer andern auf dem Boden stehenden Sache nahe vorbey gehen ließe, und d. g. m. Dieses sind einige von denen neuen Sachen, die ich mir vorgenommen hatte, Ihnen mitzutheilen. Itzt will ich aber nur einiger besondern Dinge Meldung thun, welche in jener Schrift nicht enthalten sind, und will unsere Urtheile darüber beyfugen; ob diese letztern gleich wohl füglich hätten können erspart werden.

1) Wenn ein Mensch auf Pech steht, und das Glasrohr reibt, eine andere ebenfalls auf Pech stehende Person aber die Funken zieht; so werden beyde, wenn man dieselben sich nur unter einander nicht berühren läßt, einer dritten auf dem Boden stehenden Person elektrisch erscheinen.

---

* Anm. §. 19.   ** Anm. §. 20.

* Anm. §. 20.

Es wird nämlich dieser dritte einen Funken empfinden, wenn er sich mit dem Knöchel jedem der zwey erstern besonders nähert.

2) Berühren die beyden auf Pech stehenden Personen einander; so wird keiner von ihnen elektrisch seyn.

3) Berühren sie einander, nachdem das Elektrisirrohr schon ist gerieben worden; so wird zwischen ihnen ein weit stärkerer Funke entstehen, als zwischen jedem von ihnen und dem Menschen der auf dem Boden steht.

20 4) Nach einem solchen starken Funken verspüret keiner von ihnen die geringste Elektricität.

Diese Erscheinungen suchen wir auf folgende Weise zu erklären. Wir setzen, wie gesaget ist, zum voraus, daß das elektrische Feuer ein allgemeines Element ist, von welchem eine jede derer drey obgenannten Personen, ehe die Arbeit mit der Röhre vorgenommen wird, einen gleichen Theil enthält. A der auf Pech steht, und die Röhre reibt, sammlet das elektrische Feuer aus ihm selber in das Glas. Und weil seine Gemeinschaft mit dem allgemeinen Vorrathe durch das Pech abgeschnitten ist; so kann sein Körper nicht unmittelbar wieder erfüllet werden. B Der ebenfalls auf Pech steht, und seinen Knöchel nach der Länge der Röhre herunter beweget, empfängt das Feuer, welches das Glas A gesammlet hatte. Und weil dessen Gemeinschaft mit dem allgemeinen Vorrathe ebenfalls abgeschnitten ist; so behält er den ihm zugelegten und empfangenen Ueberschuß. Beyde aber müssen dem dritten C, der auf dem Boden steht, elektrisch erscheinen: weil nämlich dieser nur den mittlern Vorrath an elektrischer Materie hat, so bekömmt er bey Annäherung gegen B, welcher einen größern Vorrath hat, als er selbst, einen Funken, giebt aber selbst ebenfalls einen Funken an A, weil derselbe weniger hat. Wenn A und B einander berühren, so wird der Funke stärker; weil der Unterschied unter ihnen größer ist.

21 Nach dieser Berührung erfolget aber so dann zwischen keinen von beyden und C ein Funke; weil das elektrische Feuer in allen dreyen schon wieder zu seiner ursprünglichen Gleichheit gebracht ist. Berühren sich die beyden erstern aber während des Elektrisirens; so wird die Gleichheit niemals aufgehoben, sondern das Feuer läuft nur in die Runde herum. Aus obigem sind nun unter uns einige neue Redensarten entstanden. Wir sagen: B und andere Körper, die sich in ähnlichen Umständen befinden, sey positiv, A hingegen negativ, elektrisiret; oder besser, A ist plus elektrisiret, B dagegen minus. Ja wir elektrisiren in unsern Versuchen täglich Körper plus oder minus, nachdem wir solches für nöthig befinden.

Um plus oder minus elektrisiren zu können, darf man nur folgendes wissen. Die Theile der Elektrisirkugel oder Glasröhre, welche gerieben wird, ziehen in den Augenblicken da sie gerieben werden, das elektrische Feuer an, und nehmen es dahero aus dem reibenden Körper. So bald das Reiben in diesen Theilen aufhöret, sind dieselben geneigt, das empfangene Feuer an einen Körper, der dessen weniger enthält, wieder abzugeben.

Auf diese Weise kann man dasselbe herumlaufen lassen, wie Herr Watson solches gezeiget hat. Man kann dasselbe also in einem Körper häufen, oder aus demselben wegnehmen, je nachdem man denselben mit dem reibenden oder dem annehmenden Körper verbindet, wenn nur zuvor die Gemeinschaft mit dem allgemeinen Vorrathe abgeschnitten worden. Wir glauben, dieser sinn- 22 reiche Mann habe sich versehen, wenn er sich in seiner Fortsetzung vorstellet; das elektrische Feuer käme durch den Draht von der Decke in den Flintenlauf herunter, von daraus in die Kugel, und elektrisire auf diese Weise die Maschine und den Menschen, welcher das Rad drehet, u. s. w. Wir halten vielmehr dafür, daß solches durch den Draht abgeleitet, nicht aber herzugeführet werde; und daß die Maschinen und der Mensch hier minus elektrisiret gewesen sind: das ist, sie haben weniger elektrisches Feuer enthalten, als Körper im natürlichen Zustande besitzen *.

Weil das Schiff eben segelfertig ist, so kann ich Ihnen von unserer americanischen Elektricität keine so weitläuftige Beschreibung machen, als ich mir anfangs vorgenommen hatte. Ich will nur noch einige besondere Umstände anführen.

Wir haben befunden, daß Hagelkörner zum Füllen der Gläser besser sind als Wasser; weil man dieselben bequem erwärmen, und auch in feuchter Luft warm und trocken erhalten kann. Wir zünden Weingeist mit dem Drahte in der Boutellie an. Wir zünden ein frisch ausgeblasenes Licht wieder an, indem wir durch den daran aufsteigenden Rauch einen Funken zwischen dem Drahte und der Lichtputze schlagen lassen. Wir stellen Blitze vor, indem wir den Draht im Dunkeln über eine mit goldene Blumen bestreute Porcellantafel führen, oder denselben gegen einen vergoldeten Spiegelramen bringen.

Wir können einen Menschen zwanzig und 23 mehr mal nach einander durch Berührung des

* Anm. §. 21.

Drahtes mit dem Finger, auf folgende Weise elektrisiren: Der Mensch steht auf Pech, man giebt ihm die elektrisirte Boutellie in die Hand, berühret den Draht mit einem Finger, und darauf des Menschen Hand oder Angesicht; so erfolgen jedesmal elektrische Funken.

Den elektrischen Kuß können wir auf folgende Weise heftig verstärken: Man lasse A und B auf Pech treten*, einem von ihnen gebe man die elektrisirte Flasche in die Hand, den andern aber lasse man den Draht anfassen; so wird zwar hiebey anfangs ein kleiner Funke erfolgen: so bald sich aber ihre Lippen nähern, werden sie einen heftigen Schlag und Erschütterung empfinden. Eben dieses erfolget, wenn eine andere Mannsperson und Frauenzimmer C und D, so ebenfalls auf Pech stehen müssen, A und B die Hände geben, und sich darauf unter einander küssen, oder nur die Hände geben **.

Wir hängen an einem seidenen Faden eine nachgemachte Spinne auf, welche wir aus einem kleinen Stücke von gebranntem Korke, deren Füße aber aus Zwirn machen. Ueberdem stecken wir ein oder zwey Körnchen Bley in dieselbe hinein, um derselben etwas mehr Gewicht zu geben. In den Tisch, über welchem die Spinne hängt, wird ein gerade stehender Draht befestiget, der so hoch seyn muß als die Flasche nebst ihrem Drahte, und von der Spitze zween bis drey Zolle weit absteht. Wir beleben hierauf die Spinne, wenn wir die elektrisirte Boutellie in eben der Entfernung an die andere Seite von ihr hinsetzen. Es fließt nämlich dieselbe hierauf unmittelbar an den Draht der Boutellie, und krümmet ihre Füße, indem sie denselben berühret, fährt aber alsobald gegen den in Tisch steckenden Draht wieder zurücke. Von hier schießt sie wieder gegen den Draht in der Flasche, und spielet mit ihren Füssen gegen beyde auf eine so angenehme Weise, daß sie Leuten, welche dergleichen nicht gewohnet sind, vollkommen lebendig vorkömmt. Bey trokkener Luft setzet diese Spinne ihre Bewegung eine ganze Stunde und länger fort.

Wir elektrisiren im Dunkeln ein Buch, welches rund um den Band herum einen doppelten Goldstreifen hat: indem wir dasselbe auf Pech legen, bringen darauf den Knöchel gegen die Vergoldung; so erscheint das Feuer allenthalben auf dem Golde, und gleicht einem Blitze. Dieses geschieht aber weder auf dem Leder, noch wenn man das Leder statt des Goldes berühret.

Unsere Elektrisirröhre reiben wir mit Bocksleder, und nehmen dabey dieses in acht, daß wir allezeit eben dieselbe Seite gegen die Röhre bringen, und das Glas niemals durch vieles Betasten besudeln. Auf diese Weise erhält man die verlangte Wirkung ganz willig, leichte, und ohne die geringste Ermüdung, wenn man noch überdem selbige in dichten Futteralen von Pappe, die mit Flanel ausgefüttert sind, und sich bequem an die Röhren schließen, aufbehält.

Ich führe dieses an, weil man in denen europäischen Schriften von der Elektricität, sehr ofte von dem Reiben der Röhre als von einer ermüdenden Arbeit spricht. Unsere Kugeln sind an eiserne Achse befestiget, welche durch selbige hindurch gehen. An einem Ende der Achse befindet sich eine kleine Kurbel, womit wir die Kugeln auf ähnliche Art, wie man es bey gemeinen Schleifsteinen gewohnt ist, herum drehen können.

Wir finden dieses sehr bequem; denn die Maschine nimmt wenig Raum ein, ist beweglich, und kann, wenn sie nicht gebrauchet wird, in einem dichten Kasten verschlossen werden. Zwar ist es wahr, daß sich die Kugel nicht so schnell beweget, als wenn man das große Rad gebrauchet. Wir halten aber diese Geschwindigkeit für weniger nothwendig, indem wenige Umschläge die Flasche schon zureichend laden *.

Euer 2c.

B. Franklin.

---

* Anm. §. 22.

** Anm. §. 23.

* Anm. §. 24.

Dritter Brief,

Von Herrn Benjamin Franklin aus
Philadelphia an Herrn Peter Collinson, Mitglied der königlichen Societät der Wissenschaften in London.

Fernere Versuche und Beobachtungen,
von der Elektricität.

Mein Herr!

§. 1.

Wenn man die elektrisirte Flasche mit der einen Hand bei dem Drahte hält, und mit der andern die Belegung berühret; so entsteht eben ein solcher Schlag und Erschütterung, als wenn man dieselbe bey der äußern Belegung anfasset, und den Haken berühret.

§. 2. Die geladene Flasche sicher bey dem Haken anfassen zu können, und nicht zu gleicher Zeit ihre Kraft zu rauben, muß man solche zuerst auf einen für sich elektrischen Körper niedersetzen *.

§. 3. Die Flasche wird eben so stark elektrisch, wenn man sie bey dem Haken anfasset, und die Belegung gegen die Kugel oder die Röhre bringt, als wenn man sie bey der Belegung anfasset, und den Haken gegen sie bringt.

§. 4. Ist aber die Richtung des elektrischen Feuers bey der Ladung verschieden, so ist selbige bey dem Ausbruche gleichfalls verschieden: wenn nämlich die Boutellie durch den Haken geladen ist; so muß sie auch durch den Haken wieder entladen werden: und eine Boutellie, welche durch die Belegung geladen ist, kann nur durch die Belegung, und auf keine andere Weise, wieder entladen werden. Das Feuer muß durch eben die Wege wieder herausgehen, durch welche dasselbe hinein gekommen ist.

§. 5. Dieses zu beweisen: Nehme man zwey Boutellien, welche durch den Haken gleich stark geladen sind, und bringe diese beyden Haken gegen einander; so wird weder Funke noch Erschütterung erfolgen. Denn jeder derer Haken ist geneigt Feuer abzugeben, aber nicht einzunehmen.

Man setze eine dieser Boutellien auf Glas nieder, nehme sie darauf bey dem Haken wieder auf, und bringe die Belegung derselben gegen den Haken der andern Boutellie; so erfolget Schlag und Stoß, und beyde Boutellien werden entladen.

§. 6. Man verändere den Versuch, indem man zwo Flaschen, die eine durch den Haken, die andere durch Belegung in gleichem Grade ladet; man fasse darauf die durch den Haken geladene Flasche bey der Belegung, diejenige aber, so durch die Belegung elektrisiret worden, fasse man bey dem Haken an, bringe hierauf den Haken der erstern gegen die Belegung der letztern; so wird weder Stoß noch Funke erfolgen. Setzet man aber diejenige Flasche, welche man bey dem Haken gefasset hat, auf Glas nieder, und nimmt sie bey der Belegung wieder auf, bringt darauf die beyden Haken gegen einander; so entsteht so wohl Funke als Erschütterung, und beyde Flaschen sind entladen. In diesem Versuche werden die Gläser gänzlich entladen, und das Gleichgewicht in ihnen wird wieder hergestellet. Der Ueberfluß in dem einen derer Haken, oder besser, in der innern Oberfläche der einen Boutellie, ist dem Mangel in der andern Fläche völlig gleich. Da nun iegliche derer Boutellien so wohl den Ueberfluß als den Mangel in ihr selber hat; so müssen der Ueberfluß und Mangel in ieglicher Boutellie einander gleich seyn. Man sehe §. 8. 9. 10. 11. Hält aber ein Mensch zwo Boutellien in den Händen, deren eine vollkommen, die andere aber gar nicht elektrisiret ist, und bringt deren Haken gegen einander; so bekömmt er nur einen halben Stoß, und beyde Boutellien werden halb elektrisch bleiben: denn die eine ist halb entladen, die andere aber halb gefüllet worden *.

§. 7. Man setze zwo gleich stark geladene Flaschen auf einen Tisch, in der Entfernung von fünf oder sechs Zollen, neben einander, und lasse

* Anm. §. 25.

* Anm. §. 26.

zwischen beyde ein Korkkügelchen an einem seidenen Faden herunter hängen. Sind itzt beyde
29 Flaschen durch die Haken geladen worden; so
wird der Kork, nachdem er von der einen angezogen und wieder abgestoßen worden, von der
andern nicht angezogen, sondern vielmehr eben
so stark, als von der erstern, abgestoßen werden.
Ist aber die eine der Flaschen durch den Haken,
die andere durch die Belegung geladen worden;
so wird das Kügelchen, nachdem es von der einen
abgestoßen worden, von der andern stark angezogen werden, und wird zwischen beyden sehr lebhaft so lange hin und her spielen, bis beyde Flaschen beynahe gänzlich entladen sind *.

§. 8. Wann wir uns der Redensarten: die
Flaschen laden und entladen, bedienen; so geschieht dieses aus Gefälligkeit gegen die Gewohnheit, und aus Mangel anderer bequemerer
Ausdrücke.

Wir sind übrigens der Meynung, daß sich
in denen Flaschen, weder nach der Ladung mehr,
noch nach der Entladung derselben weniger von
dem elektrischen Feuer als zuvor befinde; den
kleinen Funken ausgenommen, welchen man der
unelektrischen Materie giebt oder nimmt, indem
man dieselbe von der Boutellie trennet, welcher
aber kaum den fünfhunderten Theil desjenigen
beträgt, was man den Ausbruch oder Erschütterungsfunken nennet.

Käme nämlich bey diesem Ausbruche das
elektrische Feuer nicht aus dem einen Theile der
Boutellie, und gienge in den andern über; so
30 würde ein Mensch, der auf Pech steht, die Boutellie in der einen Hand hält, und mit der andern
aus dem Haken des Drahtes den Funken zieht,
wodurch die Flasche entladen wird, selbst geladen
werden: oder das Feuer so in dem einen verloren gienge, müßte in dem andern anzutreffen
seyn; weil hier kein Weg übrig ist, durch welchen dasselbe hätte können verloren gehen. Nun
findet sich aber gerade das Gegentheil.

§. 9. Ueberdem leidet die Boutellie nicht das
geringste von dem, was man Ladung nennet,
woferne nicht so viel Feuer von einer Seite herausgehen kann, als durch die andern hineingebracht wird.

Eine Flasche die auf Pech, oder Glas steht,
oder an dem ersten Conductor hängt, kann gar
nicht geladen werden; so ferne nicht zwischen der
Belegung derselben, und dem Fußboden, eine
Verbindung gemachet wird **.

§. 10. Hängt man aber zwo oder mehrere
Flaschen an dem ersten Conductor dergestalt
auf, daß immer eine an den Boden der andern
hängt, und läßt von der letzten einen Draht bis
an den Fußboden herunter gehen; so kann man
mit einer gesetzten Zahl von Umschlägen des Rades alle zusammen gleich stark laden, und eine
iegliche von ihnen wird eben so viel Ladung bekommen, als eine einzige derselben dadurch würde
bekommen haben. Was aus dem Boden der
einen herausgetrieben wird, dienet der zweyten
zur Ladung; was aus der zweyten herausgetrie- 31
ben wird, ladet die dritte, und so ferner.

Man würde auf diese Weise eine große Anzahl Boutellien mit einer Arbeit und in gleichem
Grade, als eine einzige, für sich allein laden können; wenn sich nicht hiebey dieses eräugete, daß,
indem jede Boutellie neues Feuer empfängt,
dieselbe ihr altes mit einigem Widerstande verliert, oder besser zu sagen, der Ladung einigen
Widerstand thut, welche bey einer Menge von
Boutellien der ladenden Kraft endlich gleich werden, und dergestalt das Feuer ehe wieder in die
Kugel zurück treiben kann, als eine einfache
Boutellie solches würde gethan haben *.

§. 11. Wenn eine Boutellie auf dem gewöhnlichen Wege geladen worden, so sind deren
Oberflächen, die inwendige so wohl als auswendige, bereit, jene, durch den Haken Feuer von
sich zu geben, diese aber solches durch die Belegung einzunehmen; die eine ist voll, und bereit
auszutheilen, die andere hingegen leer und äußerst
hungrig. Gleichwie nun aber itzt die erstere nichts
ausgeben will, woferne die andere nicht in eben dem
Augenblicke einnehmen kann; so wird auch die
letztere nichts einnehmen, wofern die erste nicht zu
gleicher Zeit etwas auslassen kann. Kann nun beydes zu gleicher Zeit geschehen; so erfolget solches mit
einer unbegreiflichen Lebhaftigkeit und Heftigkeit.

§. 12. Das Gleichniß läßt sich zwar nicht in
iedem besondern Falle anbringen; sonst geht es
hier wie bey einer gespannten Feder zu. Wenn
diese stark zusammen gedrücket wird, so muß sie, 32
um sich wieder in ihren vorigen Stand zu setzen,
diejenige Seite, welche im Beugen stark ausgedehnet war, zusammen ziehen, und was zusammen gedrucket war, wieder ausdehnen. Wird
eine von diesen Wirkungen gehindert, so kann
die andere nicht erfolgen.

Nun saget man aber in diesem Falle nicht,
daß eine solche Feder, wenn sie gespannet ist, mit

* Anm. §. 27.   ** Anm. §. 28.   * Anm. §. 29.

Federkraft geladen ware; und daß sie von derselben entladen werde, wenn sie ungespannet bleibt. Die Größe ihrer Kraft bleibt allezeit dieselbe.

§. 13. Auf ähnliche Weise enthält das Glas jederzeit in seiner Substanz eine gleich große Menge des elektrischen Feuers; welche, wie unten soll gezeiget werden, in Verhältniß gegen die Masse des Glases sehr groß ist.

§. 14. Dieser Theil von elektrischer Materie, welcher dem Glase proportional ist, wird von derselben stark und eigensinnig zurück gehalten. Es will dasselbe weder mehr noch weniger davon annehmen. Unterdessen leidet es dennoch, daß in denen Theilen und in der Lage desselben eine Veränderung vorgehe, d. i. wir können einen Theil davon aus einer Seite wegnehmen, wenn wir nur eben so viel in die andern wieder hineinbringen.

§. 15. Ist aber die Lage des elektrischen Feuers dergestalt in dem Glase verändert worden, daß man von selbigem aus der einen Seite etwas weggenommen, und den andern zugeleget hat; so wird sich dasselbe im übrigen nicht anders als bey dem natürlichen Zustande verhalten, bis es wieder zu seiner ursprünglichen Gleichheit gebracht wird. Diese Wiederherstellung kann aber durch die Substanz des Glases nicht geschehen, sondern muß durch einen elektrischen Körper erhalten werden, vermittelst dessen man außerhalb des Glases eine Verbindung der beyden Oberflächen anbringt.

§. 16. Es liegt also die ganze Stärke der Boutellien, und die Kraft, eine Erschütterung zu geben, in dem Glase selbst. Die unelektrischen Körper, welche mit den beyden Oberflächen in Verbindung stehen, dienen nur dazu, allen und jeden Theilen des Glases etwas mitzutheilen, oder aus denselben etwas anzunehmen, d. i. der einen Seite zu geben, und der andern Seite zu nehmen.

§. 17. Wir haben dieses hier bey uns auf folgende Art entdecket. Weil wir uns vorgenommen hatten, die elektrisirte (geladene) Boutellie zu untersuchen, und ausfündig zu machen, worinn eigentlich die Kraft derselben bestünde; setzten wir solche auf Glas, und zogen den Pfropf nebst dem Drahte, welche zu diesem Ende nur los eingesetzet waren, heraus. Nachdem wir darauf die Flasche in die eine Hand genommen hatten, und einen Finger der andern Hand nahe an die Oeffnung derselben brachten; kam aus dem Wasser ein heftiger Funken, und die Erschütterung war eben so stark, als wenn der Draht noch drinne geblieben wäre. Dieses

zeigete, daß die Kraft nicht in dem Drahte läge. Um nun zu untersuchen, ob selbige im Wasser ihren Sitz hätte, und in selbiges, weil es von dem Glase umschlossen war, nach unserer ersten Meynung eingedrungen und darinn verdichtet wäre; elektrisireten wir die Boutellie von neuem, setzten sie auf Glas, zogen den Pfropf nebst dem Drahte wie zuvor heraus: und nachdem wir die Boutellie aufgehoben, und alles Wasser in eine leere Flasche, welche ebenfalls auf Glas stand, hatten auslaufen lassen, erwarteten wir, im Fall die Kraft in dem Wasser ihren Sitz hätte, eine Erschütterung aus selbiger. Es war aber nicht das geringste davon zu spüren. Hieraus konnten wir schließen; daß die Kraft entweder unter dem Ausgießen verloren gegangen, oder in der erstern Boutellie zurück geblieben sey. Das letztere ward für wahr befunden. Denn bey der Untersuchung gab diese Boutellie, nachdem wir selbige, so wie sie da stand, mit frischem unelektrischen Wasser aus einem Theekessel gefüllet hatten, eine lebhafte Erschütterung. Um ferner auszumachen, ob das Glas diese Eigenschaft blos als Glas an sich hätte, oder ob die Gestalt derselben ebenfalls hiezu etwas beytrüge: nahmen wir Scheibenfensterglas, legeten selbiges auf die Hand, auf die obere Fläche aber legeten wir eine Bleyplatte, und elektrisireten diese Platte. Wenn wir hierauf einen Finger gegen diese obere Belegung brachten, entstand ein Funke, und Erschütterung. Wir nahmen hierauf zwo gleich große Bleyplatten, die aber rund herum zween Zoll kleiner waren als das Glas, und elektrisireten das Glas zwischen denselben, indem wir das obere Bley elektrisireten, trenneten hierauf das Glas von dem Bley, und nahmen das wenige Feuer, so noch etwa in dem Bley zurückgeblieben war, völlig heraus. Wenn man itzt das Glas in denen elektrisirten Orten mit einem Finger berührete, so gab dasselbe nur keinen stechenden Funken; es konnte deren aber eine große Anzahl aus verschiedenen Stellen heraus gelocket werden. Wir legeten darauf das Glas wieder behende zwischen die zwo Bleyplatten, und brachten den Erschütterungszirkel zwischen denen beyden Oberflächen des Glases an, worauf alsobald eine heftige Erschütterung folgete. Dieses beweist unwidersprechlich, daß die Kraft zu erschüttern im Glase als Glase ihren Sitz habe, und daß die unelektrischen Körper, bey der Berührung nur als Panzer eines Magneten dazu dienen, diese Kräfte aus allen denen Theilen des Glases zu sammlen, und solche in einen verlangten Punct zu vereinigen. Denn es ist eine bekannte Eigenschaft eines unelektrischen Körpers, daß der ganze Körper augenblicklich alle das elektrische Feuer annimmt oder hergiebt, welches einem von dessen Theilen gegeben oder genommen wird *.

36 §. 18. Auf obiges gründen wir unsere so genannte elektrische Batterie, welche aus eilf großen Glastafeln besteht. Diese sind an beyden Seiten mit dünnen Bleyplatten beleget, stehen aufrecht, und werden in einer Entfernung von zween Zollen von einander, von seidenen Schnüren getragen. An jeder Seite wird ein starker Haken von Metalldraht befestiget, welche aufwärts gebeuget sind, und einigen Abstand untereinander behalten. Man machet hierauf vermittelst Draht und Ketten die gehörige Verbindung zwischen der ausgebenden Seite der einen Glastafel und der einnehmenden Seite der andern, damit das Ganze auf einmal mit eben der Arbeit könne geladen werden, die zu einer einzigen Tafel allein erfodert wird. Man bringt über dieses einen Kunstgriff an, vermittelst dessen man nach der Ladung, die ausgebenden Seiten alle zur Berührung mit einem einzigen langen Drahte, und die annehmenden Seiten mit einem andern dergleichen Drahte bringen kann. Vermittelst dieser beyden langen Drähte wird so dann die Wirkung aller Glasplatten auf einmal durch den Leib eines Thieres gebracht, welches den Zirkel zwischen denselben vollmachet. Man kann die Platten auch besonders, oder so viele derselben auf einmal, als man verlanget, abfeuren. Unterdessen ist diese Maschine bey uns nicht sehr im Gebrauche, weil sie unserer Absicht in Erleichterung des Ladens, aus denen §. 10. angegebenen Ursachen, kein völliges Genüge geleistet. Wir verfertigen 37 ebenfalls aus dergleichen großen Glastafeln, Zaubergemälde und lebendig scheinende sich selbst bewegende Räder, von welchen ich eine kurze Beschreibung geben will.

§. 19. Aus dem neulich erhaltenen letztern Buche des sinnreichen Herrn Watsons, habe ich ersehen, daß Dr. Bevis, schon vor uns sich der Glasplatten bedienet hat, eine Erschütterung zu geben; welches ich mir schon, ehe uns dieses Buch zu Händen kam, vorgenommen hatte. Ihnen als eine Neuigkeit mitzutheilen. Ich kann aber dennoch zur Entschuldigung, warum ich solches hier beybringe, anführen, daß wir die Erfahrungen auf eine von der seinigen ganz verschiedene Art angestellet, ganz andere Folgerungen daraus gezogen, und, so viel uns bishero bekannt ist, dasselbe weiter getrieben haben, als er. Herr Watson scheint nämlich dabey zu beruhen, daß er glaubet, das Feuer häufe sich blos in dem unelektrischen Körper, welcher das Glas berühret *.

§. 20. Das Zaubergemälde wird auf folgende Weise zugerichtet. Man nehme ein halb gemaltes Bild, das mit einem Rahmen umgeben ist, z. e. vom Könige, (welchen Gott erhalten wolle,) und ein Glas. Den Kupferstich nehme man heraus, und schneide einen Rand aus demselben heraus, der rund herum fast auf zween Zoll weit von dem Rahmen absteht. Es schadet hiebey gar nicht, wenn auch der Schnitt 38 durch das Gemälde geht; diesen abgeschnittenen Rand klebe man mit dünnem Gummiwasser, mit der einen Seite auf das Glas, und streiche denselben eben und feste; darauf fülle man die leeren Stellen alle voll, indem man das Glas mit Gold oder Metallblätter vergoldet. Auf eben diese Weise vergolde man den innern Rand der hintern Seite des Rahmes rund herum, den obersten Theil ausgenommen, und mache eine Verbindung zwischen dieser Vergoldung und der Vergoldung hinter dem Glase: hierauf leget man den Rahmen hinein; und so ist diese Seite fertig. Itzt kehre man das Glas herum, und vergolde die vordere Seite genau über der hintern Vergoldung; wenn solches trocken ist, bedecke man dieselbe durch den aus dem Gemälde ausgeschnittenen Rahmen, welchen man darüber klebet. Man muß hiebey aber genau darauf acht haben, daß man die Theile des Randes und des Gemähldes, welche zusammen gehören, genau auf einander bringt; wodurch das Gemälde, wie zuvor, aus einem Stücke zu bestehen scheinen wird, obgleich der eine Theil desselben sich hinter dem Glase, die andern vor demselben, befinden. Man fasse das Gemälde oben an, halte es wagerecht, und setze eine kleine bewegliche Krone auf das Haupt des Königes. Wird nun das Gemälde mäßig elektrisiret, und ein Mensch fasset mit der einen Hand den Rahmen dergestalt an, daß er mit seinen Fingern die innere Vergoldung desselben berühret, mit der andern Hand aber die Krone abzunehmen bemühet ist; so wird er einen 39 erschrecklichen Schlag bekommen, und seines Endzweckes verfehlen. Wäre das Gemählde sehr stark geladen, so könnten die Folgen davon vielleicht eben so unglücklich für ihn ausfallen,

---

* Anm. §. 30.

* Anm. §. 31.

als der Hochverrath selbst: läßt man nämlich den Funken, welchen man vermittelst einer durch Draht angebrachten Verbindung der beyden Flächen erwecket, durch ein Buch Papier, welches man auf das Gemählde geleget hat, schlagen; so machet derselbe durch jeden Bogen, das ist, durch acht und vierzig Blätter, ein merkliches Loch, und giebt einen heftigen Knall von sich. Wenn man also gleich sonst ein Buch Papier für eine gute Beschützung gegen einen Degenhieb, ja selbst gegen einen Pistolenschuß hält; so gilt solches hier dennoch nicht. Derjenige, so das Experiment anstellet, und das Gemälde bey dem obern Theile, woselbst die inwendige Seite des Rahmens, um dessen Fall zu verhindern, nicht vergoldet ist, anfasset, fühlet gar nichts von der Erschütterung, und kann die Fläche des Gemäldes ohne alle Gefahr berühren. Er kann dieses zum Zeugnisse seiner Treue angeben. Wenn ein ganzer Kreis von Personen sich die Erschütterung zugleich geben lassen, so nennet man diesen Versuch, die Verschwörung *.

§. 21. Zufolge derer im §. 7. angegebenen Grundsätze, daß nämlich die Haken zwoer auf verschiedene Art geladenen Boutellien auch im Anziehen und Abstoßen verschieden sind, haben wir ein elektrisches Rad gemachet, welches sich mit einer ansehnlichen Stärke umdrehet. Ein kleiner aufrechtstehender hölzerner Stift geht unter rechten Winkeln durch ein dünnes rundes Bret, welches ungefähr zwölf Zoll im Durchmesser hat, und lauft auf einer scharfen eisernen Spitze, die in dem untern Ende befestiget ist; ein starker Draht aber, der an dem obern Ende durch ein kleines in einer dünnen Meßingplatte befindliches Loch geht, hält den Stift vollkommen senkrecht. Von dem Umfange des Bretes gehen ungefähr dreyßig Halbmesser von gleicher Länge wagerecht heraus. Diese sind aus Fensterglase gemachet, welches in schmale Streifen zerschnitten ist; die am weitesten von dem Mittelpuncte entfernte Spitze derselben, steht ungefähr vier Zoll von einander ab. Auf das Ende eines jeglichen dieser Glasstreifen, ist ein meßingener Knopf befestiget. Wird nun der Draht von der nach gewöhnlicher Weise elektrisirten Boutellie, nahe an den Umfang dieses Rades gebracht; so zieht derselbe den nähesten Knopf an sich, und setzet das Rad auf diese Weise in Bewegung. Dieser Knopf bekömmt, indem er vorbeygeht, einen Funken, und weil er dadurch elektrisiret wird, wird er fortge-

stoßen. Unterdessen wird der zweyte ebenfalls angezogen, er nähert sich dem Drahte, bekömmt einen Funken, und wird dem ersten nachgetrieben; auf diese Art geht es nun immer weiter, bis das Rad endlich ganz herum kömmt. Nähern sich aber darauf die zuvor elektrisirten Knöpfe dem Drahte wieder; so werden dieselben, statt wie zuvor angezogen zu werden, vielmehr zurück gestoßen, und die Bewegung höret für diesesmal auf. Setzet man aber eine andere Boutellie, welche durch die Belegung geladen ist, nahe an eben dasselbe Rad, auf der andern Seite; so wird der Draht derselben die Knöpfe, welche der erstere abstößt, anziehen, und wird dadurch die Kraft, welche das Rad herum treibt, verdoppeln. Er wird nicht nur dasjenige Feuer, welches denen Knöpfen durch die erste Boutellie gegeben ist, wieder zwegnehmen; sondern wird dieselben noch dazu ihres natürlichen Vorrathes berauben. Wenn dieselben also wieder gegen die erste Boutellie kommen, werden sie, statt abgestoßen zu werden, nur um desto stärker angezogen werden. Ja das Rad beschleuniget dadurch seinen Lauf dergestalt, daß selbiges mit einer großen Heftigkeit, zwölf bis funfzehen Umläufe in einer Minute vollendet; und endlich bekömmt es eine solche Stärke, daß ein Gewicht von hundert spanischen Thalern, womit wir dasselbe einmal beschweret haben, die Bewegung nicht im geringsten aufzuhalten scheint. Wir haben dieses Instrument den elektrischen Bratenwender genannt; weil, wenn man an den aufrechtstehenden Stift einen großen Vogel aufspießt, derselbe vor einem Feuer mit einer zum Braten geschickten Bewegung umgedrehet wird.

§. 22. Dieses Rad wird, wie andere dergleichen Räder, welche Wind, Wasser, oder Gewichte treiben, durch eine äußerliche Kraft, nämlich durch die Boutellien, getrieben; das sich selbst bewegende Rad aber, ob es gleich nach eben diesen Grundsätzen gebauet ist, scheint noch erstaunenswürdiger zu seyn. Es wird dasselbe aus einer dünnen runden Glasplatte, die siebenzehen Zoll im Durchmesser hält, verfertiget. Man vergoldet solche an beyden Seiten, bis auf zween Zolle weit vom Rande. Auf die Mitte der obern und untern Seite werden zwo kleine Halbkugeln von Holze fest gekittet, in deren jegliche man einen dicken steifen Draht befestiget, welcher acht bis zehen Zoll lang ist, und welche beyde Drähte zusammen die Achse des Rades ausmachen. Dieses Rad drehet sich wagerecht auf einer Spitze, die sich am untern Ende der Achse befindet, und auf einem Stücke Messing, welches auf ein gläsernes Salzfaß fest geküttet ist, ruhet. Das oberste Ende der Achse geht durch ein Loch in einer dünnen Metallplatte, die an ein langes und starkes Stück Glas fest geküttet ist, und welches selbiges sechs oder acht Zoll von allen unelektrischen Körpern entfernet hält, an seiner Spitze aber eine kleine Kugel von Pech oder Metall hat, wodurch das Feuer hineingebracht wird. In dem Tische, worauf das Rad steht, sind zwölf kleine Pfeiler von Glas in die Runde herum, ungefähr in der Entfernung von vier Zollen, befestiget, auf deren jedem man einen Knopf gesetzet hat. An dem Rande des Rades befindet sich eine kleine bleyerne Kugel, die vermittelst eines Drähtes mit der Vergoldung der obern Fläche des Rades verbunden ist; und ungefähr sechs Zoll von dieser Kugel wird eine andere Kugel, die auf gleiche Weise mit der untern Fläche verbunden ist, angebracht. Will man nun das Rad durch die obere Fläche laden, so muß unterdessen zwischen der untern Fläche und dem Tische eine Verbindung gemachet werden. So bald dieses geschehen ist, fängt selbiges alsobald an sich selbst zu bewegen. Die Kugel, welche einem Pfeiler am nähesten ist, beweget sich gegen den Knopf der auf dem Pfeiler stecket, und elektrisiret denselben, indem sie vor demselben vorbey geht, stößt sich aber darauf selbst von selbigem zurücke. Die folgende Kugel, die mit der andern Fläche des Glases verbunden ist, zieht den Fingerhut stärker an, weil dieselbe zuvor von der andern Kugel war elektrisiret worden; und dergestalt nimmt die Bewegung des Rades zu, bis selbige zu dem Grade gelanget ist, wozu es der Widerstand der Luft kommen läßt. Es läuft dergestalt eine halbe Stunde lang, und machet, eine Minute in die andere gerechnet, zwanzig Umläufe in einer Minute; welches im Ganzen sechshundert Umläufe ausmachet. Die Kugel der obern Fläche giebt bey jedem Umlaufe zwölf Funken gegen die Knöpfe, und die Kugel der untern Fläche empfängt eben so viele wieder von den Knöpfen. Zusammen sieben tausend zwey hundert Funken. Eine dergleichen Kugel beweget sich auf diese Weise in einer Stunde fast zwey tausend fünfhundert Fuß weit. Die Knöpfe müssen wohl befestiget seyn, und so vollkommen im Zirkel stehen, daß die Kugeln jeden Knopf nur in einer sehr kleinen Entfernung vorbeygehen. Wenn man statt zwoer Kugeln, deren achte nimmt, und deren eine mit der obern, vier aber mit der untern Fläche, und zwar wechselsweise dergestalt verbindet, daß sie in einer Entfernung von ungefähr acht oder sechs Zoll den ganzen Umfang einnehmen; so wächst die Kraft und Geschwindigkeit des Rades dadurch so stark an, daß das Rad in einer Minute zwar funfzig Umgänge machet, dahingegen aber sich auch nicht so lange beweget. Es könnten diese Räder vielleicht zum Läuten der Glockenspiele und zur Bewegung allerhand Feuerräder angewandt werden.

§. 23. Man beuge einen dünnen Draht rund zusammen, und beuge an jedes Ende desselben einen runden Ring. Von diesem Bogen lasse man das eine Ende gegen die untere Fläche des Rades anliegen, und bringe das andere Ende gegen die obere; so wird dasselbe einen heftigen Funken erwecken, und alle Kraft wird verloren gehen.

§. 24. Jeder auf diese Art aus der obern Fläche des Rades gezogener Funken machet in der Vergoldung ein rundes Loch, und verzehret, indem er herausfährt, etwas davon; wodurch deutlich angezeiget wird, daß das Feuer hier nicht in der Vergoldung gehäufet sey, sondern sich wirklich in dem Glase selber befinde *.

§. 25. Wenn man die Vergoldung mit Terpentinfirniß überzieht, und der Firniß trocken und hart geworden ist; so wird selbiger durch den Funken, der aus ihm gezogen wird, verbrannt, und giebt einen starken Knall und sichtbaren Rauch von sich. Zieht man den Funken durch Papier, so wird das Papier rund um das gemachte Loch von diesem Rauche, welcher zuweilen viele Blätter durchdringt, schwarz. Man hat ebenfalls gefunden, daß ein Theil der abgerissenen Vergoldung mit Macht in die Löcher, welche der Schlag in dem Papiere gemachet hatte, hinein getrieben war.

§. 26. Man muß mit Erstaunen ansehen, was für eine große elektrische Kraft in einem kleinen Stücke Glase liegen kann. Eine dünne Glasblase, welche ungefähr einen Zoll im Durchmesser hat, und nur sechs Gran wiegt, giebt, wenn man sie halb mit Wasser füllet, und sie auswärts zum Theil vergoldet, dabey auch mit einem Haken von Drahte versieht, einen Stoß, der so stark ist, als ein Mensch ihn immer nur auszuhalten im Stande ist. Weil das Glas bey der Oeffnung am dicksten ist, so halte ich dafür, der untere Theil, welcher weil er vergoldet ist, mir elektrisiret wird, und also den Stoß giebt, könne nicht über zween Gran wägen; denn zerbricht man das Glas, so erhellet deutlich, daß derselbe weit dünner ist, als die obere Hälfte. Ladet man eines von diesen dünnen Gläsern durch die Belegung,

* Anm. §. 33.

und zieht den Funken aus der Vergoldung; so wird das Glas zu gleicher Zeit nach innen gebrochen, wenn die Vergoldung nach außen aufbricht *.

§. 27. Wenn man nun aus denen §. 8. 9. 10. angeführten Ursachen zugiebt, daß in einer Bouteillie nach der Ladung nicht mehr elektrisches Feuer befindlich sey, als schon zuvor darinn enthalten war; wie groß muß nicht die Menge desselben in diesem kleinen Theile des Glases seyn? Es scheint, daß solches die wahre Substanz und Wesen desselben ausmache. Vieleicht würde Glas nicht mehr Glas seyn, wenn diese gehörige Menge des elektrischen Feuers, welches das Glas so hartnäckig zurücke hält, davon könnte getrennet werden. Es verlöre vieleicht seine Durchsichtigkeit, oder Brüchigkeit, oder Elasticität. Man wird vieleicht künftig noch Versuche erdenken können, welche dieses näher entwickeln.

§. 28. Die Erzählung, welche der Herr Watson in seinem Buche von einer Erschütterung machet, die in einer großen Weite durch einen trockenen Boden sey fortgepflanzet worden, hat uns ziemlich bestürzt gemachet. Wir vermuthen fast, daß hier in dem Sande dieses Bodens etwas Metallisches müsse gewesen seyn. Denn wir haben gefunden, daß trockene Erde, wenn sie in eine Glasröhre festgestopfet war, die beyden Enden offen blieben, an jeglichem Ende aber ein Haken von Drahte in die Erde eingestecket war, und man dieselbe, die Drähte und die Erde, zum Gliede des Erschütterungszirkels machete, nicht den geringsten merklichen Stoß durchführet. Ja selbst wenn ein Draht elektrisiret war, so zeigete der andere kaum die Zeichen seiner Verbindung mit jenem. Auf gleiche Weise führet ein wohl angefeuchteter Bindfaden die Erschütterung zuweilen gar nicht durch, ob er gleich sonst die Elektricität sehr gut zuleitet. Eben so hält eine trockene Eisscholle oder Eiszapfen, welchen zwo Personen, die im Erschütterungskreise sind, anfassen, den Stoß auf; welches man doch weniger vermuthen sollte, weil Wasser denselben so vollkommen gut fortführet. Die Vergoldung auf einem neuen Buche, ob sie gleich anfangs den Stoß vollkommen gut fortführet, thut solches ferner nicht, nachdem man den Versuch zehn oder zwölf mal mit selbiger angestellet hat. Sie scheint aber dennoch in allem übrigen unverändert zu bleiben; wovon wir keine Ursache anführen können *.

* Anm. §. 34.
† Anm. §. 35.

§. 29. Wir haben noch eine Erfahrung, die uns sehr Wunder nimmt, und welche wir bisher nicht völlig erklären können. Sie besteht in folgendem. Man lege eine eiserne Stange auf einen Glasfuß, und lasse eine Kugel von feuchtem Kork, die an einem seidenen Faden ist aufgehangen worden, dergestalt an die Stange herunter hängen, daß sie selbige berühret. Hierauf nehme man in jede Hand eine Bouteillie, deren eine durch den Haken, die andere aber durch die Belegung elektrisiret ist: man bringe den ausgebenden Draht an die Stange; so wird er selbige positiv elektrisiren, und der Kork wird abgestoßen werden. Man nehme darauf den einnehmenden Draht der Stange; dieser wird den von dem vorigen ihr mitgetheilten Funken wieder heraus nehmen, und der Kork wird an die Stange zurück fallen. Bringt man nun diesen Draht noch einmal hinan, und zieht dadurch einen Funken; so wird die Stange negativ elektrisiret seyn, und dennoch wird der Kork eben so stark als zuvor abgestoßen werden. Man bringe von neuem den ausgebenden Draht gegen die Stange, und gebe derselben den Funken der ihr fehlet; so fällt der Kork zurücke. Man gebe ihr noch einen, der ein zu ihrer natürlichen Menge von Elektricität noch hinzugelegter Theil ist; so wird der Kork wieder abgestoßen. Und auf diese Weise kann man die Erfahrung wiederholen, so lange noch einige Ladung in den Bouteillien vorhanden ist. Es zeigt aber dieser Versuch, daß Körper, welche weniger als die natürliche Menge von Elektricität haben, eben so wohl als solche, welche mehr als diesen natürlichen Vorrath besitzen, einander zurückstoßen †. Weil es uns ein wenig verdrießt, daß wir bishero in dieser Sache noch nichts haben angeben können, welches zum Nutzen der Menschen gereichen könnte, und überdem die heiße Witterung einfällt, bey welcher die elektrischen Versuche nicht so gut von statten gehen; so haben wir uns vorgenommen, dieselben für diesesmal mit einer Ergetzlichkeit an den Ufern des Skuylkil zu beschließen *. Wir werden bey dieser Gelegenheit Weingeist durch einen Funken anzünden, der von einer Seite des Flusses zu der andern hinüber geleitet wird, ohne daß wir uns sonst der geringsten Zuleitung, als das Wasser selber, bedienen **. Wir haben diese Erfahrung schon einige male zuvor, zu Verwunderung vie-

† Anm. §. 36.
* Anm. § 37.
** Anm. §. 38.

ler, angestellet. Ein calecutischer Hahn soll zu unserm Gastmale durch den elektrischen Schlag getödtet, und an dem elektrischen Bratenwender vor einem Feuer, das durch die Elektricität angezündet ist, gebraten werden; wobey denn zugleich die Gesundheiten der berühmten Elektricitäts-

Kenner in England, Holland, Frankreich und Teutschland, aus elektrisirten Pocálen ***, unter Abfeurung der Canonen von der elektrischen Batterie, sollen getrunken werden.

*** Anm. §. 39.

* * * * * * * * * * * * * * * * *

Vierter Brief,

welcher

Beobachtungen und Gedanken enthält, aus welchen man eine neue Hypothese für die Erklärung der verschiedenen Erscheinungen bey Gewittern zu machen bemühet ist.

Mein Herr!

§. 1.

Unelektrische Körper, welche das elektrische Feuer in sich haben, behalten dasselbe, bis andere unelektrische Körper, die dessen weniger besitzen, sich ihnen nähern. In diesem Falle wird es denselben durch einen Funken mitgetheilet, und wird unter dieselben gleichförmig vertheilet.

§. 2. Das elektrische Feuer liebet das Wasser, wird von selbigen stark angezogen, und kann mit demselben zusammen bestehen.

§. 3. Luft ist ein für sich elektrischer Körper, und leitet das elektrische Feuer, wenn sie trocken ist, nicht fort *. Sie nimmt dasselbe weder selbst an, noch theilet es andern Körpern mit. Wäre dieses, so könnte kein von Luft umflossener Körper positiv oder negativ elektrisiret werden. So bald man dieses mit der positiven Elektricität versuchte, würde die Luft alsobald den Ueberfluß ableiten; gebrauchete man aber die negative Elektricität dazu, so würde die Luft ebenfalls den Mangel alsobald ersetzen.

* Anm. §. 40.

§. 4. Wenn Wasser elektrisch ist, so werden die davon aufsteigenden Dünste ebenfalls in gleichem Grade elektrisch seyn; und wenn dieselben in der Luft, in Gestalt der Wolken, oder auf andere Weise herum schwimmen, behalten sie diesen Grad von Elektricität, bis sie andere Wolken oder Körper antreffen, die weniger elektrisch sind. Diesen theilen sie alsdann, wie zuvor angezeiget ist, ihre Elektricität mit.

§. 5. Ein jeder Theil einer elektrisirten Materie wird von einem jeden andern eben so stark elektrisirten Theilchen abgestoßen. Der von Natur dichte und zusammenhängende Stral eines Springbrunnens, trennet sich auf diese Weise, wenn derselbe elektrisiret wird, von einander, und breitet sich in Gestalt eines Busches aus; weil hier jeder Tropfen sich von dem andern zu entfernen bemühet ist. So bald man demselben aber das elektrische Feuer benimmt, schließt sich derselbe wieder.

§. 6. Wenn Wasser stark elektrisiret ist, steigt selbiges eben so, als wenn es durch gemeines Feuer erhitzet worden, häufiger in Dünste auf. Das Anziehen und Zusammenhängen seiner Theile wird durch die entgegengesetzte Kraft des Abstoßens, welche aus dem elektrischen Feuer entspringt,

52 stark vermindert. So bald sich nun ein Theilchen auf einige Weise ganz los gemachet hat, wird dasselbe unmittelbar abgestoßen, und steigt in die Luft.

§. 7. Wenn dahero einige Theilchen den Stand bekommen, welchen (Fig. VI.) A und B haben, können sich dieselben viel leichter losmachen, als C und D. Jedes von ihnen wird nämlich nur durch die Berührung dreyer angehalten, dagegen C und D deren sechse berühren. Wenn nun aber die Oberfläche des Wassers in die geringste Bewegung gesetzt wird, so werden beständig einige Theile in die Lage gebracht, welche A und B vorstellen.

§. 8. Das Reiben eines für sich unelektrischen Körpers gegen einen für sich elektrischen, erwecket das elektrische Feuer; solches wird dadurch aber nicht eigentlich hervorgebracht, sondern nur gesammlet. Dasselbe ist durch unsere Wände, Böden, Erde, und durch die ganze Masse gemeiner Materie gleichförmig verbreitet. Die umgedrehte Glaskugel zieht hier während des Reibens gegen das Küssen, das Feuer aus dem Küssen; das Küssen wird aus dem Gestelle der Maschine, und dieses wieder aus dem Boden, worauf sie steht, gefüllet. Man schneide durch dickes Glas oder Pech, welches man unter das Küssen leget, diese Gemeinschaft mit der Erde ab; so kann kein Feuer hervorgebracht werden, weil dasselbe nicht kann gesammlet werden *.

53 §. 9. Das Weltmeer besteht aus Wasser, einem für sich unelektrischen, und Salz, einem für sich elektrischen Körper.

§. 10. So bald in demselben unter denen Theilen, welche sich nahe an der Oberfläche befinden, ein Reiben entsteht; so wird das elektrische Feuer aus denen untenliegenden Theilen gesammlet. Bey Nacht wird dieses sichtbar, und erscheint bey dem Hintertheile und in dem Wege eines jeden segelnden Schiffes. Jeder Schlag mit einem Ruder zeiget solches, ja jeder Wasserguß und alles Spritzen. Bey Stürmen scheint das ganze Meer in Feuer zu stehen. Die abgerissenen Wassertheilchen nun, welche bey dieser Gelegenheit von der elektrisirten Oberfläche des Meeres losgerissen werden, führen das Feuer beständig, so bald sich solches gesammlet hat, davon. Sie steigen in die Höhe und machen Wolken, welche alsdann im höchsten Grade elektrisch sind, und ihr Feuer behalten, bis sie eine Gelegenheit finden, dasselbe mitzutheilen.

* Anm. § 41.

§. 11. Die Wassertheile, welche in Dünsten aufsteigen, hängen sich selbst an die Theile der Luft an.

§. 12. Man behauptet von den Theilen der Luft, daß sie hart, rund, getrennet und von einander entfernet sind. Jeglicher Theil stößt jeden andern Theil von sich; und hiedurch gehen sie so weit aus einander, als die allgemeine Schwere solches zuläßt.

§. 13. Der Raum zwischen drey einander 54 gleichstark abstoßenden Theilen machet einen gleichseitigen Dreyeck aus.

§. 14. Wenn die Luft dicke, sind diese Dreyecke klein; in verdünneter Luft aber größer.

§. 15. Wenn sich das gemeine Feuer mit der Luft vereiniget, so vermehret dasselbe das Abstoßen, vergrößert die Dreyecke, und machet dadurch die Luft specifice leichter; welche verdünnete Luft alsdann in einer dicken Luft in die Höhe steigen muß.

§. 16. Das gemeine Feuer so wohl als das elektrische, theilet denen Wassertheilen eine abstoßende Kraft mit, und hindert das Anziehen und Zusammenhangen derselben; daher trägt so wohl das gemeine als das elektrische Feuer zum Aufsteigen der Dünste etwas bey.

§. 17. Die Theile des Wassers, welche kein Feuer enthalten, ziehen sich unter einander an. Wenn sich dahero drey Wassertheilchen an die drey Theile des Luftdreyeckes anhängen, so wirken sie durch ihr gegenseitiges Anziehen dem Abstoßen der Luft gerade entgegen, verkürzen die Seiten, und verkleinern das Dreyeck. Hierdurch wird also dieser Theil der Luft dichter gemachet, er sinkt mit seinem Wasser gegen die Erde herunter, und kann nicht in die Höhe steigen, noch zur Bildung der Wolken etwas beytragen.

§. 18. Bringt nun ein jedes Wassertheilchen, das sich selbst an die Luft anhängt, ein Theil des gemeinen Feuers mit; so wird das Abstoßen der Luft durch das Feuer stärker vermehret und ver- 55 stärket, als von dem Anziehen der Wassertheile gehindert. Die Dreyecke erweitern sich; und weil hiedurch dieser Theil der Luft dünner und specifice leichter wird, steigt derselbe in die Höhe.

§. 19. Bringen die Wassertheilchen, wenn sie sich an die Luft anhängen, noch dazu elektrisches Feuer mit; so vereiniget sich das Abstoßen der elektrisirten Wassertheile unter sich mit dem natürlichen Abstoßen der Luft, und entfernet die Theile um desto weiter von einander. Hiedurch werden die Dreyecke erweitert, die Luft steigt empor und führet das Wasser mit sich in die Höhe.

§. 20. Wenn die Wassertheile beyde Arten des Feuers bey sich führen, so wird das Abstoßen der Luft noch mehr verstärket und vermehret, und die Dreyecke werden mehr erweitert.

§. 21. Ein Lufttheilchen kann von zwölf Wassertheilen von gleicher Größe umgeben, und von ihnen allen, ja noch von mehrern, berühret werden.

§. 22. Die Lufttheile, welche dergestalt geladen sind, würden durch dieß wechselsweise Anziehen der Wassertheile näher zusammengebracht werden, wenn nicht das Feuer, es sey nun das gemeine oder das elektrische, ihrem Abstoßen zu Hülfe käme.

§. 23. Wenn eine dergestalt geladene Luft, von entgegengesetzten Winden zusammengedrucket, gegen Berge u. d. gl. angetrieben, oder durch Beraubung des Feuers, welches ihre Ausdehnung noch erhielte, verdicket wird; so senket sich diese Luft mit dem Wasser, welches sie enthält, wie ein Thau herunter. Oder wenn das Wasser, welches einen Theil der Luft umgiebt, dasjenige Wasser, so einen andern Theil umgiebt, berühret; so fließt dieses Wasser zusammen, und machet einen Tropfen, worauf Regen erfolget.

§. 24. Es scheint, daß die Sonne allen Dünsten, sie mögen vom Lande oder von der See aufsteigen, das gemeine Feuer mittheilet.

§. 25. Diese Dünste, welche das Feuer von beyden Arten, das gemeine so wohl als das elektrische, enthalten, können besser getragen werden, als diejenigen, welche nur das gemeine Feuer besitzen. Wenn Dünste in den kältesten Gegenden über der Erde empor steigen, so vermindert die Kälte dennoch das elektrische Feuer nicht, wenn sie das gemeine Feuer gleich auslöschet.

§. 26. Hiedurch geschieht es, daß Wolken, welche aus solchen Dünsten bestehen, die aus süßem Wasser im Lande, wachsenden Gewächsen, nasser Erde, u. d. g. in die Höhe steigen, ihr Wasser auch schneller und leichter wieder fallen lassen; weil dieselben nur wenig elektrisches Feuer haben, welches die Theile unter einander abstoßen und trennen kann. Es fällt daher der größte Theil des Wassers, so vom Lande aufsteigt, bald wieder auf das Land zurücke; und die Winde, welche vom Lande nach der See zu wehen, sind aus dieser Ursache allezeit trocken. Ja weil der Regen überdem auf der See wenig Nutzen hat, so würde es auch unvernünftig scheinen, daß dem Lande die Nässe genommen würde, damit es auf der See regnen könne.

§. 27. Diejenigen Wolken hingegen, welche aus Dünsten bestehen, die aus dem Meere aufgestiegen sind, enthalten beyde Arten des Feuers, besonders aber eine große Menge des elektrischen. Sie können daher ihr Wasser länger tragen, dasselbe höher bringen, und können, wenn sie vom Winde getrieben werden, ihr Wasser aus der Mitte des weiten Weltmeeres über die Mitte des weitesten festen Landes bringen.

§. 28. Auf was Weise nun aber diese Seewolken, welche ihr Wasser so stark zu tragen vermögend sind, dazu können gebracht werden, daß sie dasselbe auf das Land fallen lassen, wo solches vonnöthen ist, wollen wir alsobald untersuchen.

§. 29. Wenn diese Wolken gegen Berge angerieben werden, so ziehen diese Berge, welche weniger elektrisch sind als die Wolken, dieselben an sich, und rauben ihnen bey der Berührung das elektrische Feuer; ja wenn sie kalt sind, nehmen sie ihnen ebenfalls das gemeine Feuer: die Theile hängen sich daher an den Berg, und an einander. Ist die Luft nicht stark geladen, so fallen sie nur in Thau auf die Spitzen und Seiten der Berge herunter, machen Wasserquellen, und laufen in Gestalt kleiner Bäche in die Thäler herab, welche sich endlich reinigen, und große Ströme und Flüsse ausmachen. Ist die Luft aber stark geladen, so wird das elektrische Feuer auf einmal aus der ganzen Wolke weggenommen; wobey es so dann, indem das Feuer die Wolke verläßt, heftig blitzet und donnert. Die Theile fallen darauf augenblicklich aus Mangel des Feuers zusammen, und schießen in einem starken Platzregen herunter.

§. 30. Wenn diesen Wolken eine ganze Reihe von Bergen aufstößt, und das elektrische Feuer aus der sich zuerst nahernden Wolke heraus zieht; so wird die folgende Wolke, wenn sie sich der erstern nähert, die itzt des Feuers beraubet ist, gegen die erstern blitzen, und ebenfalls anfangen ihr eigenes Wasser fallen zu lassen. Die erstere Wolke aber blitzet darauf von neuem gegen den Berg. Auf eben diese Art wirket die dritte sich nähernde Wolke, und eine jegliche der folgenden, sie mögen sich so weit erstrecken, als sie wollen, und kann dieses oft über viel hundert Meilen betragen.

§. 31. Hieraus entsteht der beständige Regen, Donner und Blitz an der östlichen Seite des Gebirges Andes, welches sich von Norden nach Süden erstrecket, und erschrecklich hoch ist. Dasselbe hält alle Wolken auf, welche aus dem Weltmeere durch die beständigen Winde gegen dasselbe angeführet werden, und zwingt dieselben, ihr Wasser daselbst fallen zu lassen; woraus nachher die großen Flüsse, der Amazonenfluß, la Plata, und der Orvonoko entstehen. Diese führen das Wasser wieder in eben dasselbe Meer zurück, wenn selbige vorhero ein ungemein weites Land fruchtbar gemachet haben.

§. 32. Wenn ein Land flach ist, und keine Berge hat, welche die Wolken aufhalten können; so fehlet es demselben dennoch nicht an Mitteln, die Wolken dahin zu bringen, daß sie ihr Wasser müssen fallen lassen. Es treffen nämlich die elektrisirten Wolken, welche aus der See kommen, in dieser Luft andere Wolken, welche von dem Lande aufgestiegen, und also nicht elektrisch sind, an; sie ergießen in diese letztern ihr Feuer, wodurch sodann beyde Wolken gezwungen werden, ihr Wasser schleunig fallen zu lassen *.

§. 33. Die elektrischen Theile der ersten Wolke ziehen sich zusammen, weil sie ihr Feuer verlieren; die Theile der andern Wolke aber, weil sie solches empfangen. Beyden wird hiedurch aber eine Gelegenheit verschaffet, sich in Tropfen zu sammlen. Der Stoß und Erschütterung, welche die Luft hiebey bekömmt, trägt ebenfalls das ihrige dazu bey, daß nicht nur diese beyde, sondern auch andere Wolken, die jenen nahe sind, ihr Wasser herunter schütten; durch welches so dann die schleunigen Regengüsse entstehen, welche unmittelbar auf Blitze zu folgen pflegen.

§. 34. Dieses alles in einem leichten Versuche zu zeigen; nehme man zwo runde Scheiben aus Pappe von zween Zollen im Durchmesser. Aus dem Mittelpuncte und dem Umkreise einer jeglichen dieser Scheiben, hänge man an feinen seidenen Fäden, die achtzehen Zoll lang sind, sieben kleine hölzerne Kugeln, oder sieben Erbsen von gleicher Größe auf; so werden die Kugeln, die an jeder Pappe hängen, Dreyecke darstellen, die gleichseitig und gleich groß sind. Die eine Kugel hängt in der Mitte, die übrigen sechse aber befinden sich in gleicher Entfernung von dieser mittlern von einander, und stellen auf diese Weise die Theile der Luft vor. Man tunke hierauf beyde Stücke ins Wasser. Weil nun an jeder Kugel etwas hängen bleibt; so stellen die Kugeln itzt die geladene Luft vor. Man elektrisire hierauf diese ganze Einrichtung; so werden die Kugeln einander bis auf eine größere Weite abstoßen, und die Dreyecke vergrößern. Könnte itzt das Wasser, welches von allen sieben Kugeln getragen wird, unter sich zur Berührung kommen; so würde dasselbe einen oder mehrere Tropfen ausmachen, die so schwer wären, daß sie

das Zusammenhängen mit den Kugeln brechen, und herunter fallen würden. Man lasse itzt beyde Einrichtungen zwo Wolken vorstellen, deren eine, eine elektrische Seewolke, die andere eine Landwolke ist, und bringe dieselben zusammen, daß sie einander anziehen; so werden sie sich gegen einander hinziehen, und man wird auf diese Weise deutlich sehen, daß die vorher getrennten Kugeln sich wieder vereinigen. Die erste elektrische Kugel, welche sich einer andern unelektrischen nähert, hänget sich durch das Anziehen an selbige, und theilet derselben das Feuer mit. Sie trennen sich aber augenblicklich wieder, und eine jede von ihnen fliegt an eine neue sich auf ihrer Seite befindlichen Kugel; die eine, um ihr Feuer mitzutheilen, die andere, um solches wieder zu holen. Dieses erstrecket sich durch beyde Einrichtungen, aber so geschwinde, daß fast in einem Augenblicke alles vorbey ist. Während des Anstoßens nun schütten die Kugeln ihr Wasser ab, und dieses kann den hiebey fallenden Regen vorstellen.

§. 35. Eben so geht es mit See- und Landwolken zu, welche einander in einer Entfernung, in welcher der Blitz noch nicht schlagen kann, vorbey gehen wollen. Diese werden bis zu dieser gehörigen Weite von einander angezogen. Denn der Kreis der elektrischen Anziehungskraft erstrecket sich viel weiter, als die zum Blitze erfoderliche Entfernung.

§. 36. Wenn eine große Menge aus der See aufsteigender Wolken einen andern Haufen von Landwolken antreffen; so scheinen die elektrischen Blitze nach verschiedenen Seiten zu schlagen. Werden nun die Wolken noch dazu vom Winde getrieben, und gemischet, oder durch den elektrischen Zug nahe zusammen gebracht; so fahren sie fort Blitz auf Blitz zu geben, bis das elektrische Feuer durchgängig gleichförmig vertheilet ist.

§. 37. Wenn bey elektrischen Erfahrungen der Flintenlauf nur wenig elektrisches Feuer enthält; so muß man demselben, um einen Funken zu ziehen, mit dem Knöchel sehr nahe kommen. Giebt man demselben mehr Feuer, so schlägt er die Funken in größerer Entfernung. Zween mit einander verbundene Flintenläufe, die aufs stärkste elektrisiret sind, geben noch in viel größerer Weite einen Funken. Können nun aber zween elektrisirte Flintenläufe schon zween Zolle weit schlagen, und einen hellen Knall von sich geben; in welcher Weite wird nicht eine elektrisirte Wolke, die mehr als zehentausend Morgen Landes bedecken kann, schlagen, und ihr Feuer mittheilen können? Ja, wie heftig muß nicht der dadurch erzeugte Knall seyn?

* Anm. §. 42.

§. 38. Es ist eine ganz gewöhnliche Sache, daß man Wolken in verschiedenen Höhen sich nach verschiedenen Richtungen bewegen sieht. Dieses zeiget einen verschiedenen Lauf der Luft an, deren einer sich unter dem andern befindet. Wenn die Luft zwischen denen Wendezirkeln von der Sonnenwärme verdünnet wird, steigt sie in die Höhe, und die dickere nördliche und südliche Luft drenget sich an deren Stelle. Die dergestalte verdünnete und gedrungene Luft beweget sich Nord- und Südwärts, und muß in die Gegenden gegen die Pole übergehen, so ferne sie nicht schon zuvor Gelegenheit findet, ihren Umlauf zu vollenden.

§. 39. Wenn dergleichen Ströme von Luft, worinn sich die Wolken befinden, verschiedene Wege gehen; so steht hieraus nicht nur leicht zu begreifen, wie diese Wolken, die über einander weggehen, einander nahe genug kommen können, den elektrischen Schlag zu geben: sondern auch, auf was Weise elektrische Wolken in ein Land, welches von der See ganz entfernet ist, können gebracht werden, ehe dieselben einige Gelegenheit finden, Blitze zu schlagen.

§. 40. Wenn die Luft, welche nebst denen in derselben befindlichen Dünsten aus dem Weltmeere zwischen denen Wendezirkeln in die Höhe steigt, sich in die Gegenden um die Pole begiebt, und allda zur Berührung mit denen Dünsten kömmt, welche daselbst aufsteigen; so wird das elektrische Feuer, welches sie mitgebracht haben, mitgetheilet, und man kann dasselbe bey hellen Nächten deutlich sehen. Dasselbe wird zuerst an dénen Orten sichtbar, wo dasselbe zuerst in Bewegung geräth, das ist, wo die Berührung anfängt, oder mit einem Worte, in denen nördlichen Theilen. Von hieraus scheinen die Feuerströme nach Süden zu schießen, und sich so gar bis an den Scheitelpunct der nördlichen Länder zu erstrecken. Scheint aber hier das Licht gleich von Norden nach Süden hinzuschießen, so ist nichts destoweniger der Lauf des Feuers wirklich von Süden gegen Norden gerichtet, und fängt nur seine Bewegung von Norden her an; welches auch die Ursache ist, daß man selbiges zuerst gegen Norden ansichtig wird. Das elektrische Feuer wird nämlich niemals sichtbar, als da, wo dasselbe in Bewegung ist, und von einem Körper zum andern, oder in der Luft, aus einem Theile in den andern übergeht. Durchläuft selbiges feste Körper, so bleibt es jederzeit unsichtbar, und ist dahero ebenfalls nicht zu sehen, wenn gleich bey Abfeurung geladener Erschütterungsgläser dieses Feuer in großer Menge durch den Draht, der ein Glied des Erschütterungszirkels ist, hindurch schießt. Wenn dasselbe aber einer Kette nachläuft, wird es beym Uebergange aus einem Gliede in das andere sichtbar. Wann dieses Feuer über geschlagene Goldblätter läuft, wird es sichtbar; weil das Gold jederzeit voller Risse ist. Man halte nur ein solches Goldblat gegen das Licht, so erscheint dasselbe wie ein Netz; daher man das Feuer nur da sieht, wo es über die leeren Plätze hinläuft. Es geht hier, wie bey einer mit Wasser angefüllten Röhre zu. Oeffnet man eine solche lange Röhre voll stillstehendes Wassers an dem einen Ende, um selbiges heraus laufen zu lassen; so fängt die Bewegung des Wassers zuerst bey dem offenen Ende an, und geht von da gegen das verschlossene Ende fort: unterdessen beweget sich dennoch das Wasser selbst von dem geschlossenen gegen das offene Ende. Wenn sich das elektrische Feuer aus einer sich viel tausend Meilen erstreckenden und mit Dünsten angefüllten Luft in die Gegenden der Erdpole ergießt, muß dasselbe ebenfalls zuerst da erscheinen, wo die erste Bewegung entsteht, d. i. in denen nördlichen Theilen; und diese Erscheinung muß südwärts fortzugehen scheinen, ob sich gleich das Feuer wirklich gegen Norden beweget. Wir haben dieses zur Erklärung der Nordscheine ausgedacht.

§. 41. Wenn in einer besondern Provinz eines Landes eine große Hitze entsteht, indem etwa die Sonne verschiedene Tage nach einander dasselbe beschienen hat, da unterdessen die umliegenden Länder von Wolken bedecket gewesen sind; so wird die untere Luft verdünnet und steigt in die Höhe, die obere, kältere und dickere Luft tritt aber wieder herunter. Hiebey nun müssen sich alle Wolken, die in dieser Luft sich finden, einander begegnen, und sich mit einander über den erhitzten Ort vereinigen. Sind also einige derselben elektrisiret gewesen, andere aber nicht; so erfolgen Donner und Blitze, und es fallen Platzregen. Hieraus entstehen die Gewitter nach großer Hitze, und die kühle Luft, welche auf diese Stürme folget; weil das Wasser und die Wolken, welche jene verursachen, aus einer höhern, und also auch kältern Luftgegend herunter kommen.

§. 42. Der elektrische Funken, welchen man aus einem irregulairen Körper in einiger Entfernung zieht, ist selten ganz gerade, sondern erscheint gebogen und krümmet sich in der Luft. Die Blitze thun solches ebenfalls, weil die Wolken sehr irregulaire Körper sind *.

* Anm. §. 43.

§. 43. Wenn elektrisirte Wolken über ein Land hin gehen, ziehen hohe Berge und hohe Bäume, große Thurmsäulen, Masten der Schiffe, Schornsteine u. d. g. als eben so viele Erhöhungen und Spitzen, das elektrische Feuer an sich, und entladen dadurch die ganze Wolke.

§. 44. Es ist dahero gefährlich, während eines starken Gewitters unter einem Baume Schutz und Bedeckung zu suchen; so wohl Menschen als Thieren, ist dieses oft tödtlich gewesen.

§. 45. Vielmehr ist es noch aus einer andern Ursache besser, daß man sich in offenem Felde befinde. Wenn die Kleider eines Menschen naß sind, und es schlüge in dieser Gegend ein nach der Erde zugehender Blitz dem Kopfe desselben vorbey; so wird der Blitz in dem Wasser, womit die Oberfläche des Leibes bedecket ist, herunterlaufen: da er widrigenfalls, wenn die Kleider trocken wären, vielleicht durch den Leib selbst herunter schlagen würde *. Man kann aus diesem Grunde keine nasse Ratze durch Abfeurung der elektrischen Flasche todtschlagen, welches bey einer, die trocken ist, gar wohl angeht.

§. 46. Das gemeine Feuer befindet sich eben so wohl als das elektrische, in allen Körpern. Beyde sind vielleicht nur Verschiedenheiten eines und eben desselben Elementes, oder auch zwey besondere von einander verschiedene Elemente; welches letztere einigen verdächtig vorkömmt **.

§. 47. Sind sie verschiedene Dinge, so müssen sie dennoch zusammen in eben demselben Körper bestehen können.

§. 48. Wenn das elektrische Feuer durch einen Körper schlägt, so wirket dasselbe auf das gemeine Feuer, welches in demselben enthalten ist, und setzet dieses Feuer in Bewegung. Ist nun eine hinlängliche Menge von beyderley Feuer zugegen, so wird der Körper entzündet.

§. 49. Ist die Menge des gemeinen Feuers in dem Körper nur geringe, so wird hiezu eine größere Menge des elektrischen Feuers, oder des elektrischen Schlages erfodert. Wenn aber der Vorrath des gemeinen Feuers groß ist, so ist schon wenig elektrisches Feuer hinreichend, die Wirkung hervorzubringen.

§. 50. Aus dieser Ursache muß der Weingeist, ehe wir solchen durch den elektrischen Funken zünden können, erwärmet werden. Ist selbiger nun erhitzet, so kann ein kleiner Funke dieses

verrichten; ist solches aber nicht geschehen, so wird ein stärkerer Funke dazu erfodert *.

§. 51. Vor kurzem konnten wir nur bloß Weingeist anzünden, konnten aber kein hartes, trockenes Harz in Brand setzen. Wären wir aber nur vermögend, stärkere elektrische Funken hervorzubringen; so würden wir vielleicht im Stande seyn, nicht nur kalten Weingeist, wie der Blitz thut, sondern selbst Holz anzünden zu können: wenn wir nur das gemeine Feuer, welches in selbigem enthalten ist, auf eben die Art in genugsame Bewegung setzen könnten, wie solches bekanntermaßen durch das Reiben geschieht.

§. 52. Schweflichte und zündbare Dämpfe, die aus der Erde aufsteigen, können durch den Blitz entzündet werden; welches überdem noch mit alle demjenigen angehen müßte, was von der Erde aufsteigt. Dergleichen Dünste aber steigen häufig von nassem Heu, Getraide, und andern Vegetabilien, welche sich erhitzen und rauchen, empor. Faules Holz von alten Bäumen oder Gebäuden thut eben dieses. Es werden daher dergleichen Sachen auch sehr oft entzündet.

§. 53. Der Blitz schmelzet oft Metalle; dieses ist aber nicht gleich der Hitze des Blitzes, noch dem in den Metallen in Bewegung gesetzten Feuer beyzumessen. Ein jeder Körper, der selbst zwischen die Theile des Metalles eindringt, und das Anziehen, wodurch die Theile zusammenhängen, überwindet, machet aus dem festen Körper, eben wie das Feuer, ohne solchen zu erhitzen, einen flüßigen; wie man bey allen scheidenden Menstruis wahrnimmt. Wenn nun auf diese Art das elektrische Feuer, oder der Blitz, nur unter denen Theilen des Metalles, durch welches er fährt, ein heftiges Abstoßen verursachet; so wird das Metall geschmolzen.

§. 54. Will man bey einem starken Feuer das Ende einer in eine Thüre eingeschlagenen Nadel abschmelzen; so muß die Hitze, welche die ganze Nadel erst bekommen muß, ehe ein Theil von ihr schmelzet, das Bret, worinn sie stecket, schon verbrennen: ja der geschmolzene Theil brennet in dem Boden, auf welchen er herunter tröpfelt. Nun kann aber ein Schwert in der Scheide, und Geld in der Tasche eines Menschen vom Blitze zerschmelzen, ohne eines von jenen zu verbrennen. Es läßt sich also hieraus schließen, daß hier eine kalte Schmelzung vorgegangen sey.

* Anm. §. 44.   ** Anm. §. 45.   * Anm. §. 46.

§. 55. Der Blitz wirft Körper aus einander; der elektrische Funke schlägt ebenfalls ein Loch durch ein Buch von dickem Papiere.

§. 56. Ist dieser Ursprung der Blitze, welchen ich in diesen Blättern angegeben habe, gegründet; so müssen auf der See fern vom Lande wenig Gewitter gehöret werden. Nach dem Berichte einiger alten Seecapitains, die man darum befraget hat, stimmet die Erfahrung mit der Hypothese vollkommen überein. Sie treffen, wenn sie auf der See herum kreuzen, selten ehe Gewitter an, bis sie in Häfen kommen: ja Inseln, die weit von festem Lande entfernet liegen, empfinden wenig davon. Ein aufmerksamer Beobachter, der sich dreyzehn Jahre zu Bermudas aufhielt, hat ausgesaget: daß während dieser ganzen Zeit daselbst weniger Gewitter gewesen wären, als er zuweilen in einem Monate in Carolina gehöret hätte.

Beylagen,

an

Herrn Peter Collinson, Mitglied

der königlichen Societät der Wissenschaften
in London. Aus Philadelphia vom
29ten Julii 1750.

Mein Herr!

Sie haben uns durch Ueberschickung einer Glasröhre an unsere Buchhandlungsgesellschaft, und die Anweisung selbige zu gebrauchen, zuerst auf die elektrischen Experimente gebracht. Unser hochgeehrter Eigenthümer hat uns auch durch das großmüthige Geschenk einer vollkommenen elektrischen Einrichtung, in den Stand gesetzet, diese Erfahrungen zu einer größern Höhe zu bringen. Was ist also billiger, als daß beyde von Zeit zu Zeit erfahren, wie weit wir es hierinn bringen? In dieser Absicht schrieb ich, und sandte Ihnen meine vorigen Briefe von dieser Sache zu; wünschend, daß solche, weil ich keinen Briefwechsel geradezu mit dem gütigen Wohlthäter unserer Buchhandlung habe, durch dero Hände demselben möchten mitgetheilet werden. In eben dieser Absicht schreibe ich, und sende Ihnen diese Beylagen. Sollte es sich finden, daß selbige Ihnen nichts Neues mitbringen: wie in Betrachtung der großen Anzahl sinnreicher Männer, die in Europa beständig mit eben diesen Untersuchungen beschäfftiget sind, gar wohl möglich ist; so werden sie dennoch dieses bezeugen, daß wir diejenigen Werkzeuge, welche Sie unsern Händen anvertrauet, nicht vernachläßiget haben. Und woferne keine wichtige Entdeckungen, es sey aus was für Ursache es immer wolle, von uns gemachet worden, solches nicht dem Mangel an Fleiß und Bemühung zuzuschreiben sey.

Ich bin,

Mein Herr!

Dero

Ihr verbundener gehorsamer
Diener

B. Franklin.

* * * * * * * * * * * * * * * * * * *

Gedanken und Muthmaßungen,

von den

Eigenschaften und Wirkungen der elektrischer Materie, aus denen Versuchen und Beobachtungen, die zu Philadelphia im Jahre 1749 angestellet sind.

§. 1.

Die elektrische Materie muß aus sehr feinen Theilen bestehen, weil sie die gemeine Materie, und selbst die dichtesten Metalle mit einer Leichtigkeit und Freyheit durchdringt, die in selbigen nicht den geringsten merklichen Widerstand findet.

§. 2. Sollte iemand zweifeln, ob die elektrische Materie durch das Innere der Körper dringe, oder nur über und längst der Oberfläche derselben fortgehe: den wird vermuthlich eine Erschütterung, die er aus einem großen gläsernen Gefäße, durch seinen eigenen Leib gehen läßt, überzeugen.

§. 3. Die elektrische Materie ist von gemeiner Materie darinn verschieden, daß die Theile der letztern sich unter einander anziehen; die Theile der erstern aber einander wechselsweise abstoßen. Hieraus entsteht das Auseinanderfahren, welches bey den Strömen elektrischer Ausflüsse erscheint.

§. 4. Ob aber die Theile der elektrischen Materie einander gleich abstoßen, so werden sie dennoch von einer jeden andern Materie angezogen.

§. 5. Aus diesen drey Stücken der großen Feinigkeit der elektrischen Materie, dem gegenseitigen Abstoßen ihrer Theile, und dem starken Anziehen dieser Theile und anderer Materien entspringt diese Wirkung: daß eine Menge elektrischer Materie, welche an eine Masse von gemeiner Materie, die einige Größe und Länge, aber noch nicht ihre volle Ladung hat, gebracht wird, sich nach unsern Bemerkungen unmittelbar und gleichförmig durch das Ganze vertheilet.

§. 6. Die gemeine Materie ist also, in Absicht auf die elektrische flüßige Materie, eine Art eines Schwammes. Ein Schwamm würde gar kein Wasser einnehmen, wenn die Theile des Wassers nicht kleiner als die Zwischenräumchen des Schwammes wären; und dieses würde dennoch nur sehr langsam von statten gehen, wenn zwischen diesen Theilen, und den Theilen des Schwammes, keine anziehende Kraft vorhanden wäre. Er würde dasselbe auch weit schneller einsaugen, wenn das gegenseitige Anziehen der Theile des Wassers unter sich solches nicht verhinderte, welche zu trennen eine Kraft angewandt werden muß. Am schnellesten würde dieses aber von statten gehen, wenn anstatt eines Anziehens unter diesen Theilen, sich noch dazu ein inneres Abstoßen derselben fände, welches mit dem Anziehen des Schwammes gemeinschaftlich wirken könnte. Dieses ist aber der Fall zwischen der elektrischen und gemeinen Materie.

§. 7. In der gemeinen Materie findet sich fast durchgängig so viel von der elektrischen, als dieselbe in sich fassen kann. Wird mehr hinzugethan, so liegt dieselbe auf deren Oberfläche, und machet daselbst, wie wir es nennen, eine Atmosphäre aus, und wir nennen alsdann die Körper elektrisiret.

§. 8. Wir setzen hier aber voraus: daß nicht jede Art von gemeiner Materie, die elektrische mit gleicher Stärke und Kraft anziehe, und an sich halte *; wovon wir in folgendem die Ursachen angeben wollen. Ferner: daß diejenigen Körper, welche man für sich elektrische nennet, als Glas u. d. g. diese am stärksten anziehen, an sich halten, und die größeste Menge davon besitzen.

§. 9. Wir wissen, daß sich das elektrische Fluidum in der gemeinen Materie befinde; weil wir dasselbe, vermittelst der Elektrisirröhre oder der Kugel, aus selbiger herausziehen können. Wir wissen ebenfalls, daß die gemeine Materie von derselben beynahe so viel enthalte, als dieselbe enthalten kann. Denn so bald wir zu einem Theile derselben nur noch ein weniges hinzuthun, geht der Ueberfluß nicht hinein, sondern machet eine elektrische Atmosphäre. Ja wir wissen, daß die allgemeine Materie gemeiniglich nicht mehr davon besitzt, als sie fassen kann; sonst würden sich alle losen Theile derselben unter einander abstoßen, wie beständig geschieht, so bald sie elektrische Atmosphären bekommen †.

* Anm. §. 41.   † Anm. §. 47.

§. 10. Wir können zwar den wohlthätigen Nutzen, welchen dieses elektrische Fluidum in der Schöpfung gehabt hat, noch nicht vollkommen bestimmen; ohne Zweifel hat es aber dennoch einen solchen Nutzen, welcher noch dazu beträchtlich seyn muß. Wir können unterdessen einige schädliche Folgen einsehen, welche eine größere Menge desselben zuwege gebracht haben würde. Hätte nämlich diese Kugel, auf der wir leben, nach Proportion so viel von selbiger, als wir einer eisernen Kugel, einem Holze oder dergleichen mittheilen können; so würden die Theile des Staubes und anderer leichten Materien, welche sich von derselben los macheten, vermöge ihrer besondern elektrischen Atmosphären, nicht nur einander abstoßen, sondern auch von der Erde abgestoßen werden, und würden schwerlich wieder mit derselben zu vereinigen gewesen seyn. Hierdurch würde unsere Luft beständig mit mehr fremder Materie erfüllet, und also zum Othemholen untauglich geworden seyn. Wir finden also hierinn eine neue Gelegenheit, die Weisheit zu verehren, welche alle Dinge nach Maaß und Gewicht geschaffen hat.

§. 11. Wenn man setzet, ein Stück der gemeinen Materie sey ganz frey von elektrischer Materie, und man nähert ein einzeln Theilchen der letztern gegen jene; so wird dasselbe angezogen werden, in den Körper hinein gehen, und in dem Mittelpuncte desselben, oder wo sonst das Anziehen von allen Seiten gleich wäre, seinen Sitz nehmen. Dringen mehr Theilchen zugleich hinein, so nehmen sie ihren Sitz an solchem Orte, wo das Gewicht zwischen dem Anziehen der gemeinen Materie, und ihr eigenes gegenseitiges Abstoßen gleich ist. Dieses voraus gesetzet, werden diese Theile unter einander Dreyecke ausmachen, deren Seiten sich in der Maße verkürzen, wie ihre Anzahl anwächst; ja es wird dieses so lange dauern, bis die gemeine Materie so viel eingesogen hat, daß die ganze Kraft die Dreyecke durch Anziehen zusammen zu drücken, der ganzen Kraft ihrer Ausdehnung durch das Abstoßen gleich ist. Alsdann wird ein solcher Theil von Materie nichts mehr einnehmen.

§. 12. Wird ein Theil dieses natürlichen Vorrathes vom elektrischen Fluido, aus dem Stücke gemeiner Materie herausgezogen; so muß man annehmen, daß die Dreyecke, welche das übrig gebliebene machet, durch dieß gegenseitige Abstoßen der Theile wieder erweitert werden, bis sie das ganze Stück von neuem einnehmen.

§. 13. Wird der Theil des elektrischen Fluidi, so man aus dem Stücke der gemeinen Materie herausgenommen hatte, demselben wieder gegeben; so geht er hinein, und die ausgedehnten Dreyecke werden so lange zusammengepresset, bis für alles Platz wird.

§. 14. Dieses zu erläutern, nehme man zween Aepfel, oder zwo Kugeln von Holze, oder anderer Materie, deren jede ihren natürlichen Theil von dem elektrischen Fluido hat. Man hänge dieselben an seidenen Stricken an die Decke des Zimmers auf, bringe darauf den Draht einer gut geladenen Flasche, die man in der Hand hält, gegen eine von diesen Kugeln A (Fig. 7.); so wird dieselbe aus dem Drahte eine Menge des elektrischen Fluidi überkommen, wird solche aber nicht einziehen, weil sie schon voll ist, sondern das Fluidum wird sich über die Oberfläche derselben ergießen, und eine elektrische Atmosphäre machen. Man bringe A zur Berührung mit B, so wird dieser zwoten Kugel die Hälfte des elektrischen Fluidi mitgetheilet werden, wodurch itzt beyde Kugeln elektrische Atmosphären bekommen, und einander abstoßen. Man nehme hierauf die Atmosphäre durch Berührung der Kugeln weg, und lasse dieselben in ihrem natürlichen Zustande. Befestiget man darauf ein Stück Siegellack an die Mitte der Flasche, um solche dabey halten zu können, und bringt den Draht der Flasche gegen A, läßt aber zu gleicher Zeit B die Belegung berühren; so wird hiedurch ein Theil des elektrischen Fluidi aus B herausgezogen, und in A gebracht. A wird daher einen Ueberfluß dieses Fluidi enthalten, welches um dieselbe eine Atmosphäre machet; B wird aber einen eben so großen Mangel an selbigem haben. Man bringe itzt diese zwo Kugeln wieder zur Berührung unter einander, so wird die elektrische Atmosphäre nicht, wie zuvor, unter A und B in zwo kleine Atmosphären getheilet werden; sondern B wird die ganze Atmosphäre von A einziehen, und man wird beyde wieder in ihrem natürlichen Zustande finden.

§. 15. Die Gestalt der elektrischen Atmosphäre richtet sich nach dem Körper, den sie umgiebt. Man kann die Gestalt derselben in einer stillen Luft sichtbar machen, wenn man von trockenem Harze, welches man unter dem elektrisirten Körper auf einen heißen Theelöffel streuet, einen Dampf aufsteigen läßt. Dieser wird angezogen, vertheilet sich selbst nach allen Seiten gleichförmig, und bedecket und umgiebt den Körper. Er nimmt diese Gestalt an, weil er von allen Theilen der Oberfläche des Körpers angezogen wird, in dessen Substanz er aber nicht eindringen kann, weil derselbe schon gefüllet ist. Wäre hier kein Anziehen, so würde der Rauch nicht um den Körper bleiben, sondern würde in die Luft zerstreuet werden.

§. 16. Die aus elektrischen Theilen bestehende Atmosphäre, welche eine elektrisirte Kugel umgiebt, ist an der einen Stelle nicht geneigter selbige zu verlassen, als an der andern, und kann von einem Theile der Kugel nicht leichter weggenommen werden, als von dem andern; weil sie von allen Theilen gleich stark angezogen wird. Es findet sich dieser Fall aber nicht bey Körpern, welche eine andere Figur haben. Bey einem Würfel kann die Materie viel leichter aus denen 79 Ecken, als aus denen flachen Seiten abgeleitet werden: und eben dieses findet an den Ecken eines jeden Körpers von anderer Gestalt statt; am allerleichtesten geht solches bey der spitzigsten Ecke von statten. Wenn daher ein Körper, der wie A, B, C, D, E, Fig. 8. gestaltet ist, elektrisiret wird, oder eine ihm mitgetheilte elektrische Atmosphäre um sich hat, und man jede Seite desselben als eine Grundfläche ansieht, auf welcher die Theile der elektrischen Materie ruhen, und von ihr angezogen werden; so sieht man, daß, wenn man sich eine Linie aus A nach F, und eine andere aus E nach G gezogen vorstellet, derjenige Theil der Atmosphäre, welcher zwischen F, A, E, G eingeschlossen ist, die Linie A E, der Theil aber, welchen H, A, B, I einschließen, die Linie A B zu seiner Grundlinie hat. Eben so ruhet der von K, B, C, L eingeschlossene Theil auf B, C; und eben so verhält es sich an der andern Seite der Figur. Will man nun diese Atmosphäre mit einem stumpfen und glatten Körper ableiten, und nähert sich der Mitte der Seite A B; so wird man sehr nahe hinan rücken müssen, ehe die Kraft des Ableitens, die Kraft, womit diese Seite ihre Atmosphären an sich hält, übertrifft. Der kleine Theil I B K aber hat weniger Oberfläche, worauf er ruhet, und von welcher er angezogen wird. Da nun noch überdem zu gleicher Zeit sich zwischen diesem Theile und denen übrigen ein wechselsweises Abstoßen findet; so kann man denselben viel leichter und in einer größern Entfernung ableiten.

80 Zwischen F A H ist ein größerer Theil, welcher auf einer noch kleinen Fläche ruhet, und angezogen wird; man kann ihn daher noch leichter, wie den vorigen, wegnehmen. Am allerleichtesten unter allen aber geschieht solches zwischen L, C, M, wo die Menge der Materien am größten ist, die Oberfläche aber, welche selbige anzieht und zurücke hält, am kleinesten. Hat man einen von diesen Ecktheilen der flüßigen Materie abgeleitet, so tritt, vermöge der Natur des flüßigen, und des vorher erwähnten gegenseitigen Abstoßens, ein

anderer an dessen Stelle, und die Atmosphäre fährt fort, dergestalt an diesen Ecken gleich einem Strome abzufließen, bis nichts mehr übrig bleibt. Das äußerste von diesen Theilen der Atmosphäre, welche sich an diesen Ecken befinden, stehen ebenfalls weiter von dem elektrisirten Körper ab; wie man aus der Betrachtung obiger Figur ersehen kann. Die Spitze der Atmosphäre bey der Ecke C, ist viel weiter von c entfernet, als irgend ein anderer Theil der Atmosphäre so über den Linien C, B, oder B, A liegt. Weil nun die Entfernung, welche aus der Beschaffenheit der Figur entsteht, an eben die Orte hinfällt, wo das Anziehen schwächer ist; so müssen sich die Theilchen durch ihr gegenseitiges Abstoßen auch nothwendig hier in eine noch größere Weite ausbreiten. Aus diesem Grunde, glaube ich, entledigen sich elektrisirte Körper ihrer Atmosphären gegen unelektrische Körper, viel leichter und in einer größern Weite, durch die Ecken und Spitzen, als durch ihre 81 glatten Seiten. Diese Spitzen werden also, so bald der Körper eine gar zu große Atmosphäre bekömmt, dieselbe in der Luft zerstreuen, ohne daß man etwas unelektrisches dagegen bringt, welches das ausgestoßene einsöge. Die Luft, als ein für sich elektrischer Körper, ist allezeit mit mehr oder weniger Wasser, und andern unelektrischen Materien vermischet; und diese ziehen dasjenige an und ein, was dergestalt ausgeströmet wird.

§. 17. Die Spitzen haben das Vermögen, dieß elektrische *Fluidum* eben so wohl in viel größern Weiten als stumpfe Körper abzuleiten, als solches auszuströmen. Wie nämlich eine mit dem elektrisirten Körper verbundene Spitze, die Atmosphäre dieses Körpers ausströmen, oder einem andern Körper am weitesten mittheilen kann; so können auch die Spitzen unelektrisirter Körper, diese Atmosphäre von einem elektrisirten Körper, in eine viel größere Weite abführen, als irgend ein stumpfer Theil von eben demselben Körper zu thun vermögend ist. Wenn man daher eine Nadel bey dem Knopfe anfasset, und die Spitze gegen einen elektrisirten Körper hält; so leitet sie die Atmosphäre desselben schon in der Entfernung von einem Fuße ab: hält man aber statt der Spitze, den Knopf dagegen; so erfolget diese Wirkung nicht. Um dieses besser zu verstehen, stelle man sich einen Menschen vor, der auf dem Fußboden steht, und die elektrische Atmosphäre eines elektrischen Körpers rauben will. Wenn er in dieser Absicht ein Brecheisen und eine stumpfe Stricknadel, wechselsweise in die Hand nimmt, und 82 gegen den Körper hält; so wird man finden, daß er hiedurch die elektrische Materie zwar in verschiedener, aber nicht in der Verhältniß ableite, welche die beyden Massen körperlicher Materie zu einander haben. Der Mensch, nebst demjenigen, was er in der Hand hält, ist mit der allgemeinen Masse unelektrischer Materie verbunden; und also ist die Kraft, mit welcher er ableitet, in beyden Fällen eben dieselbe. Sie wird nämlich durch verschiedene Verhältniß der Elektricität, welche sich in dem elektrisirten Körper und in der allgemeinen Masse befindet, bestimmet. Nun ist die Kraft, womit elektrische Körper ihre Atmosphären durch das Anziehen an sich halten, der Oberfläche, auf welcher sich die Theilchen befinden, proportioniret, d. i. vier Quadratzolle von eben der Fläche, halten ihre Atmosphären mit viermal so viel Kraft zurück, als ein Quadratzoll seine Atmosphäre an sich hält. Und gleichwie beym Ausreissen der Haare aus einer Pferdehaut, eine Kraft, die gar nicht hinreichend ist, eine ganze Hand voll auf einmal auszureißen, dennoch solche leichtlich Haar bey Haar ausziehen kann; eben so kann ein stumpfer Körper nicht auf einmal eine ganze Menge dieser Theilchen rauben, da doch ein spitziger mit seiner nicht größern Kraft, dieselben leichtlich Theil für Theil wegzunehmen im Stande ist.

§. 18. Wie mir diese Erklärungen über die Kraft und Wirkung der Spitzen zuerst einfielen, und ich solche zuerst überdachte, schienen dieselben mir ein völliges Genüge zu leisten; nachdem ich aber dieselben aufgeschrieben habe, und sie auf dem Papiere genauer betrachte, muß ich gestehen, daß ich selber einige Zweifel dagegen hege. Weil ich aber anitzo an deren Stelle nichts besseres vorzutragen weis, mag ich dieselben dennoch nicht ausstreichen. Denn oft hat eine schlechte Auflösung, die man liest, und deren Fehler man entdecket hat, in dem Verstande eines sinnreichen Lesers eine bessere erwecket *.

§. 19. Es ist für uns von geringerer Wichtigkeit, ob wir die Art und Weise, wie die Natur ihre Gesetze ausübet, kennen; wenn wir nur die Gesetze selber wissen. So hat es, zum Beyspiele, einen wirklichen Nutzen, daß man weis, Porcelain, welches man ohne Stütze in der Luft wollte stehen lassen, falle herunter und zerbreche; wodurch aber dasselbe zum Fallen gebracht werde, und auf was für Weise es zerbreche, sind Gegenstände ernsthafter Betrachtungen. Solches zu wissen, ist ein Vergnügen; unterdessen können wir aber unser Porcelain auch ohne dieses erhalten.

* Anm. §. 48.

§. 20. In gegenwärtigem Falle, könnte auf ähnliche Weise, die Kenntniß der Kraft der Spitzen dem menschlichen Geschlechte vieleicht einigen Nutzen schaffen, ob wir gleich niemals im Stande seyn werden, dieselbe zu erklären. Genug, die folgenden Erfahrungen so wohl, alsdiejenigen, welche ich in meinen vormaligen Schriften angeführet habe, beweisen diese Kraft. Ich habe einen großen Conductor, der aus vielen Blättern von steifer Pappe zusammengesetzet, und wie eine Röhre gestaltet ist. Er ist beynahe zehen Fuß lang, und hält einen Fuß im Durchmesser. Ich habe denselben mit buntem Goldpapiere überzogen, welches fast gänzlich vergoldet ist. Diese große Metallfläche nimmt eine viel größere elektrische Atmosphäre an, als eine eiserne Stange, die funfzig mal schwerer ist. Der Conductor ist an eine seidene Schnur aufgehangen; und wenn er geladen ist, schlägt er fast auf zween Zolle weit, und giebt einen so starken Schlag, daß es dem Knöchel schmerzhaft wird. Läßt man einen Menschen, der auf dem Fußboden steht, eine Nadelspitze in der Entfernung von zwölf und mehr Zollen dagegen halten; so wird, so lange die Nadel dergestalt gehalten wird, der Conductor nicht können geladen werden: die Nadel raubet ihm das Feuer, so bald solches aus der Kugel in ihn gebracht wird. Ladet man ihn erst, und hält darauf die Spitze dagegen; so wird er schleunig entladen. Man kann im Dunkeln an der Spitze, so bald der Versuch angestellet wird, ein Licht sehen. Steht der Mensch, der die Spitze hält, auf Pech; so wird er elektrisch werden, und das Feuer in dieser Entfernung überkommen. Man versuche dagegen die Elektricität durch einen stumpfen Körper abzuleiten, z. B. mit einem Riegel, der am Ende rund und glatt ist, zu welchem Endzwecke ich mich eines Goldschmiedhammers bediene; so muß derselbe bis auf drey Zolle genähert werden, ehe man dieses wird bewerkstelligen können. Wenn solches aber erfolget, geschieht es in diesem Falle mit einem Schlage und Knalle. Hängt die Pappröhre frey an seidenen Schnüren, und man bringt das Hammereisen dagegen; so wird sich dieselbe ebenfalls gegen dasselbe bewegen, und wird, weil sie geladen ist, angezogen. Wird aber in gleicher Entfernung eine Spitze, wie zuvor, dagegen gebracht; so fällt sie wieder zurücke, weil die Spitze selbige entladet. Man nehme eine große metallene Waagschale, deren Waagbalken zween oder mehr Fuß lang ist, und an welcher die Stricke, woran die Schalen hangen, von Seide sind. Den Waagbalken hänge man an einem Bindfaden an die Decke des Zimmers dergestalt auf, daß der Boden der Schalen ungefähr um einen Fuß von dem Fußboden entfernet sind; so werden sich die Schalen bey dem Aufdrehen des Bindfadens in die Runde herum bewegen. Man schlage den eisernen Hammer mit dem einen Ende in den Fußboden, aber an solchem Orte ein, daß die Schalen bey ihrem Umlaufe über denselben weggehen müssen; elektrisire hierauf die eine derer Schalen, durch Anlegung des Drahtes von einer geladenen Flasche. Wenn sich nun die Schalen herumdrehen, so wird man sehen, daß diese Schale allezeit gegen den Fußboden angezogen wird, und tiefer fällt, wenn sie über den Hammer kömmt: ja bringt man denselben ihr in gehöriger Entfernung nahe, so wird 86 die Schale gegen denselben Funken schlagen, und ihr Feuer in denselben abgeben. Stecket man aber eine Nadel auf das Ende des Hammers, daß die Spitze derselben aufwärts steht; so wird die Schale, anstatt sich nahe gegen den Hammer zu ziehen, und Funken zu schlagen, ihr Feuer stillschweigend in die Spitze von sich geben, und von dem Hammer höher aufsteigen *. Ja selbst, wenn die Nadel in den Fußboden neben dem Hammer eingestecket wird, doch so, daß ihre Spitze aufwärts steht; so wird das Ende des Hammers, ob es gleich viel höher ist als die Nadel, die Schale dennoch nicht anziehen, und deren Feuer empfangen, dessen sich die Nadel bemächtiget, und dasselbe schon abführet, ehe solches dem Hammer nahe genug kommen kann, um in ihr zu wirken. Man wird beständig bey diesen Versuchen bemerken, daß, je größer die Menge der elektrischen Materie um die Pappröhre ist, desto weiter schlägt dieselbe und giebt ihr Feuer von sich, und in desto größerer Entfernung zieht die Spitze solches an sich. Ist nun das Feuer der Elektricität und des Blitzes einerley, wie ich weitläuftig in meinem vormaligen Briefe zu zeigen bemühet gewesen bin; so können diese Pappröhre und diese Waagschalen elektrisirte Wolken vorstellen. Wenn eine Röhre, die nur zehen Fuß im Durchmesser hat, in einer Entfernung von zween oder drey Zollen schlägt; so wird hingegen eine Wolke, die vieleicht die Größe von zehen tausend Morgen 87 Landes hat, in einer proportionirten größern Entfernung gegen die Erde schlagen. Die horizontale Bewegung der Waagschalen über dem Boden, kann die Bewegung der Wolken über der Erde vorstellen; der eiserne Hammer aber einen Berg oder hohes Gebäude auf der Erde. Man

kann hieraus sehen, wie elektrische Wolken, welche über Berge oder hohe Gebäude, in einer zum Schlagen zu hohen Entfernung weggehen, dennoch tiefer, bis auf die Entfernung, in welcher sie schlagen können, herunter gezogen werden. Wenn endlich die mit der Spitze nach oben sehende auf dem Hammer oder auch nur dem Fußboden befestigte Nadel, das Feuer aus denen Waagschalen stillschweigend, und in einer weit größern Entfernung als zum Schlagen gehöret, raubet, und dergestalt das Niedersteigen derselben gegen den Hammer verhindert, oder wenn dieselbe auch in ihrem Laufe nahe genug gekommen wäre, daß sie hätte schlagen können, solches aber itzt, da sie schon zum voraus ihres Feuers beraubet worden, nicht thun können, und der Hammer dadurch vor dem Schlage gesichert ist: wenn alles dieses, sage ich, sich so verhält; würde die Kenntniß der Kraft derer Spitzen nicht denen Menschen zum Nutzen gereichen können, wenn man dadurch Häuser, Kirchen, Schiffe u. d. g. vor dem Schlage des Blitzes zu sichern suchte? Man müßte anfangen, auf die höhesten Theile der Gebäude, aufrecht stehende eiserne Stangen zu befestigen. Diese 88 müßten so scharf als Nadeln gemachet, und, dem Roste vorzubeugen, vergoldet werden. Von dem untern Ende dieser Stangen, müßte man außen an dem Gebäude einen Draht bis in die Erde herunter gehen lassen; bey Schiffen aber müßte dieser Draht, an einem derer Mastseile herunter, und von da ins Wasser geleitet werden. Diese spitzigen Stangen würden vermuthlich das elektrische Feuer aus einer Wolke, schon weit eher ganz stillschweigend abführen, ehe dieselbe zum Schlagen nahe genug käme, und würde uns hiedurch vor diesem plötzlichen und erschrecklichen Unglücke in Sicherheit stellen.

§. 21. Die Frage auszumachen: ob die Wolken, welche Blitze enthalten, elektrisch oder nicht elektrisch sind? will ich einen Versuch vorschlagen, welchen man an solchen Orten anstellen kann, wo sich solches füglich thun läßt. Man stelle ein Schilderhaus, welches so groß ist, daß es einen Menschen und einen elektrischen Schemel fassen kann, auf die Spitze eines hohen Thurmes oder Gerüstes. Aus der Mitte des Schemels lasse man eine eiserne, zwanzig oder dreyßig Fuß lange, und an dem obern Ende scharf zugespitzte Stange, aufwärts gebogen durch die Thüre in die Höhe gehen. Wird nun der elektrische Schemel rein und trocken gehalten, so wird der Mensch, welcher auf selbigem steht, indem dergleichen Wolken niedrig überhin ziehen, elektrisch werden, und Funken geben; weil die

* Anm. §. 49.

Stange das Feuer aus den Wolken ihm zufüh-
ret. Sollte man für den Menschen einige Gefahr besorgen: welches aber, wie ich glaube, nicht
nöthig seyn wird; so lasse man ihn nur auf den
Boden seines Häuschens treten, und lasse ihn das
rundgebogene Ende eines Drahtes, dessen zwey-
tes Ende an abführende Körper befestiget ist, und
welchen er vermittelst eines Handgriffes von Lack
anfasset, zuweilen der Stange nähern. So bald
die Stange elektrisch wird, muß auf diese Weise
der Funke aus der Stange in den Draht schlagen, und dem Menschen nichts thun.

§. 22. Ehe ich diese Materie vom Blitze be-
schließe, muß ich noch einiger anderer Aehnlichkeiten zwischen demselben und der Elektricität anführen. Man weis, daß der Blitz oft Menschen
blind gemachet hat. Eine Taube, die wir dem
Anscheine nach durch den elektrischen Schlag todt
geschlagen hatten, bekam das Leben wieder; sie
ließ den Kopf verschiedene Tage hängen, aß nichts,
ob man ihr gleich die Speise vorwarf, sondern
fiel hin und starb. Wir gedachten gar nicht
daran, daß ihr das Gesicht wäre geraubet worden. Nachdem starb uns ein junges Huhn, welches ebenfalls den Schlag bekommen hatte. Dasselbe hatte sich durch wiederholtes Einblasen in
die Lunge zuerst wieder erholet; wie man es aber
auf dem Boden niedergesetzet hatte, lief dasselbe
mit dem Kopfe gegen die Wand, und war bey
der Untersuchung vollkommen blind. Hieraus
schließen wir, daß die Taube ebenfalls durch den
Schlag völlig sey geblendet worden. Das
größte Thier, welches wir mit dem elektrischen
Schlage getödtet, oder zu tödten versuchet ha-
haben, war ein altes Huhn.

§. 23. Als ich in des scharffinnigen Herrn
Dr. Miles Erzählung von Gewittern in Stret-
ham las, daß der Blitz allen Fürniß, welcher das
vergoldete Schnitzwerk eines Rahmens an einem
Tafelwerke bedeckte, abgerissen hätte, ohne das
übrige im geringsten zu verletzen; nahm ich mir
vor, einen Ueberzug von Fürniß, über die Vergoldung auf dem Bande eines Buches zu machen,
und zu versuchen, was ein starker Blitz aus einer geladenen Glasplatte, wenn man ihn durch
das Gold gehen ließ, für Wirkung haben würde.
Weil ich aber keinen Fürniß zur Hand hatte,
klebte ich einen länglichten Streifen Papier darüber, und ließ, so bald solches trocken war, einen
Blitz durch die Vergoldung gehen. Das Papier ward hiedurch von einem Ende zum andern
abgerissen, und zwar mit solcher Macht, daß selbiges an verschiedenen Stellen durchlöchert war;
an andern aber, die Narbe des türkischen Leders,

worinn das Buch gebunden war, mit abgerissen
hatte. Ich ward hiedurch überzeugt, daß, wenn
dieses ein Fürniß gewesen wäre, derselbe auf
eben die Art, als an dem Tafelwerke zu Stret-
ham, abgerissen seyn würde.

§. 24. Der Blitz schmelzet Metalle. In
meinem letzten Briefe von dieser Sache hatte ich
schon zu verstehen gegeben, daß ich vermuthete,
derselbe möchte vielleicht eine kalte Schmelzung
seyn. Ich verstehe hier keine Schmelzung durch
Kälte, sondern eine Schmelzung ohne Wärme.
Wir haben itzt durch den elektrischen Blitz ebenfalls Gold, Silber und Kupfer in kleinen Stük-
ken geschmolzen. Die Art zu verfahren, ist folgende. Man nimmt geschlagenes Goldsilber
oder vergoldetes Kupfer, welches man gemeiniglich
Blatmetall, oder holländisch Gold nennet. Von
diesem Golde schneidet man einen länglichten
Streifen, in der Breite eines Strohhalmes, ab.
Diesen Streifen leget man zwischen zwey schmale Stücken von einem Glase, die ungefähr einen
Finger breit sind. Wenn ein Streifen, der die
Länge des ganzen Blates hat, für das Glas
nicht lang genug ist; so muß man noch einen andern an das Ende desselben anlegen, damit an beyden Enden des Glases, ein kleiner Theil davon
los heraushänge. Die Glastäfelchen bindet
man von einem Ende zum andern mit einem starken seidenen Faden zusammen, und legt dieselben dergestalt, daß sie ein Glied des elektrischen
Erschütterungszirkels ausmachen. Die kleinen her-
aushängenden Enden des Goldes dienen dazu,
daß man die übrigen Theile des Zirkels mit ihm
verbinden kann. Hierauf läßt man den Blitz
aus einem großen elektrisirten Kolben oder Glasplatten durchschlagen. Wenn nun die Gläser
hiebey nicht zerbrochen sind, so wird man gewahr
werden, daß das Gold an vielen Stellen fehlet,
und daß statt dessen, sich an beyden Gläsern metallische Flecken finden. Diese Flecken sind an dem
obern und untern Glase, bis auf die kleinesten
Striche, vollkommen ähnlich; wie man deutlich
sieht, wenn man sie gegen das Licht hält. Es
scheint, daß hier das Metall nicht nur geschmolzen, sondern so gar zu Glas geworden, oder dennoch auf andere Art, dergestalt in die Zwischenräume des Glases hineingetrieben sey, daß es von
demselben für der Wirkung des schärfsten Schei-
de- und Goldwassers gesichert wird *. Ich sende
Ihnen hiebey zwey kleine Stücken Glas eingeschlossen, auf welche sich diese metallische Flecken

* Anm. §. 50.

befinden, die man, ohne ein Theil von dem Glase selbst mit wegzunehmen, nicht abbringen kann. Zuweilen breiten sich die Flecken etwas weiter aus, als die Breite des Goldstreifens ist, und scheinen an den Ränden breiter zu seyn; wie Sie selber bey genauer Besichtigung an gegenwärtigen werden bemerken können. Zuweilen zerbrechen die Gläser. Einmal brach mir das oberste Glas in tausend Stücken, die wie Kochsalz aussahen. Ich übersende Ihnen diese Stücken, welche noch mit den Goldflecken besprenget sind. Aecht Gold giebt dunklere Flecken, die etwas röthlich fallen. Silber giebt selbige etwas grünlich. Wir nahmen einmal zwey Stücke von dickem Spiegelglase, so breit als ein verjüngter Maaßstab, und sechs Zoll lang, legten Blatgold dazwischen, und brachten sie zwischen zwey glatte gehobelte Hölzer, mit welchen wir dieselben unter eine Buchbinderpresse feste zusammen schraubeten. Ob sie nun gleich so genau zusammen

93 lagen, zerschlug der elektrische Schlag das Glas dennoch in viele Stücken. Das Gold war hiebey geschmolzen, und, wie gewöhnlich, in das Glas eingeschmolzen. Die Umstände bey dem Zerbrechen des Glases sind sehr verschieden. Zuweilen zerbricht dasselbe gar nicht. Man findet aber beständig, daß die Flecken des obern und untern Theiles vollkommen auf einander passen. Wenn ich gleich das Glas unmittelbar nach dieser Schmelzung mit den Fingern aufgenommen habe, so habe ich dennoch niemals die geringste Wärme darinnen verspüren können.

§. 25. In einem meiner vorigen Briefe habe ich Erwähnung gethan, daß die Vergoldung eines Buches, welche anfangs die Erschütterung vollkommen gut fortpflanzet, nach wenigen damit angestellten Erfahrungen, solches weiter nicht thut; wovon wir damals keinen Grund angeben konnten. Seit dem haben wir gefunden, daß ein starker Schlag, das Zusammenhängen des Goldes an der Vergoldung unterbricht, und demselben das Ansehen eines Goldstaubes giebt, indem viele von den Theilen desselben zerbrochen und abgerissen werden. Ja es wird dasselbe selten mehr als einen starken Schlag durchführen. Vielleicht ist die Ursache davon diese. Wenn in dem Zirkel kein völliger Zusammenhang ist, so muß das Feuer über die leeren Stellen laufen; es kann dasselbe aber seiner Stärke nach nur immer über eine bestimmte Weite fortgehen. So bald nun eine Menge von dergleichen ledigen Stellen, die

94 dennoch jede für sich sehr klein seyn können, größer wird, als diese Weite; so kann dasselbe nicht über

dieselben hinlaufen, und die Erschütterung wird dergestalt unterbrochen *.

§. 26. Aus dem oben angeführten Gesetze der Elektricität: daß Spitzen, nachdem sie mehr oder weniger scharf sind, die elektrische Materie mit mehr oder weniger Kraft, in größerer oder kleinerer Entfernung, und in größerer oder geringerer Menge, in gleichen Zeiten ableiten; können wir die Stellung eines Goldblättchens erklären, welches zwischen zwo Platten, deren obere beständig elektrisch bleibt, die untere aber von einem auf dem Fußboden stehenden Menschen in der Hand gehalten wird, gleichsam aufgehangen werden kann. Wenn die obere Platte elektrisiret wird, so wird das Blat angezogen, und steigt gegen dieselbe in die Höhe, würde auch, wann dessen eigene Spitze dasselbe nicht hinderte, an dieselbe hinan fliegen. Die Ecke, welche nach oben zu gekehret ist, indem das Goldblat aufsteigt, stellet wegen der großen Dünne des Goldes eine scharfe Spitze vor, und kann daher schon in einiger Entfernung eine zureichende Menge der elektrischen Materie anziehen, und annehmen, um sich selbst mit einer elektrischen Atmosphäre zu versehen. Hiedurch wird dessen Annäherung gegen die obere Platte aufgehalten. Es fängt an von dieser Platte abgestoßen zu werden, und würde gegen die untere Platte wieder zurücke getrieben werden.

95 Die untere Ecke desselben ist aber ebenfalls eine Spitze, welche den Ueberfluß der Atmosphäre des Blättgens eben so schnell abführet und entladet, als die obere Ecke dieselben anzieht. Wären diese beyden Spitzen gleich scharf, so würde das Blat seinen Stand genau in der Mitte nehmen; denn die Schwere desselben ist, in Absicht der Kräfte welche auf dasselbe wirken, für nichts zu schätzen. Es bleibt aber gemeiniglich der untersten Platte am nähesten, und zwar aus folgender Ursache. Wenn das Blat zuerst gegen die elektrisirte Platte gebracht wird; so wird gemeiniglich die schärffste Spitze desselben zuerst gerühret, und hebt sich also diese zuerst gegen jene empor. Diese Spitze kann wegen ihrer größern Schärfe, die flüßige Materie stärker einnehmen, als die derselben entgegen stehende Spitze solche in einer gleichen Weite von sich strömen kann. Dasselbe muß sich dahero von der elektrisirten Platte entfernen, und sich der unelektrischen Platte so lange nähern, bis es in einen Stand kömmt, wo das Ausströmen dem Einströmen dadurch völlig gleich wird, daß letzteres

* Anm. §. 51.

vermindert wird, ersteres aber anwächst. Hier bleibt das Blat so lange stehen, als die Kugel fortfährt frische Materie zuzuführen. Alles dieses sieht man sehr deutlich, wenn der Unterschied der Schärfe derer Ecken sehr groß gemachet wird. Man gebe einem Goldblate, als welches wegen seiner größern Kraft zu diesem Versuche am besten geschickt ist, die Gestalt der 10. Fig. Die [96] oberste Ecke machet einen rechten Winkel, die zwo nähesten an der Seite sind stumpf, und die unterste machet einen sehr spitzigen Winkel. Man führe das Blat mit der untern Platte dergestalt unter die obere elektrisirte Platte, daß die rechtwincklichte Ecke zuerst in die Höhe steigt; welches man sehr bequem zuwege bringen kann, wenn man den spitzigen Theil so lange mit der hohlen Hand bedecket. Alsdann wird man sehen, daß dieses Blat seinen Stand viel näher an der obern, als an der untern Platte nehmen wird. Es kann nämlich, ohne so nahe zu seyn, an seiner recht winklichten Ecke die Materie nicht so schnell einnehmen, als es die spitzige Ecke dieselbe ausströmet; kehret man das Blat mit seinem spitzigen Theile aufwärts, so wird dasselbe seinen Stand näher gegen die untere Platte nehmen. Es würde nämlich, wenn dieses nicht geschähe, durch die schärfere Spitze schneller einnehmen, als es durch die rechtwinklichte ausströmen kann. Der Unterschied der Entfernungen ist also dem Unterschiede der Schärfe allezeit proportioniret. Indem man das Blat selbst zurechte schmiedet, muß man sich vorsehen, daß man an den Seiten keine kleine rauhe Theilchen sitzen lasse; als welche sonst an solchen Orten, wo man dieselben nicht haben will, zu viel Spitzen machen. Man kann diese Figur endlich unten so spitzig und oben so stumpf machen, daß man keiner untern Platte bedarf; indem dieselbe schnell genug in die Luft ausströmet. Machet man dieselben schmäler, wie die Figur zwischen den punctirten [97] Linien; so nennen wir dieselbe, wegen der Art sich zu bewegen, den goldenen Fisch. Denn wenn man diesen bey dem Schwanze anfasset, und in einer Entfernung von einem Fuße oder mehr waagerecht gegen den ersten Conductor hält; so wird derselbe, so bald man ihn los läßt, denselben mit einer lebhaften aber schlänglenden Bewegung, mit der ein Aal durchs Wasser geht, hinfliegen. Er wird hierauf seinen Platz unter dem ersten Conductor, ungefähr in der Weite von einem viertel oder halben Zoll nehmen, und sein beständiges Schütteln mit dem Schwanze, welches dem von einem Fische gleicht, fortsetzen, und also gleichsam lebendig scheinen. Wendet man den Schwanz gegen den ersten Conductor, so fliegt er gegen den

Finger, und scheint gleichsam an demselben zu nagen. Hält man in der Weite von sechs oder acht Zollen eine Platte unter demselben, und höret auf die Kugel zu drehen; so wird er, wenn die elektrische Atmosphäre vom ersten Conductor abnimmt, gegen die Platte herrunter fallen, und verschiedene male, mit eben der fischförmigen Bewegung, zum größten Vergnügen der Zuschauer, zurücke schwimmen. Durch eine kleine Uebung im Abstumpfen oder Schärfen der Köpfe oder Schwänze dieser Figuren, kann man machen, daß sie einen Platz, wie man es verlanget, der elektrisirten Platte näher oder weiter davon einnehmen. *

§. 27. In dem achten Abschnitte dieses Briefes ist gesaget; daß wir dafür halten, daß nicht alle [98] Arten von gemeiner Materie dieß elektrische Fluidum mit gleicher Stärke anziehen; daß aber diejenigen Körper, die man für sich elektrische nennet, als Glas und s. f. dasselbe am stärksten anziehen und an sich halten, auch die größte Menge davon besitzen. Dieser letztere Satz wird einigen ungereimt vorkommen; weil er der bishero angenommenen Meynung zuwider ist. Ich will mich dahero itzt bemühen, denselben deutlich zu machen.

§. 28. Man bedenke zuerst: daß wir bisher auf keine bekannte Weise, das elektrische Fluidum durch das Glas hindurch bringen können. Ich weis sehr wohl, daß man gemeiniglich denket, dasselbe gehe sehr leichte durch Glas. Man pfleget die Erfahrung von der in einem hermetisch sigillirten Glase an einem Faden aufgehangenen Ende, welches durch Annäherung der geriebenen Glasröhre gegen die äußere Seite des Glases in Bewegung gesetzet wird, solches zu beweisen, anzuführen. Geht aber das elektrische Fluidum so leichte durch Glas; warum wird die Flasche, wie wir es nennen, geladen, wenn wir dieselbe in der Hand holten? Würde nicht das Feuer, welches durch den Draht hinein gebracht wird, durch unsere Hand weggehen, und sich darauf in den Boden vertheilen? Würde nicht die Boutellie in diesem Falle so ungeladen bleiben, als wir dieselbe gefunden hatten, wie wir wissen, daß eine Metallflasche, mit welcher man dieses versuchet, seyn würde? In der That, wenn der kleineste Riß die geringste Unterbrechung des in einem fortgehenden Zusammenhange [99] des Glases, wenn selbiger auch so enge wäre, daß nicht das mindeste, so viel wir merken, durchgehen kann, sich in dem Glase findet; so geht das äußerst feine elektrische Fluidum durch einen solchen Riß dennoch mit der größten Freyheit hin-

* Anm. § 52.

durch, und es ist bekannt, daß eine solche Boutellie niemals könne geladen werden. Was machet also den Unterschied zwischen einer solchen Boutellie, und einer andern die unzerbrochen ist, als nur dieses; daß das Fluidum durch die eine, aber nicht durch die andere, frey hindurch gehen kann.

§. 29. Es ist wahr, eine gewisse Erfahrung scheint bey dem ersten Anblicke hinreichend zu seyn, einen schlechten Beobachter darinn ein Genüge zu leisten, daß das Feuer, welches durch den Draht in die Boutellie hineingebracht wird, wirklich durch das Glas hindurch gehe. Sie besteht in folgendem. Man setze eine Boutellie unter dem ersten Conductor auf einen gläsernen Fuß. Von eben diesem Conductor lasse man eine Kugel an einer Kette bis auf den vierten Theil eines Zolles von dem Drahte der Boutellie herunter hängen, und lege den Knöchel des Fingers auf den Glasfuß in eben der Entfernung von der Belegung der Boutellie, als die Kugel von dem Drahte absteht. Wenn man itzt die Kugel drehen läßt, so wird ein Funcken aus der Kugel gegen den Draht der Flasche schlagen; in eben dem Augenblicke aber, wird man sehen und fühlen, daß von der Belegung gegen den Knöchel ebenfalls ein Funcke schlägt, der mit dem vorigen vollkommen von einerley Stärke ist: und so geht es von Funken zu Funken immer fort. Dieses nun giebt das Ansehen, als würde alles, was die Boutellie oben empfängt, von ihr unten wieder ausgeströmet. Dem allen unerachtet, wird die Boutellie auf diese Weise geladen: und kann also das Feuer, welches auf diese Weise die Boutellie verläßt, ob es gleich der Menge nach eben so viel beträgt, dennoch nicht eben dasjenige wahre Feuer seyn, welches durch den Draht hinein gegangen ist; wäre dieses, die Flasche würde wohl ungeladen bleiben.

§ 30. Woferne aber das Feuer, welches auf diese Weise die Boutellie verläßt, nicht eben dasselbe ist, so durch den Draht hinein gebracht ward; so muß es ein Feuer seyn, das sich schon zum voraus, ehe die Arbeit noch anging, in der Boutellie, das ist, in dem Glase der Boutellie, befindet.

§. 31. Hieraus aber folget, daß in dem Glase selbst ein großer Vorrath von diesem Feuer vorhanden sey; weil selbst aus sehr dünnem Glase eine große Menge desselben heraus geht.

§. 32. Daß dieses elektrische Fluidum oder Feuer vom Glase heftig angezogen werde, wissen wir aus der Lebhaftigkeit und Heftigkeit, mit welcher selbiges bey gegebener Gelegenheit von denjenigen Theilen, welche dessen sind beraubet worden, wieder eingenommen wird. Eben dieses kann man aber auch schon daraus schließen, daß wir aus einer Masse Glases von dem elektrischen Feuer nicht den geringsten Theil heraus ziehen, oder die ganze Masse minus elektrisiren können, wie solches bey einer Masse von Metall angeht. Wir können den ganzen Vorrath desselben weder vermindern noch vermehren; was das Glas hat, das behält es. Es hat aber so viel, als es zu halten vermag. Die Zwischenräume desselben sind so stark damit angefüllet, als das gegenseitige Abstoßen der Theile zulassen will; und was schon darinn ist, widerstrebet und treibt das Hinzukommende zurücke. Das elektrische Fluidum so sich im Glase befindet, in eine Bewegung zu setzen, haben wir keinen, als diesen einzigen Weg; daß man einen Theil der beyden Flächen eines dünnen Glases, mit unelektrischen Körpern bedecket, und darauf einen neuen Vorrath von diesem Fluido an die eine dieser Seite anbringt. Dieser breitet sich in dem unelektrischen Körper aus; und weil derselbe dadurch mit dieser Oberfläche verbunden ist, wirket er durch seine abstoßende Kraft in die Theile des elektrischen Fluidi, welche sich in der andern Oberfläche befinden, und die dadurch aus dem Glase in den unelektrischen Körper, welcher sich an dieser Seite befindet, getrieben werden. Diese werden hierdurch abgeleitet, und jene von neuem hinzugeführten Theile können also an der geladenen Seite eindringen. Ist dieses geschehen, so befindet sich in dem Glase weder mehr noch weniger als vorher. Dasselbe hat an der einen Seite so viel verloren, als es an der andern wieder eingenommen hat.

§. 33. Ich empfinde hier einen Mangel an Ausdrücken, und zweifele sehr, ob ich werde im Stande seyn können, diese Sache verständlich zu machen. Durch das Wort Oberfläche verstehe ich hier in diesem Fall, keine bloße Länge und Breite ohne Dicke: sondern wenn ich von der Ober- und Unterfläche eines Glases, und der äußern oder innern Fläche der Flasche rede; so verstehe ich die Länge, Breite und die halbe Dicke, und bitte mir die Gewogenheit aus, daß man mich so verstehen wolle. Ich nehme an; das Glas habe in seiner ersten Entstehung und in dem Schmelzofen, nicht mehr von dem elektrischen Fluido in sich, als jede andere gemeine Materie. Wenn es geblasen ist, so werden die Zwischenräume desselben, indem es abgekühlet wird, und die Theile des gemeinen Feuers dasselbe verlassen, ein leerer Raum. Die Theile, welche das Glas ausmachen, sind sehr fein; welches ich daraus schließe, weil dasselbe im Bruche niemals eine rauhe, sondern allezeit eine polirte Fläche bekömmt. Aus dieser Feinigkeit der Theile schließe ich aber ferner, daß die Zwischenräume desselben ebenfalls über alle maßen enge seyn müssen; welches denn die Ursache ist, daß weder Scheidewasser, noch sonst ein Menstruum das wir kennen, hineindringen und diese Substanz auflösen kann. Keine einzige uns bekannte flüßige Materie, das gemeine Feuer und das elektrische Fluidum ausgenommen, ist fein genug, in dasselbe einzudringen. Wenn nun, wie gesaget, das weggehende Feuer einen leeren Raum in den Zwischenräumen läßt, welchen zu füllen oder da hineinzutreten weder Luft noch Wasser fein genug sind; so wird das elektrische Fluidum, welches allenthalben in alle dem, was wir unelektrisch nennen, und in denen unelektrischen Vermischungen die sich in der Luft befinden schon bereit ist, hineingezogen. Es wird hier aber nicht an die Substanz des Glases feste gemachet, sondern befindet sich daselbst wie Wasser in einem lockern Steine. Es wird einzig und allein von dem Anziehen der festen Theile angehalten, und ist dennoch für sich los und ein flüßiges Wesen. Ich setze ferner zum voraus, daß bey der Abkühlung des Glases, der Bau desselben in der Mitte am dichtesten wird, und eine Art von Abtheilung ausmachet, deren Zwischenräumchen so enge sind, daß die Theile des elektrischen Fluidi, welche zu gleicher Zeit in beyde Oberflächen dringen, dennoch hier nicht durchdringen, oder von einer Fläche zu der andern durchgehen, und sich dergestalt nicht mit einander mischen können. Können aber gleich die Theile des elektrischen Fluidi, welche eine jede der Flächen eingesogen hat, hier nicht selbst zu den Theilen, welche sich in der andern Fläche befinden, durchdringen; so vermag dennoch die abstoßende Kraft derselben dieses, und auf diese Art wirken sie dennoch in einander. Die Theile des elektrischen Fluidi haben eine Kraft sich unter einander abzustoßen; durch die anziehende Kraft des Glases aber, werden dieselben verdichtet und enger zusammen gedrücket. Wenn nun das Glas von dem elektrischen Fluido so viel eingesogen, und durch sein Anziehen enger zusammengedrücket hat, daß die Kraft des Anziehens und der Verdichtung in dem einen, der Kraft der Ausdehnung in dem andern gleich ist; so kann dasselbe nicht mehr einsaugen: dasjenige aber, was das Glas unter diesen Umständen enthält, machet die Quantität aus, welche das Glas beständig behält. Jede Oberfläche für sich würde zwar noch ein mehreres einnehmen können; so aber widersteht das Abstoßen desjenigen, das in den entgegengesetzten Flächen sich befindet, diesem fernern Eindringen in die erstere. Die Menge dieses Fluidi, welche sich in jeder Fläche befindet, ist gleich, und daher ist auch die Wirkung ihres Abstoßens in einander gleich; die eine kann die andere nicht heraustreiben. Wird nun in die eine Oberfläche mehr hineingetrieben, als das Glas natürlicher Weise einziehen kann; so vermehret dieses die abstoßende Kraft an dieser Seite, und überwältiget dieß Anziehen der entgegengesetzten. Es wird daher ein Theil des Fluidi, welches von dieser Fläche war eingesogen worden, herausgetrieben, woferne nur ein unelektrischer Körper da ist, der dasselbe so gleich einsaugen kann. In allen Fällen, wo das Glas elektrisiret wird, um eine Erschütterung zu geben, findet sich dieses. Die Oberfläche, welche dergestalt dadurch ledig geworden ist, daß deren elektrisches Fluidum herausgetrieben worden, nimmt eine gleiche Menge mit Heftigkeit wieder ein, so bald nur das Glas Gelegenheit findet, den hinzugelegten Theil der andern Fläche, welcher mehr betrug, als dasselbe durch das Anziehen dieser andern Fläche halten konnte, und durch dessen hinzukommendes Abstoßen der leere Raum verursachet ward, wieder auszulassen. Was die Erfahrungen betrifft, welche dieser Hypothese günstig zu seyn scheint, ich will nicht sagen, dieselbe befestigen; so muß ich, das Wiederholen zu vermeiden, Sie wieder auf dasjenige zurückweisen, was ich in meinen vorigen Briefen von der elektrischen Flasche gesagt habe *.

§. 34. Wir wollen einen Versuch anstellen, wie man aus obigem noch verschiedene andere Erscheinungen erklären könne. Glas ist ein elastischer Körper; vielleicht hat dasselbe seine Elasticität gewissermaßen dem Daseyn einer so großen Menge dieses abstoßenden Fluidi zu danken. Wird dasselbe gerieben, so muß die Oberfläche ein wenig ausgedehnet, und die festen Theile desselben müssen ein wenig auseinander gezogen werden. Hierdurch werden die Zwischenräume, in welchen die elektrische Materie ihren Sitz hat, erweitert, und geben Platz für eine größere Menge von diesem Fluido. Dieses Fluidum wird aus dem reibenden Küssen oder Hand unmittelbar in das Glas hineingezogen, in diesen Körpern aber aus dem allgemeinen Vorrathe wieder ersetzet. So bald nun aber in diesen dergestalt geöffneten und angefüllten Theilen das Reiben aufhöret, schließen sich dieselben wieder zusammen, und pressen das Ueberflüßige auf die Oberfläche her-

* Anm. §. 53.

aus. Hier ruhet dasselbe so lange, bis dieser Theil wieder an das Küssen herum kömmt; woferne demselben nicht ein unelektrischer Körper, dergleichen der erste Conductor ist, aufstößt, ehe er noch so weit herum kommen kann *. Wird die inwendige Seite der Kugel mit einem unelektrischen Körper beleget; so treibt das hinzukommende Abstoßen des elektrischen Fluidi, welches auf diese Weise durch das Reiben in denjenigen Theilen der Kugel, welche gerieben werden, gesammlet wird, eben so viel aus der innere Fläche in die unelektrische Belegung heraus. Diese nimmt solches an, und leitet es von den geriebenen Theilen durch die Achse der Kugel und dem Gestelle der Maschine in die allgemeine Masse. Daß von neuem gesammlete Fluidum kann so dann in die äußere Fläche hineindringen und darinn bleiben. Von dem ersten Conductor wird aber in diesem Falle gar nichts, oder doch nur ein sehr weniges, angenommen werden. Kömmt dieser geladene Theil der Kugel wieder zu dem Küssen herum; so giebt die äußere Fläche ihr überflüßiges Feuer wieder in das Küssen, die entgegengesetzte Seite bekömmt aber zu gleicher Zeit eben so viel wieder aus dem Boden. Ein jeder Electricus weis, daß eine Kugel, die inwendig naß ist, wenig oder gar kein Feuer geben will. Es hat sich aber, so viel ich weis, bisher keiner unterstanden, die Ursache davon anzugeben.

§. 35. Eben dieses erfolget, wenn man eine Glasröhre mit einem unelektrischen Körper beleget. Man erhält, indem man selbige reibt, wenig oder gar kein Feuer. Was durch den niedergehenden Strich aus der Hand gesammlet wird, geht in die Zwischenräumchen des Glases hinein, und treibt aus der innern Fläche eben so viel in die unelektrische Belegung heraus: indem aber die Hand wieder heraufgeht, um den zweyten Strich zu thun; nimmt sie alles, was in die äußere Fläche hineingebracht war, wieder heraus, und die innere Fläche bekömmt dasjenige wieder zurücke, was sie der unelektrischen Belegung mitgetheilet hatte. Auf diese Weise gehen die Theile des elektrischen Fluidi, welche zu der innern Fläche gehören, bey jedem Striche der Röhre, in ihren Zwischenräumchen aus und ein. Man stoße einen Draht in die Röhre hinein, daß dessen inwendiges Ende die unelektrische Belegung berühret; so wird dieses Instrument die Leidensche Boutellie vorstellen. Man lasse einen zweyten Menschen den Draht berühren, indem man selber reibt; so wird das Feuer, welches aus der

inwendigen Fläche herausgetrieben wird, durch denselben in die allgemeine Masse weggehen, durch eben dieselben aber wieder zurücke kommen, wenn die inwendige Fläche ihren Theil wieder annimmt. Es kann daher diese neue Art von Erschütterungsglase auf diese Weise nicht geladen werden, welches dennoch folgendermaßen möglich ist. Man lasse nach jedem Striche, bevor man die Hand wieder zu einem neuen Striche in die Höhe gehen läßt, die zwote Person ihren Finger an den Draht legen, einen Funken ziehen, und darauf den Finger zurücke nehmen. Hierauf fahre man fort, bis eine Menge von Funken ausgezogen ist. Es wird hiedurch die innere Fläche erschöpfet, die äußere aber geladen werden. Itzt wickele man einen Bogen Goldpapier um die äußere Fläche, umfasse denselben mit der Hand; so kann man eine Erschütterung bekommen, wenn man den Finger der andern Hand gegen den inwendigen Draht bringt. Die ledigen Zwischenräume der innern Fläche ziehen nämlich ihren Theil wieder ein; die überladenen der äußern Fläche aber, geben den empfangenen Ueberfluß wieder heraus. Das Gleichgewicht wird also hier vermittelst eines dritten Körpers ersetzet, welches durch das Glas allein nicht geschehen konnte. Pumpet man die Luft aus der Röhre, so ist keine unelektrische Belegung, welche der Draht berühret, nöthig; weil das elektrische Feuer im luftleeren Raume, auch ohne einen unelektrischen Zuleiter, sich von der innern Fläche eben so frey entfernen kann. Die Luft hält diese Bewegung auf. Denn als ein für sich elektrischer Körper, zieht sie dasselbe nicht an; indem sie schon ihren Theil besitzt. Für sich leitet die Luft niemals die elektrische Atmosphäre eines Körpers ab, als nur in Proportion der unelektrischen Theilchen, mit welchen sie vermischet ist. Sie hält vielmehr diese Atmosphäre beysammen, die wegen des Abstoßens ihrer Theile sich zu zertheilen suchet, und sich im luftleeren Raume sogleich zerstreuet *. Man kann auf eben diese Weise die Erfahrung mit der in einem hermetisch sigillirten Glase eingeschlossenen Feder, die sich doch bey Annäherung einer geriebenen Röhre beweget, erklären. Wenn ein fremder Theil des elektrischen Fluidi, vermittelst der Atmosphäre der Glasröhre, an die eine Seite des Gefäßes gebracht wird; so wird aus der innern Fläche des Gefäßes ein Theil herausgetrieben, und zurück gestoßen, wodurch die Feder in Bewegung gesetzet wird. Zieht man nun die Röhre mit ihrer Atmosphäre wieder zurück; so tritt dieser Theil wieder in seinen Ort

* Anm. §. 54.

* Anm. §. 55.

zurück, und die Theile der äußern Atmosphäre gehen dennoch im geringsten nicht selbst durch das Glas bis an die Feder. Eine jede andere Erscheinung, wo Glas und die Elektricität einen Einfluß hat, wird, glaube ich, mit gleicher Leichtigkeit aus dieser Hypothese können erkläret werden. Dem allen unerachtet, ist sie vieleicht nicht die wahre, und ich werde demjenigen sehr verbunden seyn, der mir eine bessere mittheilen wird *.

§. 36. Der Unterschied zwischen unelektrischen Körpern, und dem Glase, oder für sich elektrischen Körpern, besteht, meiner Meynung nach, in folgenden zwey Stücken. Erstlich: Ein unelektrischer Körper leidet gar leicht eine Veränderung in Absicht auf die Menge des elektrischen Fluidi, welches er in sich hat. Man kann die ganze Quantität desselben vermindern, indem man einen Theil davon ableitet, welchen aber der ganze Körper wieder einnehmen wird. Bey dem Glase kann man hingegen nur denjenigen Theil desselben vermindern, der sich in einer von denen Oberflächen befindet. Ja auch dieses nicht einmal, woferne man nicht zu gleicher Zeit der andern Fläche eben so viel wieder giebt. Das ganze Glas hat diesem zufolge, in beyden Flächen zusammen genommen, allezeit gleich viel. Dieses kann aber nur bey dünnem Glase zuwege gebracht werden. Wir haben nicht Stärke genug, diese Veränderung über eine bestimmte Dicke desselben zu treiben. Zweytens: In einem unelektrischen Körper beweget sich das elektrische Feuer frey von einem Orte zum andern, in und durch die Substanz dieses Körpers; durch die Substanz des Glases geht dieses aber nicht dergestalt von statten. Wenn man eine Quantität dieses Feuers gegen das Ende einer langen metallenen Stange bringt, nimmt dieselbe solches an. Wenn dasselbe hinein tritt, so stößt ein jeder Theil, der zuvor in der Stange war, denjenigen, der ihm am nächsten ist, gegen das äußerste Ende fort, wo selbst der Ueberfluß abströmet. Wenn der Draht einen Theil des Erschütterungszirkels, bey denen Erschütterungsversuchen ausmachet; so geschieht dieses in einem Augenblicke. Das Glas hingegen läßt wegen der Dichtigkeit seiner Zwischenräumchen, oder des starken Anziehens dessen, so es in seinem Zwischenraume enthält, eine dergleichen freye Bewegung nicht zu. Eine Glasstange leitet keine Erschütterung fort; ja das dünnste Glas leidet nicht, daß ein einziger Theil der elektrischen Materie aus einer Oberfläche desselben in die andere übergehe.

§. 37. Wir sehen hieraus die Unmöglichkeit des Erfolges der vorgegebenen Versuche * ein, durch welche man die ausfließenden Kräfte unelektrischer Körper, wie zum Beyspiele des Zimmets, aus selbigem herausziehen, und mit dem elektrischen Fluido vermischen, und solche mit diesem zugleich in den Leib bringen will; indem man selbige zu diesem Ende in die Kugel einschließt, und darauf dieselbe reibt. Wenn sich auch hier gleich die Ausflüsse des Zimmets mit dem elektrischen Fluido, inwendig in der Kugel mit einander vermischeten; so würden dieselben dennoch niemals zusammen durch die Zwischenräumchen des Glases dringen, und sich in den ersten Conductor verbreiten können: weil das elektrische Fluidum selbst nicht einmal herauskommen kann. Der erste Conductor wird jederzeit aus dem reibenden Küssen, und dieses wieder aus dem Fußboden gefüllet. Umgekehrt; wenn die Kugel mit Zimmet oder mit einem andern unelektrischen Körper angefüllet ist; so kann man, wegen oben angeführter Ursachen, auf der äußern Oberfläche keine Elektricität erregen. Ich habe es auf einem andern Wege versuchet, welchen ich geschickter hielte, eine Vermischung der elektrischen Ausflüsse mit andern, woferne solche möglich gewesen wäre, zu erhalten. Ich legte unter mein Küssen eine Glasplatte, um dadurch die Gemeinschaft des Küssens mit dem Fußboden abzuschneiden. Hierauf brachte ich eine kleine Kette von dem Küssen in ein Glas mit Terpentinöhl, ließ aber eine andere Kette aus dem Oehle an den Fußboden herunter gehen, und verhinderte, daß die Kette, die von dem Küssen ins Oehl herabgieng, das Gestelle der Maschine nirgends berühren möchte. An dem ersten Conductor war eine andere Kette befestiget, welche ein Mensch, um elektrisiret zu werden, in der Hand hielte. Die Enden der Ketten in dem Glase waren einen Zoll weit von einander entfernet, und das Oehl befand sich zwischen denselben. Wenn nun die Kugel gedrehet ward, so konnte dieselbe kein Feuer aus dem Boden durch die Maschine einsaugen; denn die Verbindung war an dieser Seite durch die dicke Glasplatte unter dem Küssen abgeschnitten. Sie mußte dasselbe daher aus denen Ketten nehmen, deren Enden in das Terpentinöhl eingetunket waren. Weil aber das Terpentinöhl für sich elektrisch ist, so konnte dasselbe das Feuer aus dem Boden nicht fortpflanzen, sondern dieses mußte von dem Ende der einen Kette gegen das Ende der andern durch das Oehl hinüber schlagen; welches man auch an denen

---

* Anm. §. 56.

* Anm. §. 57.

starken Funken deutlich sehen konnte. Dasselbe hatte ja auf diese Weise die beste Gelegenheit, in diesem Durchgange einige der feisten Theile des Oehles mit sich wegzuführen; unterdessen erfolgete diese Wirkung im geringsten nicht. Ich konnte auch in dem Knalle, der auf diese Weise gesammleten elektrischen Ausflüsse, nicht den geringsten Unterschied von demjenigen spüren, welchen sie, auf andere Weise gesammlet, von sich geben. Sie hatten auf den Leib der elektrisirten Person ebenfalls keine weitere Wirkung. Ich füllete ferner in eine Flasche, statt des Wassers, eine stark purgierende flüßige Materie, und lud hierauf die Flasche, aus welcher ich zu wiederholten malen Erschütterungen nahm. In diesem Falle mußte ein jedes Theilchen des elektrischen Fluidi, ehe dasselbe in meinen Leib kommen konnte, erst durch die flüßige Materie gehen, wenn die Flasche geladen ward; und mußte durch dasselbe zurücke kommen, wann ich dieselbe wieder entlud. Es erfolgete aber auch hier keine andere Wirkung, als wenn die Flasche mit schlechtem Wasser geladen war. Ich habe das elektrische Feuer, wenn ich es durch Gold, Silber, Kupfer, Bley, Eisen, Holz und durch den menschlichen Körper schlagen ließ, berochen, habe aber nicht den geringsten Unterschied finden können. Der Geruch bleibt immer derselbe, so lange der Funke nur nicht dasjenige, worauf man ihn schlagen läßt, anbrennt. Ich stelle mir dahero vor, daß derselbe von dem Körper, wodurch er geht, gar keinen Geruch annehme. Und in der That,

wo der Geruch die elektrische Materie so leichte verläßt, und an dem Knöchel und andern Dingen, auf welche der Funke schlägt, hangen bleibt; so vermuthe ich, daß derselbe niemals damit sey verbunden gewesen, sondern vielmehr sehr schnell aus einigen Dingen in der Luft entsteht, auf welche der Funke rücket. Denn wäre derselbe fein genug, mit dem elektrischen Fluido, durch den Leib des einen Menschen durchzudringen, was sollte denselben auf der Haut des andern aufhalten?

Ich würde niemals zu Ende kommen, wenn ich Ihnen alle meine Muthmaßungen, Gedanken und Einfälle über die Natur und Wirkungen dieser elektrischen Materie erzählen, und Ihnen einen Bericht von alle denen kleinen Versuchen, die wir gemachet haben, abstatten wollte. Ich habe diese Briefe schon zu lang gemachet, und muß desfalls um Vergebung bitten; weil ich itzt keine Zeit habe, solche ins Kurze zu bringen. Nur dieses will ich noch beyfügen, daß wir hier angemerket haben: Weingeist kömme durch die elektrischen Funken ohne Erwärmung gezündet werden. Dieses geschieht nicht nur zur Sommerszeit, wenn der Farenheitische Thermometer über 70° steht; sondern ebenfalls, wenn es kälter ist, und derjenige, so die Erfahrung anstelle, nur ein kleines flaches Fläschgen mit Weingeist, und den Löffel eine Weile vorher, ehe er denselben gebrauchet, am Leibe trägt. Die Wärme des Körpers theilet demselben mehr Wärme mit, als zu diesem Endzwecke vonnöthen ist.

Beygefügter Versuch,

welcher beweist,

daß die Leidensche Boutellie, wenn sie ge=

laden ist, nicht mehr; noch wenn sie geladen
ist, weniger elektrisches Feuer, als vorher, enthält.
Daß ferner bey der Abfeurung derselben, das Feuer
nicht zugleich aus dem Drahte und aus der Bele=
gung, wie einige dafür gehalten haben, heraus=
kömmt: sondern daß vielmehr die Belegung jeder=
zeit dasjenige, wenigstens eben so viel, empfängt, als
durch den Draht ausgeströmet wird; weil die äußere
Fläche jederzeit negativ elektrisch ist, wenn die
innere Oberfläche positive Elektricität hat.

Man lege eine dicke Glasplatte unter das rei=
bende Küssen, um dadurch den Zufluß des
elektrischen Feuers aus dem Fußboden in das
Küssen abzuschneiden. Wenn alsdann nur von
dem Küssen keine feine Spitzen oder rauhe Fäden
hervorstehen, und sich an den Theilen der Ma=
schine, welche sich in der Nähe des Küssens be=
finden, ebenfalls keine dergleichen Dinge finden,
als worauf man sorgfältig Acht haben muß;
so wird man aus dem ersten Conductor nur ei=
nige wenige Funken ziehen können: welches alles
 ist, was das Küssen demselben ertheilen kann.
Man hänge eine Flasche an den ersten Conductor;
so wird dieselbe nicht geladen werden, ob man
sie gleich bey der Belegung anfasset *.

Man mache aber nur vermittelst einer Kette
eine Verbindung zwischen der Belegung der Fla=
sche und dem Küssen; so wird die Flasche geladen
werden.

Die Kugel zieht nämlich das elektrische Feuer
aus der äußern Seite der Flasche, und leitet
dasselbe über den ersten Conductor durch den
Draht der Flasche, in die inwendige Oberflä=
che hinein.

Die Flasche wird also mit ihrem eigenen
Feuer geladen, indem kein anderes hinzukommen
kann, weil die Glasplatte unter dem Küssen liegt **.

Man hänge zwo Korkkugeln an leinen Fä=
den an den ersten Conductor auf, berühre dar=
auf die Belegung der Boutellie; so werden die=
selben elektrisiret werden, und aus einander gehen.

Denn so viel Feuer man der Belegung wie=
der giebt, so viel ergießt sich auch durch den Draht
über den Conductor; wodurch alsdann die Kork=
kugeln eine elektrische Atmosphäre bekommen.

Nimmt man aber einen Draht, der wie ein C
gebogen ist, und an dessen auswendiger Beugung
man ein Stück Lack, bey welchem man dasselbe
halten kann, befestiget hat, und leget das eine
Ende dieses Drahtes an die Belegung, das ande=
re aber zu gleicher Zeit an den ersten Conductor; so
entladet sich die Flasche, und die Kugeln werden,
woferne sie nicht schon vor der Entladung elektri=
siret gewesen sind, ebenfalls nach derselben nicht
elektrisch seyn, und sich einander nicht abstoßen.

Bliebe das Feuer, welches von der inwendi=
gen Fläche der Boutellie durch den Draht aus=
geströmet wird, auf den ersten Conductor; so wür=
den die Kugeln elektrisch werden, und aus einan=
der gehen müssen.

Schlüge die Flasche wirklich von beyden Sei=
ten, und strömete Feuer so wohl aus der Bele=
gung als dem Drahte; so würden die Kugeln
stärker elektrisiret werden, und weiter aus
einander gehen: denn der Handgriff von Lack
hindert, daß von diesem Feuer nicht das gering=
ste verloren gehen kann.

Beträgt aber das Feuer, womit die innere
Fläche überladen ist, vollkommen so viel, als in
der äußern fehlet; so wird dasselbe durch den
Draht, der in dem Handgriffe von Lack befesti=
get ist, herumlaufen, das Gleichgewicht in dem
Glase wieder herstellen, und in dem Zustande
des ersten Conductors keine Veränderung ma=
chen. Wir finden aber diesem allen gemäß, daß,

* Anm. §. 58.   ** Anm. §. 59.

wenn der erste Conductor elektrisiret worden, und die Kugeln sich einander vor dem Boden der Flasche abgestoßen haben, sie dieses nachhero ebenfalls fortsetzen: haben sie dieses aber nicht

gethan; so werden dieselben auch durch die Entladung nicht elektrisiret *.

* Anm. §. 60.

* * * * * * * * * * * * * * * *

Fünfter Brief,

Von Benjamin Franklin Esq. aus

Philadelphia, an Peter Collinson Esq. Mitglied der königlichen Societät der Wissenschaften
in London, vom 27ten Jul. 1750.

Mein Herr!

Ich vermuthe, Herr W=ts=n habe seine Anmerkungen über meine letztern Briefen in Eil geschrieben, ohne daß er zuvor die im siebenzehenten Abschnitte angeführten Erfahrungen wohl überleget hat, welche mir die Frage:

Ob die Häufung des elektrischen Feuers in dem elektrisirten Glase selbst, oder in der unelektrischen Materie, welche mit dem Glase verbunden ist, geschehe? vollkommen zu entscheiden, und deutlich zu beweisen scheinen, daß selbige wirklich im Glase selbst vorgehe.

Was die Erfahrung betrifft, deren dieser sinnreiche Mann Meldung thut, und welche er für das Gegentheil als entscheidend ansieht; so bin ich völlig versichert, er werde noch seine Meynung davon ändern; wenn er nur in Betrachtung zieht, daß, wenn ein Mensch den Draht der geladenen Bouteille gegen warmen Weingeist in einem Löffel, welchen ein anderer, um ihn zu zünden, in der Hand hält, bringt, beyde aber auf dem Fußboden stehen, dieses Anzünden auf keine Weise bestimmen könne, ob die Häufung im Glase oder in dem unelektrischen Körper gewesen sey. Dieser Fall wird dadurch gar nicht geändert, wenn gleich eine dritte Person zwischen die beyden erstern auf Pech tritt, ein Becken, in welches man das Wasser aus dem Glase gießt, in der Hand hält, und während des Gießens, einen Finger der andern Hand dem Weingeiste nähert. Denn der Strom aus dem Glase, die Seiten des Beckens, nebst den Armen und dem Leibe dieses auf Pech stehenden Menschen, stellen zusammen nur einen einzigen langen Draht vor, welcher von der innern Fläche der Flasche, bis an den Weingeist reichet.

Vom 29ten des Junii 1751. In des Capitain Widdels Erzählung der Wirkungen des Blitzes auf seinem Schiffe, habe ich weiter nichts sonderliches angemerket, als die großen Büsche, wie er sie nennet, welche sich auf den Spitzen der Mastbäume niedergelassen haben, und welche vor dem Schlage, wie große Fackeln brannten. Nach meiner Meynung ist hier das elektrische Feuer, eben wie durch Spitzen, aus den Wolken herunter gelocket worden. Die Größe der Flammen zeiget die große Menge von Elektricität an, welche sich in den Wolken befunden hat *. Wäre von der Spitze des Mastes eine gute Verbindung von Drahte mit dem Meere angebracht worden; so würde dieselbe die Elektricität weit freyer abgeleitet haben, als solches durch geteerte Seile und Mastbäume aus Tannenholze geschehen können. Ich stelle mir vor, es würde in diesem Falle kein Schlag entstanden seyn; und wäre ja dennoch einer entstanden, so würde der Draht denselben in das Meer ohne Beschädigung des Schiffes abgeleitet haben. Seine Compasse verloren entweder alle magnetische Kraft, oder die Pole desselben wurden umgekehret. Die nördliche Spitze zeigete gegen Süden. Diese Kraft, die Pole zu zeigen, haben uns hier in Philadelphia sehr ofte Nadeln mitgetheilet, welche wir zum Vergnügen aufbehalten.

* Anm. §. 61.

Herr Wilson in London versuchete dasselbe bey gar zu großen Maaßen, und durch eine gar zu schwache Kraft *.

Ein Schlag aus vier großen Recipienten, welchen man durch eine feine Nähnadel gehen läßt, giebt ihr die Kraft die Pole zu zeigen, und zu spielen, wenn man sie aufs Wasser leget. Wenn die Nadel, indem man sie erschüttert, von Osten nach Westen liegt; so zeiget das Ende, an welchem der elektrische Funke hineingeht, Norden. Liegt dieselbe von Norden nach Süden; so fährt das Ende, welches gegen Norden gekehret war, fort, Norden zu zeigen, wenn man die Nadel aufs Wasser leget, das Feuer mag an diesem oder an dem andern Ende hineingegangen seyn.

121 Liegt die Nadel von Norden nach Süden; so wird die Kraft, die Pole zu weisen, am stärksten: am schwächsten aber wird dieselbe, wenn sie von Osten nach Westen liegt; vielleicht würde, wenn die Kraft viel größer wäre, das südliche Ende, wann das Feuer da hineingeht, und die Nadel von Norden nach Süden liegt, der Nordpol werden. Es würde uns sonst Schwierigkeit machen, die Umkehrung der Compasse durch den Blitz zu erklären; weil sich die Nadeln an selbigen stets in dieser Lage befinden. Nach unserer kleinen Erfahrung aber, müßte das Ende, welches nach Norden gelegen hatte, noch weiter Norden zeigen, der Funke möchte an der Nordseite hinein, und der südlichen wieder heraus gegangen seyn; oder es möchte sich das Gegentheil davon zugetragen haben.

Die Spitzen der Nadeln laufen in diesen Erfahrungen, zuweilen von der elektrischen Flamme gelinde blau an, wie die Federn in Taschenuhren. Ist der Schlag nur aus zween Recipienten gegeben worden, so läßt sich diese Farbe abwischen; vier Kolben aber machen dieselbe beständig, und schmelzen die Nadeln sehr ofte. Ich schicke Ihnen einige von diesen Nadeln, deren Knopf und Spitze durch unsere Afterblitze abgeschmolzen sind; nebst noch einer andern Nadel, deren Spitze abgeschmolzen ist, und an welcher einige Theile des Knopfes und Stieles zusammen gelaufen sind. Zuweilen ist die Oberfläche von der Nadel selbst gleichfalls angelaufen, und scheint, wenn man dieselbe durch ein Vergrößerungs- 122 glas ansieht, voller Blasen zu seyn. Die Recipienten, deren ich mich bediene, halten sieben oder acht Gallons, und sind mit Spiegelfolie beleget und überzogen; jeder von ihnen brauchet tausend Umschläge einer Kugel, die einen Zoll im Durchmesser hat, wenn er soll geladen werden.

Ich schicke Ihnen zwo Proben von Spiegelfolie, welche zwischen Glas, durch die Stärke zweener Recipienten geschmolzen ist.

Ich habe nicht vernommen, daß einer von Ihren europäischen Elektricis bisher im Stande gewesen wäre, Schießpulver durch den elektrischen Funken zu zünden.

Wir können hier solches auf folgende Weise verrichten. Man füllet eine kleine Patrone mit trockenem Pulver, welches so stark zusammengestampfet wird, daß einige derer Körner zermalmet werden. Man stecket hierauf zween spitzige Drähte, einen in jedes Ende hinein, daß die Spitzen in der Mitten der Patrone, sich bis auf einen halben Zoll nahe sind. Hierauf bringt man die Patrone in den Erschütterungskreis, und feuert die vier Recipienten ab. Die elektrische Flamme läuft hier von der Spitze des einen Drahtes gegen die Spitze des andern; inwendig in der Patrone, zwischen dem Pulver, entzündet sich dasselbe, und der Ausbruch des Pulvers geschieht mit dem Knalle der Entladung, in demselben Augenblicke *.

Ich   bin

B. Franklin.

---

* Anm. §. 62.

* Anm. §. 63.

Sechster Brief,

Von Benj. Franklin Esq. aus Philadelphia, an C. C. Esq. zu Newyork.

1751.

Mein Herr!

Ich schicke Ihnen die Antworten auf die vornehmsten Fragen, welche in Dero Briefe vom 28ten dieses enthalten sind. Sie sind aber so beschaffen, wie es die itzige Eilfertigkeit meiner Geschäffte hat zulassen wollen. Unterdessen bitte ich mir die Erlaubniß aus, daß ich Sie auf das letzte Stück, in der gedruckten Sammlung meiner Briefe, wegen der fernern Erklärung des Unterschiedes zwischen denen so genannten für sich elektrischen, und unelektrischen Körpern verweisen darf. Wenn Sie diese Briefe zu lesen und zu überlegen werden Zeit gehabt haben, will ich mich bemühen, einige neue Erfahrungen anzustellen, welche Sie mir aufgeben sollen, und von welchen Sie glauben werden, daß sie uns allen beyden ein ferneres Licht geben, und ein Genüge leisten können. Für dergleichen Anmerkungen, Einwürfe, u. d. g., die Ihnen vorkommen möchten, werde ich Ihnen jederzeit sehr verbunden seyn. Es ist mir entfallen, ob ich Ihnen schon geschrieben habe, daß ich Kupferdrähte und stählerne Nadeln geschmolzen; die Pole der Magnetnadel umgekehret; Nadeln, die dasselbe gar nicht hatten, die magnetische, und die Kraft die Pole zu zeigen, gegeben, und trockenes Schießpulver mit dem elektrischen Funken

gezündet habe. Ich besitze fünf Kolben, deren jeder acht bis neun Gallons fasset. Zween derselben, wenn sie geladen sind, sind zu diesem Endzwecke hinreichend. Ich kann sie aber alle zugleich laden und entladen. Die Stärke, zu welcher die Menschen in der Elektricität kommen konnten, hat keine andere Gränzen, als welche Unkosten und Arbeit darinn setzen. Denn man kann ohne Aufhören ein Glas zu dem andern hinzuthun, selbige verbinden, und alle auf einmal wie ein einziges abfeuren. Die Kraft und Wirkung wird alsdann der Zahl und Größe derselben proportioniret seyn. Ich glaube, man könne auf diesem Wege die größten bisher bekannten Wirkungen gewöhnlicher Blitze ohne viel Schwierigkeit übertreffen. Vor wenig Jahren würde man dieses nicht haben glauben können, und solches anzunehmen, möchte vieleicht noch itzt vielen als ausschweifend vorkommen. Wir übertreffen also itzt schon die zweyjährigen Teufel des Rabelais an Geschicklichkeit, welche, wie er grillenfängerischer Weise saget, nur um einen Kohltopf herum zu donnern und zu blitzen gelernet haben.

Ich bin mit aufrichtiger Hochachtung rc.

B. Franklin.

* * * * * * * * * * * * * * * * *

Fragen und Antworten,

welche sich auf den Inhalt des vorhergehenden Briefes beziehen.

Frage.

Worinn besteht der Unterschied eines elektrischen und unelektrischen Körpers?

Antwort. Die Redensarten, für sich elektrisch, und für sich unelektrisch, gebrauchete man anfangs, die Körper zu unterscheiden. Dieß geschahe aus der unrichtigen Voraussetzung, daß diejenigen, welche man für sich elektrische nannte, alleine die elektrische Materie in sich enthielten, und durch Reiben in sich erregen ließen; aus denselben könne sie sich aber fort- und abgeleitet, und denen sogenannten unelektrischen, von welchen man

annahm, daß sie dieselbe nicht enthielten, mitgetheilet werden. Glas u. s. f. wenn es gerieben
ward, gab Zeichen von sich, daß es diese Materie enthielte; weil es gegen den Finger Funken
schlug, anzog', abstieß, u. s. f. und diese Zeichen
denen Metallen und dem Wasser mittheilen
konnte.

Man fand nachmals, daß Glas die elektrische Materie nicht hervorbrächte, woferne zwischen dem reibenden Körper und dem Fußboden
keine Verbindung gelassen würde; und die darauf folgenden Erfahrungen haben bewiesen, daß
die elektrische Materie wirklich aus denen Körpern herausgezogen ward, von welchen man anfangs geglaubet hatte, daß sie solche nicht einmal
in sich hätten. Hierauf zweifelte man, ob Glas
und die andern Körper, welche man für sich
elektrisch nannte, auch wirklich elektrische Materie in sich hätten. Denn allem Anscheine nach
gaben sie kein mehreres davon her, als was sie
aus denen sogenannten unelektrischen herausgezogen hatten. Es zeigen aber einige meiner Erfahrungen, daß Glas dieselbe in großer Menge enthalte; und itzt halte ich dafür, daß sie durch alle
Materie dieses Erd- und Wasserballes vollkommen gleich vertheilet sey. Wenn dem also ist, müßte
man die Redensarten, für sich elektrisch und unelektrisch, als uneigentlich abschaffen: und, weil
der einzige Unterschied nur darinn besteht, daß
einige Körper die elektrische Materie fortleiten,
andere aber nicht; so könnte man statt deren sich
der Ausdrücke, abführende und nicht abführende, bedienen. Wenn die elektrische Materie
gegen einen Theil von abführender Materie gebracht wird, dringt sie durch dieselbe und fließt
hindurch, oder verbreitet sich gleichförmig auf der
Oberfläche derselben: bringt man sie aber an
ein Stück von nicht abführender Materie; so thut
sie keines von beyden. Metalle und Wasser sind
die einzigen vollkommenen Ableiter für die elektrische Materie. Andere Körper leiten nur in so
weit ab, als sie eine Vermischung von diesen
beyden enthalten; hätten sie mehr oder weniger
davon, würden sie vieleicht gar nicht ableiten.

Dieses zeiget also eine bisher unbekannte
neue Verwandtschaft der Metalle und des Wassers an.

Dieses durch eine Vergleichung, die aber
nur eine schwache Aehnlichkeit anzeiget, zu erläutern, setze man: die elektrische Materie dringe
durch die ableitenden Körper wie Wasser durch
einen lockern Stein, oder breite sich auf der Oberfläche derselben, wie Wasser auf einem nassen
Steine aus. Wird sie hingegen an einen nicht

abführenden Körper gebracht; so verhält sie sich
wie Wasser, das man auf einen fetten Stein
tröpfelt. Sie geht niemals hinein, geht nicht
durch, und breitet sich auf der Oberfläche nicht
aus; sondern bleibt da, wo sie hinfällt, in Tropfen liegen*. Mehreres hievon kann man in meiner letzt gedruckten Schrift nachsehen.

Frage. Wie verhält sich die Luft bey denen
elektrischen Erfahrungen?

Antw. Alles, was ich bisher bemerket habe,
besteht im Folgenden. Feuchte Luft nimmt die
Elektricität an und führet dieselbe nach Proportion ihrer Feuchtigkeit fort. Vollkommen trockene Luft thut solches gar nicht. Die Luft muß
dahero mit unter die nicht abführenden Körper ge-
zählet werden. Die trockene Luft hilft dazu, daß
die elektrische Atmosphäre an den Körper anliege,
welchen sie umgiebt, und hindert deren Vertheilung. Denn im luftleeren Raume verläßt dieselbe den Körper sehr leichte, und Spitzen wirken darinnen viel stärker; d. i. die elektrische
Materie wird von ihnen weit freyer und in größern Entfernungen ausgeströmet und angezogen.
Wenn Luft dazwischen kömmt, verhindert sie den
Uebergang von einem Körper in den andern einigermaßen. Enthält eine reine Elektrisirflasche
und Draht, statt des Wassers bloße Luft; so
kann sie nicht geladen werden, und giebt keine
Erschütterung: eben so wenig, als wenn sie mit
gestoßenem Glase angefüllet ist. Wird sie aber
luftleer gemachet; so wirket dieselbe eben so gut,
als wenn sie mit Wasser gefüllet wäre. Es scheint
aber dennoch, daß eine elektrische Atmosphäre
und Luft einander nicht ausschließen; denn wir holen in einer solchen Luft ganz frey Othem, und
trockene Luft kann durch dieselbe hindurch
wehen, ohne den Ort derselben zu ändern,
oder sie wegzutreiben. Ich zweifele, ob der stär-
keste Nordwest dieselbe vertreiben kann. Ich
elektrisirete einmal eine große Korkkugel an dem
Ende einer drey Fuß langen seidenen Schnur,
deren anderes Ende ich zwischen den Fingern
hielte. Ich schwung dieselbe, wie eine Schleuder,
hundertmal mit der schnellesten Bewegung, die
ich ihr nur geben konnte, in der Luft herum: sie
behielte aber dennoch ihre Atmosphäre, ob dieselbe
gleich wenigstens achthundert Ruthen von Luft
mußte durchlauffen haben; weil ich meinen Arm
während des Schwingens noch so viel nachließ, daß
er den halben Durchmesser ihres Kreises noch um
einen Fuß vergrößerte. Wenn man bey vollkommen trockener Luft; ich meyne die trockneste, die

* Anm. § 64.

wir haben: denn vieleicht ist sie bey uns niemals von Feuchtigkeit gänzlich frey; einen dicken Draht in eine mit Luft gefüllte Flasche stecket: so wird die Atmosphäre, welche rund um dieselbe entsteht, keine Luft heraustreiben. Auch wird, wenn man die Atmosphäre wegnimmt, keine Luft hinein schießen; wie ich durch eine sehr merkwür-

dige und genaue Erfahrung gefunden habe, aus welcher ich schließen konnte, die Elasticität der Luft werde nicht im geringsten durch die Elektricität rege gemachet. *

* Anm. §. 65.

* * * * * * * * * * * * * * * * * *

130

Ein Versuch,

der zur Entdeckung mehrerer Eigenschaften der elektrischen Materie Anlaß

geben kann.

Man hänge an die Elektrisirstange eine Kugel an einen Haken von Draht. Unter die Kugel lege man in der Weite von einem halben Zolle ein Stück polirtes Silber, auf welches der Funke schlagen kann. Man drehe das Rad; so wird das Silber in wenig Minuten, wenn die auf einander folgenden Funcken immer auf dieselbe Stelle schlagen, einen blauen Fleck bekommen, der an Farbe einer Uhrfeder nahe kömmt.

Ein polirtes Stück Eisen bekömmt ebenfalls Flecken, aber nicht von eben der Farbe; es scheint vielmehr angefressen zu werden.

Auf Gold, Kupfer oder Zinn, habe ich nicht bemerken können, daß es einigen Eindruck mache. Die Flecken auf dem Silber oder Eisen, sind aber immer dieselben, die obere Kugel mag von Bley, Kupfer, Gold oder Silber seyn.

An einer silbernen Kugel erscheint ebenfalls, wie auf der Platte welche unter derselben liegt, ein kleiner Flecken.

Siebenter Brief,

von

Herrn E. Kinnersley zu Boston,

an Benjamin Franklin Esq. zu Philadelphia, vom 3ten Febr. 1752.

Mein Herr!

Ich kann Ihnen folgende Erfahrungen mittheilen. In der einen Hand hielte ich einen Draht, der mit dem andern Ende an eine Pumpstange befestiget war. Ich gedachte hiedurch zu versuchen, ob der Schlag aus der Elektrisirstange durch meinen Arm starker würde, als wenn derselbe nur auf die Oberfläche der Erde geführet wird, konnte aber keinen Unterschied bemerken.

Ich setzte eine Compaßnadel auf die Spitze eines langen Drahtes, und hielte dieselbe in die Atmosphäre der Elektrisirstange, in der Entfernung von ungefähr drey Zollen. Ich fand, daß sie sich wie Flügel eines Bratenwenders mit großer Geschwindigkeit umdrehete.

Ich hieng eine Korkkugel in der Größe einer Erbse an Seide auf, und brachte gegen dieselbe geriebenen Ambra, Lack, und Schwefel. Sie ward von jeglichem dieser Stücke stark zurück gestoßen. * Ich versuchete hierauf geriebenes Glas, und Porcellain, und fand, daß jegliches derselben die Kugel so lange angezogen, bis sie wieder elektrisch ward; darauf ward sie aber wieder von neuem, wie zuvor, abgestoßen. Wenn sie aber dergestalt von dem geriebenen Glase und Porcellain abgestoßen ward, so zog jeglicher der vorigen Körper, wenn sie gerieben waren, dieselbe wieder an. Ich electrisirete hierauf die Kugel mit dem Drahte einer geladenen Flasche, und brachte geriebenes Glas, nämlich den Deckel eines Weinglases, und eine Tasse von Porcellain dagegen; sie ward von beyden eben so stark abgestoßen, als von dem Drahte. Wenn ich aber einen von den andern elektrischen Körpern gerieben dagegen brachte, ward sie stark angezogen. Wenn ich dieselbe mit einem von diesen Körpern elektrisirete, bis sie abgestoßen ward; so ward sie von dem Drahte der Flasche angezogen, von ihrer äußern Belegung aber zurück gestoßen.

* Anm. §. 66.

Diese Erfahrungen macheten mich sehr bestürzt, und haben mich bewogen, folgende seltsame Sätze daraus zu schließen.

1) Wenn eine Glaskugel an das eine Ende der Elektrisirstange, und eine Schwefelkugel an das andere Ende derselben gestellet wird, beyde aber in gutem Stande, und in gleich starker Bewegung sind; so kann man aus der Elektrisirstange keinen Funken ziehen: sondern die eine Kugel wird die Elektricität derselben eben so schnell ableiten, als die andere dieselbe von sich giebt.

2) Wenn eine Flasche an die elektrisirte Stange aufgehangen wird, von deren Belegung eine Kette bis auf den Tisch herunter geht, und man bedienet sich nur zu Zeiten einer Kugel; so werden zum Exempel zween Umschläge des Rades dieselbe laden. Eben so viele Umschläge des andern Rades werden dieselbe aber wieder entladen, und noch einmal so viel werden sie von neuem laden.

3) Wenn beyde Kugeln in Bewegung sind, und jede eine besondere elektrisirte Stange hat, an deren einer eine Flasche hängt, deren Kette an der andern befestiget ist; so wird die Flasche geladen werden: die eine Kugel lädet positiv, die andere negativ.

4) Wenn die Flasche dergestalt geladen ist, hänge man dieselbe mit gleichen Umständen an die andere Elektrisirkette, und setze beyde Räder in Bewegung; so wird eine gleiche Anzahl von Umschlägen, welche dieselbe zuvor lud, dieselbe itzt entladen: und wenn man eine gleiche Anzahl Umschläge hinzusetzet, wird sie von neuem geladen werden.

5) Wenn beyde Kugeln mit einer und derselben Elektrisirstange Gemeinschaft haben, von welcher eine Kette bis auf den Tisch herunter hängt; so wird, wenn sie in Bewegung sind, die eine derselben, ich kann aber nicht sagen, welche, das elektrische Feuer durch das Küssen einziehen;

134 durch die Kette aber wieder von sich geben. Die andere wird dasselbe aber durch die Kette heraufziehen, und sich durch das Küssen deren wieder entledigen.

Ich würde mich freuen, wenn Sie meine Schwefelkugel und das dazu gehörige Küssen aus meinem Hause abholen lassen, und die Proben damit anstellen wollten. Sie müssen sich aber vorsehen, daß Sie keine Kreide auf das Küssen streuen; ein wenig feingestoßener Schwefel thut bessere Dienste. Woferne Sie, wie ich vermuthe, finden sollten, daß die Kugeln die Elektrisirstange auf verschiedene Weise laden; so hoffe ich, Sie werden im Stande seyn, eine Art zu erfinden, woraus man bestimmen könne, welche von beyden eigentlich positiv lädet.

Ich bin 2c.

E. Kinnersley.

* * * * * * * * * * * * * * * *

135
Achter Brief,
Von Benjamin Franklin Esq. aus
Philadelphia, an Hrn. E. Kinnersley
zu Boston, vom 2 März 1752.

Mein Herr!

Ich danke Ihnen für die mir mitgetheilten Erfahrungen. Ich ließ Ihre Schwefelkugel alsobald holen, um die verlangten Versuche anzustellen. Ich fand aber, daß ihr die Achsen fehleten, die ich itzt wieder herzustellen keine Zeit habe. Bey der ersten Muße, will ich dieselbe zum Gebrauche wieder zurechte machen, die Experimente versuchen, und Ihnen den Erfolg melden.

Bisher glaube ich, das verschiedene Anziehen und Abstoßen, welches Sie bemerket haben, komme ehe daher, daß sie eine größere oder geringere Menge des Feuers aus diesen verschiedenen Körpern bekommen haben, als daß selbiges wirklich von verschiedener Art seyn, oder eine verschiedene Richtung haben sollte.

Ich bin 2c.

B. Franklin.

Neunter Brief,
Von Benjamin Franklin Esq. aus
Philadelphia, an Hrn. E. Kinnersley
in Boston, vom 16 März 1752.

Mein Herr!

Nachdem ich Ihre Schwefelkugel wieder in Stand gebracht hatte, stellete ich einen von denen Versuchen an, welche Sie vorgeschlagen hatten. Ich ward auf eine sehr angenehme Weise betroffen, wie ich fand, daß, wenn sich die Glaskugel an dem einen, die Schwefelkugel aber an dem andern Ende der Elektrisirstange befand, und beyde Kugeln in Bewegung waren; man aus der Elektrisirstange keinen Funken erhalten konnte, wofern nicht die eine Kugel langsamer gedrehet ward, oder nicht so gut in Ordnung war, als die andere. Doch war der Funke auch in diesem Falle, nur nach Verhältniß dieses Unterschiedes beschaffen. Wenn beyde Kugeln gleich stark gedrehet wurden, oder diejenige, welche am besten wirkete, am langsamsten gedrehet ward, brachte dieses die Elektrisirstange dahin, daß sie gar keinen Funken gab.

Ich fand ebenfalls, daß der Draht einer mit der Glaskugel geladenen Flasche, eine Korkkugel, 137 die man mit dem Drahte einer von der Schwefelkugel elektrisirten Flasche berühret hatte, anzog, und umgekehrt. Der Kork spielete zwischen denen beyden Flaschen eben auf die Art hin und her, als wenn die eine Flasche durch den Draht, die andere durch die Belegung mit der Glaskugel alleine wäre geladen worden. Wenn beyde Flaschen geladen waren, die eine durch die Schwefelkugel, die andere durch die Glaskugel; so wurden beyde entladen, wenn man deren Drähte gegen einander brachte: und die Person, welche die Flasche hielte, bekam eine Erschütterung.

Man kann schon aus diesen Erfahrungen versichert seyn, daß Ihr vorgeschlagener zweyter, dritter und vierter Versuch vollkommen nach Dero Gedanken erfolgen werde. Ich habe dieselben aus Mangel der Zeit bishero noch nicht anstellen können.

Daß die Glaskugel positiv, die Schwefelkugel aber negativ lade, schließe ich aus folgenden Gründen.

1) Ob es gleich scheint, daß die Schwefelkugel eben so gute Wirkung thue, als eine Glaskugel; so kann ich doch niemals, wenn die Schwefelkugel alleine gebrauchet wird, zwischen meiner Hand und der Elektrisirstange einen so langen Funken zuwege bringen, als wenn ich mich der Glaskugel alleine bediene. Dieses, halte ich dafür, kömmt daher, daß Körper von einer gewissen Dicke einen Theil elektrischen Fluidi, 138 welches sie besitzen, und in ihr Innerstes hineingezogen haben, nicht so leicht mittheilen, als dieselben einen neuen Ueberfluß davon, auf ihrer Fläche, in Gestalt einer Atmosphäre, annehmen können. Daher kann aus der Elektrisirstange nicht so viel herausgezogen werden, als hineingebracht wird.

2) Ich bemerke, daß der Strom oder Feuerbusch, welcher an dem Ende eines mit der Elektrisirstange verbundenen Drahtes entsteht, lang, groß, und sehr aus einander fahrend sey, wenn man sich des Glases bedienet; und daß er alsdann ein klatschendes und prasselndes Geräusche mache. Gebrauchet man aber den Schwefel; so ist derselbe kurz, klein, und giebt ein zischendes Geräusche. Gerade das Gegentheil von beyden aber erscheint, wenn Sie denselben Draht in die Hand nehmen, und man die Kugeln wechselsweise anziehen läßt. Der Busch ist groß, lang, aus einander fahrend, klatschend und prasselnd, wenn die Schwefelkugel gedrehet wird; hingegen kurz, klein und zischend, wenn man die Glaskugel drehet.

Wenn der Busch lang, groß, und sehr ausgebreitet ist; so scheint es, daß der Körper, mit 139 welchem er verbunden ist, das Feuer ausströmet: daß derselbe hingegen solches einsauget, wenn das Gegentheil sich findet.

3) Ich bemerke, daß, wenn ich meinen Knöchel gegen die Schwefelkugel während ihres Umlaufens halte, der Strom vom Feuer, der zwischen meinem Knöchel und der Kugel entsteht, sich auf deren Oberfläche auszubreiten scheint, als flösse er aus meinem Finger; bey der Glaskugel verhält sich dieses aber anders.

4) Der kühle Wind, oder dasjenige, dem wir diesen Namen beylegen, und welches wir gewöhnlich an denen elektrisirten Spitzen aussttrömen fühlen, ist merklicher, wenn man die Glaskugel brauchet, als wenn man die Schwefelkugel nimmt. Es sind dieses aber nur flüchtige Gedanken. *

Was Ihr 5tes Paradoxon betrifft, so muß dasselbe ebenfalls eintreffen, wenn die Kugeln wechselsweise gedrehet werden; gebrauchet man sie aber zugleich, so wird das Feuer niemals durch die Kette weder herauf kommen noch herunter gehen: denn die eine Kugel wird dasselbe eben so geschwinde einsaugen, als die andere dasselbe hervorbringen kann.

Ich wäre begierig zu wissen, ob die Wirkungen umgekehrt erfolgen würden, wenn die Glaskugel oben hol wäre. Ich habe aber itzt keine Gelegenheit, solches zu versuchen **.

Die Glaskugeln können auf Reisen leichte Schaden nehmen, die Schwefelkugeln sind hingegen zu schwer und unbequem; es frägt sich dahero, ob nicht eine dünne Fläche von Schwefel, die man auf ein Bret gegossen hätte, die Stelle eines Küssens vertreten könnte, da unterdessen eine lederne, ausgestopfte und wohl eingerichtete Kugel, das Feuer aus dem Schwefel annehmen, und die Elektrisirstange positiv elektrisiren könnte? Eine solche Kugel liefe keine Gefahr zu zerbrechen. Ich glaube, eine Art dieses ins Werk zustellen angeben zu können *; habe aber itzt nicht Zeit, ein mehreres hinzuzufügen, als daß ich bin

Dero rc.

B. Franklin.

* Anm. §. 57.   ** Anm. §. 68.   * Anm. §. 69.

* * * * * * * * * * * * * * * * * * *

Zehenter Brief,
Von Benjamin Franklin Esq. aus
Philadelphia, vom 19. Oct. 1752.

Da man in den neuesten Briefen aus Europa sehr oft des guten Fortganges der philadelphischen Erfahrungen, das elektrische Feuer durch spitzige eiserne Stangen, welche auf hohen Gebäuden aufgestecket werden, aus den Wolken herunter zu leiten, Meldung thut; so wird es nicht unangenehm seyn, wenn man den Freunden dieser Versuche anzeiget, daß eben diese Erfahrungen auch in Philadelphia geglücket sind, ob man dieselben gleich auf folgende, von jener zwar verschiedene, aber leichtere Art, angestellet hat *.

Man mache aus zwey leichten Stücken von Cedernholze ein Kreuz, dessen Arme so lang seyn müssen, daß sie in die vier Ecken eines großen, aber dünnen seidenen Schnupftuches, wenn dasselbe ausgespannet ist, reichen. Man knüpfe die Ecken des Schnupftuches an die Spitzen des Kreuzes feste; so hat man den Körper eines Drachen. Versieht man diesen gehörig mit einem Schwanze, Band und Schnur; so wird derselbe, wie diejenigen, so aus Papier gemachet werden, in die Luft hinauf steigen. Weil er aber von Seide gemachet ist, wird er geschickter seyn, den Wind und die Nässe der Gewitter, ohne zu zerreissen, auszuhalten. An die Spitze des aufwärts stehenden Stabes in dem Kreuze, muß man eine sehr scharfe Spitze von Drähte befestigen, welche einen Fuß und mehr, vor dem Holze hervorraget. An das Ende des Bindfadens zunächst der Hand, knüpfet man ein seidenes Band, und an dieser Stelle, wo die Schnur und die Seide zusammen kommen, kann man einen Schlüssel befestigen. Diesen

* Anm. §. 70.

Drachen läßt man steigen, wenn es das Ansehen hat, als wolle ein Gewitter entstehen. Der Mensch, welcher die Schnur hält, muß in einer Thüre, oder Fenster, oder sonst unter einer andern Bedeckung stehen, damit das seidene Band nicht naß werden kann. Auch muß hiebey in acht genommen werden, daß die Schnur den Thür- oder Fensterrahmen nicht berühre. So bald nun Gewitterwolken über den Drachen kommen, zieht die Spitze das elektrische Feuer aus denselben, und hiedurch wird der Drache und die ganze Schnur elektrisiret. Die loshängenden Fäden stehen nach allen Seiten aus einander, und werden von einem sich nähernden Finger angezogen.

So bald der Regen den Drachen und die Schnur naß gemachet hat, daß selbige das elektrische Feuer freyer zuleiten können; so wird man finden, daß dasselbe bey Annäherung eures Knöchels haufenweise aus dem Schlüssel herausströmet. An diesem Schlüssel können die Gläser gladen werden, und mit dem auf diese Weise überkommenen elektrischen Feuer, kann man Weingeist zünden, und alle übrige elektrische Erfahrungen, die man sonst gewöhnlich durch Hülfe einer geriebenen Glaskugel oder Röhre zuwege bringt, anstellen. Wodurch also die Uebereinstimmung der elektrischen, und der Materie des Blitzes, vollkommen bewiesen ist.

* * * * * * * * * * * * * * * *

Eilfter Brief,

von

Benjamin Franklin, Esq.

aus Philadelphia.

Weil Sie mir berichten, daß Ihr Freund Cave im Begriff sey, meinem Werke einige neuere Erfahrungen, nebst denen Druckfehlern beyzufügen; so sende ich Ihnen hiezu eine Abschrift eines Briefes von Dr. Colden, welcher einige Seiten wird ausfüllen helfen, nebst meiner Erfahrung mit dem Drachen aus der Pensylvaner Zeitung. Ich habe nichts neueres, so ich diesen beyfügen könnte, als folgendes Experiment, welches zur Entdeckung mehrerer Eigenschaften der elektrischen Materie dienen könnte. Von der Elektrisirstange lasse man an einem Haken von Drahte eine Kugel herunter hängen. Unter die Kugel lege man in der Entfernung von einem halben Zolle, ein polirtes Stück Silber, welches die Funken auffangen kann. Hierauf drehe man das Rad; so wird das Silber in wenig Minuten, wenn die auf einander folgenden Funken immer auf dieselbe Stelle schlagen, einen blauen Fleck bekommen, welcher der Farbe einer Uhrfeder nahe kömmt. Ein polirtes Stück Eisen bekömmt ebenfalls Flecken, aber nicht von derselben Farbe. Es scheint vielmehr dasselbe angefressen zu werden. Auf Gold, Kupfer oder Zinn, habe ich nicht bemerken können, daß es einigen Eindruck gemachet hätte. Die Flecken auf dem Silber oder Eisen sind immer dieselben, die obere Kugel mag von Bley, Kupfer, Gold oder Silber seyn. An einer silbernen Kugel erscheint ebenfalls, wie auf der Platte welche unter derselben liegt, ein kleiner Flecken.

Herr Watts hat einmal im Magazine versprochen, etwas von der Elektricität zu schreiben. Ich habe aber solches bishero nicht angezeiget gesehen.

Zwölfter Brief,

Von Benjamin Franklin Esq. aus

Philadelphia, an Herrn Peter Collinson Esq.
Mitglied der königlichen Societät der Wissen-
schaften in London, aus Philadelphia
vom Sept. 1753.

Mein Herr!

In meinen vormaligen Briefen von dieser Sache, welche ich zuerst im Jahre 1747 geschrieben, darauf aber vermehret, und im
Jahre 1749 nach England geschicket habe, sahe
ich das Meer als die große Quelle der Blitze an.
Ich stellete mir vor, daß dasselbe sein leuchtendes
Ansehen dem elektrischen Feuer zu danken habe,
welches durch das Reiben der Wasser- und Salz-
theile unter einander hervorgebracht würde. Weil
ich weit von der See wohne, hatte ich damals
keine Gelegenheit, Erfahrungen mit dem Wasser
anzustellen, und nahm dahero diese Meynung
etwas zu übereilet an.

Im 1750sten und 1751sten Jahre, da ich bey
Gelegenheit an der Seeküste war, fand ich durch
Versuche, daß das Meerwasser in einer Boutellie, ob es gleich anfangs vom Umschütteln zu
leuchten schien, dennoch diese Kraft in wenig Stunden verlor. Weil ich nun überdem durch das
Umschütteln einer Solution von Meersalze im
Wasser gar kein Licht hervorbringen konnte, fieng
ich zuerst an, an meiner vormaligen Hypothese
zu zweifeln, und argwohnete, daß die leuchtende
Erscheinung im Meerwasser aus andern Gründen ihren Ursprung nehmen müßte. Ich zog
darauf in Ueberlegung, ob es nicht vieleicht möglich wäre, daß die Lufttheilchen, welche für sich
elektrisch sind, bey starken Windstürmen, durch
ihr Reiben an Bäume, Berge, Gebäude u. s. f.
wodurch sie als eben so viel kleine elektrische Kugeln anzusehen sind, die sich gegen ein elektrisch
Küssen rieben, das elektrische Feuer aus der Erde an sich zögen, die aufsteigenden Dünste selbiges aber wieder aus der Luft annähmen, und
auf diese Weise die Wolken elektrisch würden.

Wenn dieses an dem wäre, so stellete ich mir
vor, ich müßte auch meine elektrische Stange dadurch negativ elektrisiren können; wenn ich gegen
dieselbe, vermittelst eines Blasbalges, einen beständigen heftigen Strom von Luft antriebe, indem die reibenden Theilchen der Luft bey dieser

Gelegenheit einen Theil von der natürlichen Menge des elektrischen Fluidi derselben wegnehmen
müßten. Ich stellete den Versuch zwar auf diese
Art an, er blieb aber ohne Erfolg.

Im September 1752 richtete ich eine eiserne
Stange auf, den Blitz in mein Haus herunter
zu leiten, und einige Versuche damit anzustellen.
Ich brachte hiebey zwo Glocken, eine Erfindung, die
fast jeder Elektricus gehabt hat, an, welche anzeigen sollten, so bald die Stange elektrisch werden
würde.

Ich fand hiedurch, daß die Glocken zuweilen
an zu läuten fiengen, wenn man gar keinen Blitz
oder Donner verspürete, sondern nur eine schwarze Wolke über der Stange stand: und daß dieselben zuweilen nach einem Blitze plötzlich zu läuten
aufhöreten; zu andern Zeiten aber, wenn sie
vorher gar nicht geläutet hatten, nach erfolgtem
Blitze schleunig zu läuten anfiengen. Daß die
Elektricität zuweilen schwach sey, und, nachdem
man einen kleinen Funken bekommen hatte, den
andern erst nach einiger Zeit wieder erhalten
konnte. Zu anderer Zeit folgten die Funken sehr
schnell auf einander, und einmal hatte ich einen
beständigen Strom, von einer Glocken zur andern, in der Dicke einer Rabenfeder. Während desselben Gewitters fanden sich aber dennoch
merkliche Abwechselungen.

Im folgenden Winter gedachte ich durch einen Versuch zu erforschen, ob die Wolken positiv
oder negativ elektrisiret wären; weil aber meine
spitzige Stange und deren Einrichtung in Unord-
nung gerathen war, brachte ich dieselbe vor dem
Frühlinge, zu welcher Zeit ich mit der warmen
Witterung auch die Donnerwolken häufiger erwartete, nicht wieder in Ordnung.

Die Versuche selbst bestanden in folgendem:
Man nimmt zwo Flaschen, eine derselben lädet man
mit dem Blitze aus der eisernen Stange, der andern
giebt man aber eine eben so starke Ladung mit der
gläsernen Elektrisirkugel, vermittelst der Elektrisirstange. Wenn beyde geladen sind, setzet man
sie auf einen Tisch, drey oder vier Zoll von einan-

der, und läßt eine kleine Korkkugel an einem seidenen Faden von der Decke dergestalt herunter hängen, daß dieselbe zwischen denen Drähten hin und her spielen kann. Sind nun beyde Boutellien positiv geladen; so wird die Kugel, nachdem sie von der einen angezogen und abgestoßen worden, ebenfalls von der andern abgestoßen werden. Ist aber die eine positiv, die andere aber negativ geladen; so wird die Kugel von einer jeden wechselsweise abgestoßen, und angezogen werden, und wird beständig zwischen beyden, so lange noch eine merkliche Ladung in denselben vorhanden ist, hin und her spielen.

Weil ich also hierauf sehr aufmerksam war, diese Erfahrung anzustellen, gereichete es mir zu keiner geringen Betrübniß, daß ich eben zu der Zeit abwesend seyn mußte, da wir im Frühjahre die zwey ersten und stärksten Gewitter hatten. Ich hatte zwar in meinem Hause Befehl gegeben, daß man, wenn die Glocken während meiner Abwesenheit läuten würden, etwas von dem Blitze für mich in die elektrischen Flaschen sammlen sollte; sie hatten solches auch gethan: dasselbe war aber schon vor meiner Zurückkunft größtentheils verschwunden. Bey einigen andern Gewittern war dasjenige, was ich vom Blitze zu bekommen im Stande war, so geringe, und die Ladung so schwach, daß solches mir selber kein Genüge leisten konnte. Unterdessen sah ich zuweilen etwas, welches meinen Argwohn vermehrete, und meine Neugierde anfeuerte.

Endlich entstand am zwölften April 1753 ein starkes Gewitter, welches zugleich von einiger Dauer war. Ich lud also eine Flasche vollkommen gut mit Blitz; eine andere aber, so viel ich urtheilen konnte, in gleichem Grade mit Elektricität aus meiner Glaskugel. Nachdem ich dieselben gehörig hingestellet hatte, sahe ich mit großer Bestürzung und vergnügend, die Korkkugel zwischen beyden lebhaft hin und her spielen, und ward hiedurch überzeuget, daß eine Boutellie negativ geladen wäre.

Ich wiederholte diese Erfahrung zu verschiedenen malen während dieses und ebenfalls in acht auf einander folgenden Gewittern, jederzeit mit gleichem Erfolge. Und weil ich aus denen Gründen, die ich vormals in meinem Briefe an Herrn Kinnersley, der nachdem in London gedruket ist, angegeben habe, der Meynung bin, daß die Glaskugel positiv elektrisiret; so schließe ich, daß die Wolken allezeit negativ elektrisch sind, oder jederzeit weniger als ihre natürliche Quantität von elektrischem Fluido in sich haben müssen. Es scheint unterdessen, daß ich so vieler Erfah-

rungen ungeachtet, den Schluß dennoch zu frühe mache. Denn am verwichenen sechsten Junius, traf ich in einem Gewitter, welches von fünf Uhr Nachmittags bis um sieben anhielte, eine Wolke an, die positiv elektrisch war; obgleich verschiedene, welche während eben desselben Gewitters über meine Stange zuvor schon weggegangen waren, sich im negativen Zustande befanden. Ich entdeckte dieses auf folgende Art.

Ich stellete noch einen andern ähnlichen Versuch, welchen ich ofte wiederholte, an, den negativen Zustand der Wolken zu beweisen: nämlich, während der Zeit, daß die Glocken läuteten, nahm ich die von der Glaskugel geladene Flasche, und hielte ihren Draht an die aufgerichtete Stange. Ich schloß: wenn die Wolken positiv elektrisch wären; so müßte die Stange, welche ihre Elektricität von ihnen bekam, ebenfalls so beschaffen seyn, und es würde so dann die hinzukommende positive Elektricität der Flasche machen, daß die Glocken geschwinder läuteten. Befänden sich aber die Wolken in einem negativen Zustande; so müßten dieselben das elektrische Fluidum aus meiner Stange herausziehen, und dieselbe in den negativen Zustand, worinn sie sich selbst befinden, versetzen. Der Draht einer positiv geladenen Flasche würde daher der Stange jederzeit das ihr mangelnde ersetzen, welches sie widrigenfalls, vermittelst der herunter hängenden Metallkugel, die zwischen den Glocken hin und her spielete, aus der Erde anzuziehen gezwungen wäre. Hiedurch müßte also das Geläute aufhören, bis die Boutellie gänzlich entladen wäre. Ich entlud auch wirklich verschiedene mit der Glaskugel geladene Flaschen auf diese Weise in die Stange. Das elektrische Fluidum strömete aus dem Drahte so lange in die Stange, bis der Draht von dem Finger keinen Funken mehr annehmen wollte. Während dieser Füllung der Stange aus der Flasche, hielten die Glocken mit Läuten inne. Wenn ich aber mit Anlegung des Drahtes in der Flasche an die Stange fortfuhr; so erschöpfte ich die natürliche Quantität der innern Fläche von eben dieser Flaschen, oder, wie ich es nenne, ich lud dieselben negativ.

Endlich aber, da ich eine Flasche mit der Glaskugel lud, um diesen Versuch zu wiederholen, höreten meine Glocken von selber auf zu läuten, und fiengen nach einer kleinen Weile wieder an. Wie ich mich hierauf mit dem Drahte der geladenen Flasche der Stange näherte, fand ich statt des gewöhnlichen Stromes, den ich aus dem Drahte gegen die Stange erwartete, nicht den geringsten Funken: ja dieser erfolgete nicht einmal, wenn ich den Draht und die Stange zur Berührung mit einander brachte. Unterdessen setzten die Glocken ihr Läuten tapfer fort. Dieses zeigete mir, daß die Stange itzt eben so wohl und eben so stark als die Flasche, positiv elektrisiret wäre, und daß folglich diese einzelne Wolke, welche damals über der Stange stand, sich ebenfalls in diesem positiven Zustande befände. Dieses trug sich nahe gegen das Ende des Gewitters zu.

152 Es ist dasselbe zwar eine einzelne Erfahrung, sie stößt aber dem unerachtet meinen vorigen allgemeinen Schluß um, und bringt mich zu folgendem: Die Gewitterwolken befinden sich mehrentheils in einem negativen, dennoch aber auch zuweilen in einem positiv elektrischen Zustande *.

Ich glaube, dieses letztere kömmt selten. Denn ob ich gleich bald nach der letztern Erfahrung, eine Reise nach Boston that, und den größten Theil des Sommers über vom Hause war, wodurch ich verhindert ward, mehrere Versuche und Beobachtungen anzustellen; so kam doch Herr Kinnersley, eben als ich vom Hause gieng, von den Eilanden zurücke, setzete die Erfahrungen in meiner Abwesenheit fort, und benachrichtigte mich, daß er die Wolken jederzeit im negativen Zustande gefunden habe. Hieraus nun folget: daß bey Gewittern die Erde mehrentheils gegen die Wolken, und nicht die Wolken gegen die Erde schlagen.

Diejenigen, welche in elektrischen Versuchen erfahren sind, werden leichte begreiffen können, daß die Wirkungen und Erscheinungen in beyden Fällen fast einerley seyn müssen. Es wird eben dieselbe Explosion und eben derselbe Blitz, zwischen einer Wolke und einer andern, und zwischen denen Wolken und denen Gebirgen u. d. g. entstehen; einerley Umsturz der Bäume und Mauern, welche das elektrische Fluidum auf seinem Wege 153 antrifft, und einerley tödtliche Erschütterung derer thierischen Körper. Spitzige Stangen, welche auf Gebäuden oder Mastbäumen der Schiffe aufgerichtet, und mit der Erde oder dem Meere in Gemeinschaft stehen, müssen demnach zur stillen Wiederherstellung des Gleichgewichtes zwischen der Erde und den Wolken, zur Ableitung eines Blitzes und Schlages, wenn sich dergleichen finden sollte, und zur Schadloshaltung der Häuser und Schiffe, eben dieselben Dienste thun;

* Anm. §. 71.

denn Spitzen haben eine gleiche Kraft das elektrische Feuer abzuleiten, als anzuziehen, und dergleichen Stangen führen das Feuer so wohl aufals niederwärts.

Wenn aber gleich die aus diesen Versuchen erlangte Einsichten in der Praxi keine Veränderung machen; so ist dieselbe doch in Absicht auf die Theorie sehr merklich.

Wir haben nämlich anitzo eine Hypothese, zu erklären, wie die Wolken negativ werden, eben so nöthig, als zuvor, da wir erklären sollten, wie selbige positiv werden könnten.

Ich kann nicht umhin, bey dieser Gelegenheit einige Muthmaßungen zu wagen. Sie enthalten dasjenige, was mir gegenwärtig eingefallen ist. Sollten künftige Entdeckungen zeigen, daß dieselben nicht vollkommen richtig sind; so haben sie doch gegenwärtig den Nutzen, daß dieselben die Neugierde anderer aufmuntern werden, mehrere Versuche hierüber anzustellen, und genauere Untersuchungen zu veranlassen.

Ich stelle mir die Sache folgendergestalt vor. 154 Durch die Substanz dieser Erd- und Wasserkugel, mit ihren Pflanzen, Thieren und Gebäuden, ist von dem elektrischen Fluido so viel vertheilet, als dieselben fassen können. Dieses wird die natürliche Quantität derselben genennet.

Die natürliche Quantität ist aber weder in jeder Art gemeiner Materie von einerley Größe, noch in einerley Art dieser gemeinen Materie unter allen Umständen einerley. Es kann vielmehr zum Exempel ein Cubicfuß von einer Art dieser gemeinen Materie, von dem elektrischen Fluido mehr enthalten, als ein Cubicfuß von einer andern Art gemeiner Materie. Und ein Pfund von eben der Art gemeiner Materie kann, wenn sich dieselbe in einem verdünneten Zustande befindet, von dem elektrischen Fluido mehr enthalten, als in einem dichtern Zustande. Wenn das elektrische Fluidum von einem Theile der gemeinen Materie angezogen wird, so werden die Theile desselben, welche sich unter einander abstoßen, durch das Anziehen der gemeinen Materie, welche dieselben eingesogen hat, so lange näher zusammen gebracht, bis ihr Abstoßen der zusammendrückenden Kraft der gemeinen Materie gleich ist; alsdann wird ein solcher Theil von gemeiner Materie nichts mehr einziehen.

Wenn Körper verschiedener Art dergestalt ihre sogenannte natürliche Quantität eingesogen und angezogen haben, nämlich so viel von der elektrischen Materie, als die Beschaffenheit von Dichtigkeit, Dünnigkeit und Kraft des Anziehens 155 derselben erfodern; so geben sie unter einander gar kein Zeichen von Elektricität. Wird einem dieser Körper mehr von der elektrischen Materie zugeleget; so dringt dieselbe nicht hinein, sondern breitet sich auf der Oberfläche aus, und machet eine Atmosphäre: und ein solcher Körper giebt Zeichen der Elektricität von sich.

Ich habe in einem meiner vorigen Briefe die gemeine Materie mit einem Schwamme, die elektrische aber mit dem Wasser verglichen. Ich bitte mir die Freyheit aus, daß ich dieses Gleichniß noch einmal, meine Meynung in diesem besondern Falle weiter zu erklären, gebrauchen darf.

Wenn ein Schwamm in etwas zusammengepresset wird, indem man ihn zwischen den Fingern drücket; so wird derselbe nicht mehr so viel Wasser fassen, als er in seinem ledigen und offenen Zustande thun konnte.

Wird derselbe noch stärker gedrucket und zusammengepresset; so kömmt aus dessen innern Theilen einiges Wasser heraus, und verbreitet sich auf der Oberfläche.

Läßt der Druck von den Fingern gänzlich nach; so wird der Schwamm nicht nur dasjenige wieder annehmen, was zulest herausgedrücket ward, sondern wird auch noch überdem ein mehreres anziehen.

Weil der Schwamm in seinem lockern Zustande natürlicher Weise mehr, in seinem dichtern Zustande aber natürlicher Weise weniger ¹⁵⁶ Wasser an- und einzieht; so kann man die Menge des Wassers, welche er in jedem von beyden Umständen anzieht und einsaugt, die natürliche Quantität desselben nennen: indem man hiebey immer auf die Beschaffenheit seines Zustandes sieht.

Was hier der Schwamm in Absicht auf das Wasser ist; das ist das Wasser in Absicht auf elektrische Materie.

Wenn das Wasser sich in dem gewöhnlichen dichtern Zustande befindet, kann dasselbe nicht mehr von der elektrischen Materie fassen, als es hat. So bald von selbiger noch mehr hinzu kömmt, verbreitet sich solches auf der Oberfläche des Wassers. Wenn eben dieselbe Menge Wasser in Dünste aufgelöset wird, und Wolken machet, kann dasselbe eine viel größere Menge annehmen und einsaugen. Denn hier bleibt so viel Raum, daß jeder Theil des Wassers eine elektrische Atmosphäre annehmen kann.

Das Wasser wird also in seinem dünnern Zustande, oder in der Gestalt einer Wolke, sich in einem negativen Zustande von Elektricität befinden. Dasselbe wird weniger als seine natürliche Quantität haben, das ist, weniger als dasselbe in diesem Zustande natürlicher Weise anziehen und einsaugen kann.

Wenn nun eine solche Wolke der Erde so nahe kömmt, daß sie in einer zum Schlage geschickten Entfernung sich befindet; würde dieselbe aus der Erde einen Blitz von elektrischer Materie annehmen: der aber, um die große ¹⁵⁷ Weite der Wolke auszufüllen, zuweilen eine sehr große Menge von dieser flüßigen Materie enthalten muß.

Es kann eine solche Wolke, welche über Wälder voll hoher Bäume weggeht, ebenfalls aus den Spitzen derselben, und den scharfen Ecken nasser Blätter, die oben an den Spitzen der Bäume sitzen, stillschweigend einige Füllung erhalten.

Eine Wolke, welche auf einige Art aus der Erde gefüllet ist, kann gegen andere Wolken, welche gar nicht, oder wenigstens nicht so stark wie sie, angefüllet sind, schlagen. Diese können wider gegen andere schlagen: und dieses dauret, bis unter allen Wolken, die sich in einer zum Schlagen geschickten Entfernung gegen einander befinden, das Gleichgewicht hergestellet ist.

Die Wolke welche dergestalt gefüllet war, aber von demjenigen, so sie anfangs empfangen hatte, vieles mitgetheilet hat, kann aus der Erde, oder aus einer andern Wolke, welche durch die Winde in eine solche Stellung gekommen ist, daß sie dasselbe leichter aus der Erde wieder annehmen kann, eine neue Füllung erhalten. Hieraus entstehen wiederholte und beständige Schläge und Blitze, bis alle Wolken ihre natürliche Quantität als Wolken, beynahe erhalten haben, oder in Regengüssen wieder herunter gefallen, und mit dieser Erd- und Wasserkugel, ihrem ersten Ursprunge, wieder vereiniget sind.

Es befinden sich diesem zufolge die Gewitterwolken gemeiniglich, in Vergleichung mit unserer Erde, in einem negativen Zustande von Elektricität; welches mit unsern mehresten Erfahrungen ¹⁵⁸ übereinstimmet. Weil wir aber dennoch durch die Erfahrung gefunden haben, daß eine Wolke ebenfals positiv elektrisch war; so muthmaße ich, diese Wolke, nachdem sie dasjenige, was in ihrem verdünneten Zustande nur ihre natürliche Quantität war, angenommen hatte, sey durch treibende Winde oder auf andere Art zusammen gedrücket worden. Hiedurch ist etwas von demjenigen, welches sie zuvor eingesogen hatte, heraus gedrücket worden, und hat bey dem verdickten Zustande eine Atmosphäre um dieselbe gemachet. Sie konnte meiner Stange daher allerdings auch positive Elektricität mittheilen.

Zu beweisen, daß ein Körper, nach den verschiedenen Umständen von Erweiterung und Zusammenziehung, vermögend sey mehr oder weniger von der elektrischen Materie anzunehmen und zu enthalten, will ich nur folgenden Versuch erzählen. - Ich setze ein reines Weinglas auf dem Fußboden nieder; auf selbiges stelle ich eine kleine silberne Kanne. In diese Kanne lege ich eine über drey Faden lange Metallkette, an derem einem Ende ich einen seidenen Faden befestige, der bis an den Boden des Zimmers reichet, woselbst er über eine Rolle läuft, und wieder zu meiner Hand herunter geht. Hiedurch kann ich die Kette nach Gefallen aus der Kanne herausziehen, dieselbe bis auf einen Fuß weit von der Decke ausdehnen und wieder nachgerade in die Kanne zurücke sinken lassen. Von der Decke lasse ich an einem andern Faden roher Seide einen kleinen leichten Pflock Baumwolle dergestalt senkrecht herunter hängen, daß derselbe die Seiten der Kanne berühret. Ich bringe hierauf den Draht von einer geladenen Flasche an die Kanne, und gebe ihr einen Funken, welcher dieselbe mit einer elektrischen Atmosphäre umgießt; hiedurch wird die Baumwolle von der Seite der Kanne auf neun bis zehen Zolle weit abgestoßen. Die Kanne nimmt itzt weiter keinen Funken von der Flasche an. Wenn ich aber die Kette nachgerade in die Höhe ziehe, so vermindert sich die Atmosphäre der Kanne, und verbreitet sich über die heraufsteigende Kette; welchem zufolge der Pflock Baumwolle sich immer näher und näher an die Kanne zieht. Bringe ich hierauf den Draht der Flasche wieder an die Kanne; so bekomme ich einen neuen Funken, und die Baumwolle geht wieder auf die vorige Entfernung zurück. Auf diese Weise nimmt, wenn man die Kette höher zieht, die Kanne immer mehr und mehr Funken an; denn die Kanne und die ausgedehnte Kette können itzt zusammen eine größere Atmosphäre fassen, als die Kanne allein thun konnte, wenn die Kette in der Hölung derselben gehäuft zusammen lag. Daß die Atmosphäre um die Kanne beym Aufsteigen der Kette abnehmen, und beym Niederlassen derselben wachsen mußte, ließ sich nicht nur richtig schließen: denn die Atmosphäre der Kette mußte, wenn die Kette stieg, von derjenigen welche die Kanne hatte, abgezogen werden, und wieder zu derselben hinzukommen, wenn dieselbe wieder herunter fiel; sondern dieses fiel auch deutlich in die Augen, weil die Baumwolle sich beständig der Kanne näherte, wenn die Kette aufgezogen war, und von derselben zurückgieng, wenn man dieselbe wieder niederließ. *

Wir sehen hieraus, daß das Zunehmen der Fläche einen Körper in den Stand setzet, eine größere elektrische Atmospähre anzunehmen. Unterdessen gestehe ich gerne, daß diese Erfahrung meinen Satz noch nicht vollkommen beweise. Denn das Metall und Silber bleiben hier in ihrem soliden Zustande, und werden nicht, wie das Wasser in den Wolken, in Dünsten aufgelöset. Man würde vielleicht diese Sache durch einen Versuch, bey dem man das Wasser wirklich in Dünsten auflöset, in ein helleres Licht setzen können.

Es kann gegen diese neue Hypothese ein scheinbarer wichtiger Einwurf, der in folgendem besteht, gemachet werden. Wenn Wasser in seinem verdünneten Zustande in den Wolken, mehr elektrisches Feuer erfodert und einsauget, als wenn dasselbe sich in seinem verdickeren Zustande als bloßes Wasser befindet; warum zieht dasselbe nicht alsobald in dem Augenblicke da es die Oberfläche derselben verläßt, ihr noch nahe ist, und eben in Dünsten aufsteigt und aufgelöset wird, alles wieder an sich, was ihnen fehlet? Ich gestehe gerne, daß ich für diese Schwierigkeit bisher keine Auflösung weis, die mir selber ein Genüge leistete. Ich hielte dem unerachtet mich für verbunden, diese Theorie in ihrer ganzen Stärke so vorzustellen, wie ich es gethan habe, und unterwerfe das Gantze einer weitern Untersuchung. *

Ich empfehle es allen Liebhabern dieses Theiles der Naturlehre, daß sie mit sorgfältigen und genauen Beobachtungen, die Versuche, welche ich in diesem und den vormaligen Briefen, von der positiven und negativen Elektricität vorgetragen habe, nebst andern, welche hieher gehören und denenselben vorkommen werden, wiederholen mögen; damit man gewiß erfahre, ob die von der Glaskugel mitgetheilte Elektricität wirklich die positive sey. Ich ersuche ebenfalls alle diejenigen, welche Gelegenheit haben, noch mehrere Wirkungen des Blitzes an Gebäuden, Bäumen u. d. g. zu sehen: daß sie besonders ein Auge darauf wenden, die Richtung desselben zu entdecken. Bey diesen Untersuchungen muß man aber besonders folgendes verstehen. Nämlich: wenn ein Strom von elektrischer Materie, durch Holz, Ziegelsteine, Metalle, u. s. f. in kleinen Quantitäten durchgeht; so wird die gegenseitig abstoßende Kraft der Theile desselben, durch

* Anm. §. 72.   † Anm. §. 73.

das Zusammenhängen der Theile des Körpers, wodurch sie geht, eingeschlossen und überwältiget: und dadurch wird dem Ausbruche vorgebeuget. Kömmt aber die Materie in einer so großen Menge, daß sie durch dieses Zusammenhängen nicht kann eingeschlossen werden; so bricht dieselbe aus, und zerreißt oder zerschmelzet den Körper, der sie einschließen will. Besteht dieser aus Holz, Steinen, Ziegel oder dergleichen; so fliegen die Stücken nach derjenigen Seite davon, an welcher der geringste Widerstand war. Wenn daher an einem geladenen Kolben ein Loch durch Pappe geschlagen wird, und die Flächen der Pappe nicht eingeschlossen oder zusammengepresset sind; so wird rund um das Loch an beyden Seiten von der Pappe ein Rand aufgeworfen. Ist aber eine Seite eingeschlossen, daß der Rand sich an dieser Seite nicht erheben kann; so richtet sich alles nach der andern Seite auf, nach welcher die Materie ebenfalls ihre Richtung nahm. Der Rand um das Loch herum, ist die Wirkung des Ausbruches, welcher jederzeit in dem Mittelpunkte des Stromes entsteht, und nicht die Wirkung von der Richtung desselben *.

Ich bin der Meynung, daß bey jedem Blitze, der Strom von elektrischer Materie, welcher hinüberfährt, um das Gleichgewicht zwischen der Erde und den Wolken wieder herzustellen, jederzeit seinen Durchgang schon bereit findet, und sich, wenn ich so reden darf, seinen eigenen Weg aussuchet, welchen er jederzeit durch alle die zuleitenden Körper nimmt, die er finden kann. Dergleichen sind Metalle, feuchte Mauren, nasses Holz u. d. g. Er wird daher sehr ofte, bessern Ableitern zu gefallen, merklich von dem geraden Wege abweichen. In seinem Laufe beweget sich derselbe wirklich vor dem Ausbruche, in und zwischen denen zuleitenden Körpern ganz stillschweigend und unmerklich. Diese Ausbrüche entstehen aber nur in den Fällen, wo die zuleitenden Körper die Materie nicht so geschwinde wieder abgeben können, als sie dieselbe empfangen; und dieses geschieht, wenn sie getheilet, getrennet und zu klein sind, oder nicht aus denen zum Zuführen am besten geschickten Materien bestehen. Ich glaube daher, daß Metallstangen von zureichender Dicke, welche von dem höchsten Theile des Gebäudes bis in den Grund desselben gehen, weil sie aus einerley zum Ableiten am besten geschickten Materie bestehen, das Gebäude vor Schaden in Sicherheit, und zwar dadurch, stel-

* Anm. §. 74.

len werden, daß sie das Gleichgewicht so geschwinde wieder herstellen, daß dem Schlage vorgebeuget wird; oder daß sie denselben, wenigstens so weit die Stange reicht, fortleiten, und also weiter kein Ausbruch geschehen kann, als derjenige, welcher über der Spitze derselben, zwischen der Spitze selbst und den Wolken entsteht.

Frägt man, wie groß die Dicke einer solchen Metallstange seyn müsse, welche zu diesem Endzwecke für zureichend könnte gehalten werden; so will ich zur Antwort nur folgendes bemerken: Fünf große Glaskolben, wie ich dieselben in den vorigen Briefen beschrieben habe, geben eine große Menge von Elektricität von sich. Diese wird dem unerachtet, durch die dünne Goldbelegung auf dem Bande eines Buches, rund um die Ecken des Buches herumgeleitet, und folget lieber dem Golde diesen weitern Weg herum, als dem kurzen Laufe durch den Band selber; weil dieser kein so gut zuführender Körper ist, wie jenes. Nun ist in einem solchen Goldstreifen das Metall so ungemein dünne, daß es fast nichts als die Farbe des Goldes hat, und machet auf einem Buche in 8vo in allem keinen Quadratzoll, und also nach Herrn Reaumur, keinen sechs und dreyßigsten Theil eines Grans aus. Unterdessen ist es vermögend, die Ladung aus fünf großen Kolben, und wer weis, aus wie viel mehreren, fortzuleiten. Nun will ich setzen, daß ein Draht, der einen Viertel Zoll im Durchmesser hat, fünftausendmal so viel Metall enthalte, als in diesem Goldstreifen ist. Wenn dem also ist, so wird derselbe die Ladung von fünf und zwanzig tausend solchen Glaskolben ableiten können; welches aber eine Menge ist, die meines Bedünkens dasjenige weit übertrifft, was jemals in einem Schlage von natürlichen Blitz enthalten gewesen ist. Eine Stange, die im Durchmesser einen halben Zoll ist, wird viermal so viel ableiten, als diejenige, welche nur einen Viertel Zoll hat.

Wenn man auf die Zuführung selbst acht hat, so findet man; daß, obgleich eine bestimmte Dicke des Metalles erfodert wird, eine große Menge von Elektricität abzuleiten, zu gleicher Zeit aber sich selbst fest und unzertrennet zu erhalten; indem eine geringere Menge, wie zum Exempel ein viel dünnerer Draht, durch die Explosion verzehret wird: so leistet dennoch ein solcher dünner Draht seiner Absicht, nämlich einen Schlag abzuleiten, ein Genüge, ob er gleich hiedurch unfähig gemachet wird, noch einen zweyten abzuführen. Betrachtet man hiebey die außerordentliche Geschwindigkeit), mit welcher sich die elektrische Materie auch ohne Explosion fort beweget, so bald sie einen freyen Durchgang oder eine völlige Ableitung vermittelst Metallen vorfindet; so sollte ich glauben, es könne eine ungeheure Menge davon in kurzer Zeit, so wohl gegen als aus denen Wolken, um das Gleichgewicht mit der Erde wieder herzustellen, vermittelst eines sehr dünnen Drahtes herzugeleitet werden: und daher scheinen dicke Stangen nicht so gar nothwendig. Da aber unterdessen die Größe des Blitzes, welche in einem Schlage entladen wird, nicht füglich kann abgemessen werden, und in verschiedenen Schlägen gewiß sehr verschieden, und bey dem einen Blitze viel größer ist als bey dem andern: das Eisen aber, als das zu diesem Endzwecke sich am besten schickende Metall, weil es nämlich nicht leichte schmelzet, spottwohlfeil ist; so wird es gut seyn, daß man zu diesem Ende dennoch einen weitern Canal anbringe, als wir dazu für nothwendig halten, diesen heftigen Stoß abzuwenden. Ist 166 ein mittelmäßiger Draht schon hinreichend; so werden deren drey oder vier keinen Schaden thun können. Sorgfältig mit einander verglichene Beobachtungen werden aber mit der Zeit die eigentliche Größe derselben mit mehrerer Gewißheit bestimmen. Spitzige Stangen, welche auf den Gebäuden aufgerichtet werden, können ebenfalls den Schlag auf folgende Weise sehr oft abwenden. Wenn ein Auge die Stellung hat, daß es die untere Seite derer Gewitterwolken horizontal ansehen kann; so wird dieselbe ihm sehr uneben erscheinen. Es befindet sich unter denselben eine Menge abgesonderter Stücke, oder kleiner Wolken, die eine unter der andern stehen, und deren unterste oft nicht weit von der Erde entfernet ist. Diese kommen, als eben so viel Staffeln der Ableitung eines Schlages, zwischen der Wolke und dem Gebäude, einander zu Hülfe. Will man dieses durch einen Versuch vorstellig machen, so nehme man zween oder drey Pflöcke feiner lockerer Baumwolle; einen derselben hänge man an einen feinen zween Zoll langen Faden, welcher mit dem Finger aus eben dem Pflocke kann gesponnen werden, an die Elektrisirstange auf. An diesen hänge man den zweyten, und an diesen wieder den dritten, vermittelst eben solcher Fäden. Drehet man hierauf die Elektrisirkugel; so wird man diese Pflöcke sich selbst gegen den Tisch ausdehnen sehen, von welchem sie eben so angezogen werden, wie solches bey den kleinen Wolken von der Erde geschieht. Bringt man aber eine scharfe aufwärts gerichtete Spitze unter den untersten Pflock; so wird 167 sich derselbe gegen den zweyten, der zweyte aber gegen den erstern, und alle zusammen endlich an die Elektrisirstange in die Höhe ziehen. Hier werden sie so lange verharren, als die Spitze unter ihnen stehen bleibt. Können nicht vielleicht auf gleiche Weise die kleinen elektrisirten Wolken, deren Gleichgewicht mit der Erde, durch die Spitze schnell wieder hergestellet wird, zu dem Hauptkörper in die Höhe steigen, und auf diese Weise in demselben eine so große Entledigung verursachen, daß die große Wolke an diesem Orte nicht schlagen kann?

Viele von diesen Gedanken, mein Freund, sind noch rohe und übereilet. Wäre ich blos bemühet, in der Naturlehre berühmt zu werden; so müßte ich dieselben bey mir behalten, bis sie verbessert und durch Zeit und weitere Erfahrungen bestätiget wären. Weil aber ebenfalls ein kleiner Wink und unvollkommene Versuche in einem neuen Theile einer Wissenschaft, wenn dieselbigen bekannt gemachet werden, oft zur Erweckung der Aufmerksamkeit sinnreicher Leute zu eben dieser Sache, gute Wirkung haben, und dadurch eine Gelegenheit zu genauern Untersuchungen und vollkommenen Entdeckungen werden; so steht es Ihnen frey, auch diesen Brief, wenn es Ihnen gefällig ist, mitzutheilen. Denn es ist von größerer Wichtigkeit, daß die Erkänntniß wachsen möge, als daß Ihr Freund für einen großen Weltweisen gehalten werde.

Dreyzehenter Brief,

Von Benjamin Franklin Esq. aus Philadelphia, an Peter Collinson Esq. Mitglied der königlichen Societät der Wissenschaften in London, vom 18. April 1754.

Mein Herr!

Seit dem vorigen September, bin ich auf zwo langen Reisen abwesend, und sonst sehr beschäfftiget gewesen; ich habe dahero nur wenig Beobachtungen über den positiven und negativen Zustand der Wolken machen können. Herr Kinnersley hatte aber seine Stange und Glocken in gute Verfassung gebracht, und hat viele Beobachtungen angestellet.

Im vergangenen Winter läuteten die Glocken einmal während eines fallenden Schnees, obgleich kein Donner gehöret und kein Blitz gesehen ward, eine lange Zeit. Die Blitze und Funken von elektrischer Materie, welche zwischen denen Glocken schlugen, waren zuweilen so stark und helle, daß man sie durch das ganze Haus hören konnte. Bey allen seinen Beobachtungen sind die Wolken beständig in einem negativen Zustande gewesen; bis er ungefähr vor sechs Wochen fand, daß dieselben einmal, auf wenige Minuten, aus negativ in positiv übergiengen. Ungefähr vier und zwanzig Stunden nachher, machete er wieder eine Beobachtung von derselben Art. Und am vorigen Montag Nachmittag, da der Wind stark aus Südosten wehete, und sich nach Nordosten drehete, wobey zugleich viel dicke Wolken trieben, geschahen fünf bis sechs auf einander folgende Abwechselungen von negativ in positiv, und von positiv in negativ. Die Glocken höreten zwischen jedem Uebergange ein bis zwo Minuten lang auf zu läuten.

Außer denen in meinem Briefe vom letzten September, angeführten Methoden, den elektrichen Zustand der Wolken zu erforschen, kann man sich noch folgender Art mit Nutzen bedienen. Wenn die Glocken läuten, führe man eine geriebene Elektrisirröhre vor den Rand der Glocke vorbey, welche mit der zugespitzten Stange verbunden ist. Ist die Wolke nun in einem negativen Zustande, so höret das Läuten auf; ist sie aber positiv, so wird dasselbe fortdauren, und lebhafter werden *. Oder man hänge eine sehr kleine Korkkugel an einen feinen seidenen Faden dergestalt auf, daß dieselbe dichte an die Stangenglocke anliegt. So bald itzt die Glocke elektrisch wird, es mag dieses positiv oder negativ geschehen; so wird die kleine Kugel abgestoßen, und bleibt in einiger Entfernung von der Glocke. Man halte einen mit einem runden Knopfe versehenen gläsernen Glasdeckel in Bereitschaft, reibe denselben so lange am Leibe, bis er elektrisch wird, und bringe ihn darauf gegen die kleine Korkkugel: ist nun die Elektricität in der Kugel positiv; so wird dieselbe von dem Glasdeckel eben so wohl, als von der Glocke, abgestoßen werden. Ist sie aber negativ; so wird dieselbe an den Deckel hinan fliegen.

* Anm. §. 75.

Anmerkungen

über

die Briefe des Herrn Abt Nollets
von der Elektricität,

an

Benjamin Franklin Esq.
zu Philadelphia, von Hrn. David Colden,
aus Coldenham in Newyork, den
4ten December 1753.

Mein Herr!

In Betrachtung der Briefe des Herrn Abt Nollets an Herrn Franklin, bin ich gezwungen, alle die Versuche zu übergehen, welche mit oder in hermetisch-sigillirten und luftleeren Gläsern angestellet sind. Denn weil ich nicht im Stande bin, diese Erfahrungen zu wiederholen; so kann ich nichts, was mir dabey einfallen möchte, durch Erfahrungsproben behaupten. Der erste Satz, worüber ich meine Meynung zu sagen wagen darf, ist derjenige, welcher in des Herrn Abts vierten Briefe p. 60. vorkömmt, und worinn derselbe zu beweisen übernimmt: daß die elektrische Materie, von einer Fläche zur andern, durch die ganze Dicke des Glases durchgehe. Er nimmt des Herrn Franklins Versuch mit dem Zaubergemälde vor, und schreibt davon folgendes.

„Wenn man eine an beyden Seiten mit „Metall belegte Glasplatte elektrisiret; so ist es „augenscheinlich, daß der Körper, welchen man „an die Seite bringt, die der andern, welche die „Elektricität von der Elektrisirstange empfängt, „entgegen steht, ebenfalls eine sehr merkliche elek-„trische Kraft annehme." Der Herr Franklin saget: Daß dieses die bestimmte Quantität von elektrischer Materie sey, welche aus dieser Seite durch dasjenige, welches aus der Elektrisirstange in die andere Seite hinein gebracht ist, herausgetrieben wird. Diese hintere Fläche fährt fort, die elektrische Kraft einem jeden Dinge, welches dieselbe berühret, so lange mitzutheilen, bis sie von ihrem elektrischen Feuer gänzlich entladen ist.

Hingegen wirft der Herr Abt folgendes ein: „Man sage mir, ich bitte Sie, wie viel Zeit ge-„höret zu dieser vorgegebenen Entladung? Ich „kann Sie versichern, daß, nachdem ich das Elek-„trisiren ganze Stunden lang fortgesetzet hatte, „mir diese Fläche, welche meines Bedünkens

„ihrer elektrischen Materie gänzlich hätte beraubet „seyn müssen, wenn man die große Anzahl der „Funken, die man aus selbiger gezogen hatte, und „die Zeit, während welcher diese Materie der „Wirkung der austreibenden Kraft ausgesetzt „gewesen, in Betrachtung zieht, dadurch immer „stärker elektrisch, und besser geschickt zu werden, „alle Wirkungen eines wirklich elektrischen Kör-„pers hervorzubringen." p. 68.

Der Herr Abt erzählet uns hier nicht, was dieses für Wirkungen gewesen sind. Alle Wirkungen, die ich jemals habe wahrnehmen können, und diejenigen, welche man hier wirklich bemerken kann, können sehr leichte erkläret werden; wenn man gleich annimmt, daß diese Seite von elektrischer Materie gänzlich beraubet sey. Die merklichste Wirkung, die ein mit Elektricität geladener Körper hat, besteht darinn: daß er, so bald man einen Finger dagegen hält, gegen den Finger einen Funken schlägt. Wenn man nun eine Flasche, welche zu dem Leydenschen Versuche eingerichtet ist, an dem Flintenlaufe, oder die Elektrisirstange aufhängt, und die Kugel, um selbige zu laden, drehet; kann man, so bald die elektrische Materie rege gemacht wird, einen Funken von der äußern Fläche der Flasche gegen den Finger schlagen sehen. Herr Franklin behauptet, daß solches die elektrische Materie sey, welche aus der äußern Fläche des Glases, von derjenigen, welche aus der Elektrisirstange von der innern Fläche eingenommen wird, herausgetrieben wird. Zieht man dieselbe nur durch Funken ab; so kann eine ungeheure Menge derselben herausgezogen werden. Fasset man aber die äußere Fläche mit der Hand an; so nimmt die Flasche sehr bald alle die elektrische Materie ein, welche sie fassen kann, und die äußere Seite wird von elektrischer Materie gänzlich entblößet. Man kann daher mit dem Finger weiter keinen Funken aus derselben ziehen; und also fehlet hier eine Wirkung, welche alle Körper, die mit Elektricität geladen sind, haben. Eine andere Wirkung elektrisirter Körper, welche, wie ich glaube, der Herr Abt an der äußern Fläche der geladenen Flasche bemerket hat, ist diese; daß alle leichte Körper davon angezogen werden. Diese Wirkung habe ich beständig wahrgenommen, glaube aber nicht, daß selbige von einer anziehenden Kraft in der äußern Fläche, sondern in diesen Körpern selbst, welche von der Flasche scheinen angezogen zu werden, herrühre. Es ist eine beständige Erfahrung, daß, wenn ein Körper eine größere Ladung von elektrischer Materie hat, als ein anderer, nämlich nach Verhältniß der Menge, die dieselbe fassen kann; so zieht dieser Körper denjenigen an, welcher weniger hat. Nun nehme ich an: und dieses ist ein Theil von dem System des Herrn Franklins; daß alle dergleichen leichte Körper, welche scheinen angezogen zu werden, mehr elektrische Materie enthalten, als die äußere Fläche der Flasche. Sie bemühen sich also, die Flasche an sich zu ziehen; diese ist aber zu schwer, von dem kleinen Grade von Kraft, welcher auf selbige ausgeübet wird, beweget zu werden. Da diese Kraft aber größer ist, als das eigene Gewicht der kleinen Körper; so beweget sie dieselben gegen die Flasche. Folgende Erfahrung kann der Einbildungskraft, sich dieses vorzustellen, zu Hülfe kommen. Man hänge eine Korkkugel oder eine Feder an einem seidenen Faden auf, und elektrisire dieselbe: bringe darauf diese Kugel nahe an einen festen Körper; so wird sie von dem Körper scheinen angezogen zu werden, weil sie gegen denselben hinfliegt. Nun ist, nach der einhälligen Meynung aller Elektricorum, die anziehende Ursache, in diesem Falle in der Kugel selbst, und nicht in dem festen Körper, gegen welchen dieselbe hinfliegt, zu suchen. Dieses ist ein mit dem anscheinenden Anziehen leichter Körper, gegen die äußere Fläche der geladenen Flasche, ähnlicher Fall.

Der Herr Abt saget auf der 69sten Seite, daß er hundert Menschen, welche auf Pech stehen, und einander die Hände geben, elektrisiren könne; wenn nur einer von ihnen eine der Oberflächen, nämlich die äußere, mit der Spitze seines Fingers berühret. Ich bin versichert, daß er dieses thun könne, so lange die Flasche geladen wird; so bald aber die Flasche geladen ist, bin ich aber auch versichert, daß er es nicht werde thun können. Die Sache beruhet auf folgendem: Man hänge eine Flasche, welche zu dem Leidenschen Versuche eingerichtet

ist, an die Elektrisirstange auf; lasse hierauf einen Menschen, der auf dem Fußboden steht, die Belegung mit dem Finger berühren, unterdessen die Kugel so lange gedrehet wird, bis die elektrische Materie aus dem Haken der Flasche, oder einem andern Theile der Elektrisirstange auszuströmen anfängt.

Ich halte dieses für das gewisseste Zeichen, daß die Flasche alle elektrische Materie empfangen habe, welche sie annehmen kann. Wenn dieses erfolget, lasse man den Menschen, der vorher auf dem Boden stand, itzt auf einen Pechkuchen treten. Hier kann er Stunden lang stehen, die Kugel kann die ganze Zeit über gedrehet werden, und er wird dennoch nicht das geringste Zeichen von sich geben, daß er elektrisch wäre. Nachdem die elektrische Materie, wie zuvor aus dem Drahte der zu dem Leidenschen Versuche eingerichteten Flasche, ausströmete, hieng ich eine andere Flasche, die auf gleiche Weise zugerichtet war, an einen in der Belegung der erstern befestigten Haken, und hielte diese zwote Flasche in meiner Hand. Würde nun die geringste elektrische Materie durch das Glas der erstern Flasche durchgelassen; so würde die zwote dasselbe gewiß einnehmen, und sammlen. Nachdem ich aber die Flaschen eine geraume Zeit auf diese Weise gehalten hatte, während daß die Kugel beständig gedrehet ward; konnte ich nicht im geringsten merken, daß die zwote Flasche geladen wäre. Denn, wenn ich den Haken, wie bey dem Leidenschen Versuche, mit dem Finger berührte; empfand ich weder die geringste Erschütterung, noch den geringsten Funken, der aus dem Drahte entsprungen wäre.

Ich stellete ebenfalls folgenden Versuch an. Nachdem ich zwo zum Leidenschen Versuche zugerichtete Flaschen durch ihre Haken geladen hatte; mußten zween Menschen, jeder eine von derselben, in die Hände nehmen. Der eine fassete seine Flasche bey der Belegung, der andere bey dem Haken an. Dieses letztere konnte geschehen, wenn man nur die Ableitung von der Belegung wegnahm, ehe man den Haken anfassete. Die zwo Personen stelleten sich selbst einer an jeder Seite bey mir, der ich selbst auf einem Pechkuchen stand. Ich griff den Haken der Flasche an, welche bey der Belegung gehalten ward. Hiedurch entstand ein kleiner Funke; die Flasche aber ward nicht entladen, weil ich auf Pech stand. Diesen Haken haltend, berührete ich mit der andern Hand die Belegung der Flasche, welche bey dem Haken gehalten ward. Hierbey sahe man einen starken Funken zwischen meinem Finger und der Belegung, und beyde Flaschen wurden augenblicklich entladen. Hätte nun die Meynung des Herrn Abts ihre Richtigkeit, daß die äußere Fläche, welche mit der Belegung in Gemeinschaft steht, eben so wohl als die innere, welche mit dem Drahte verbunden ist, geladen wäre; wie hätte ich, der ich auf Pech stand, beyde Flaschen entladen können, wenn man wohl eingesehen hat, daß ich eine derselben für sich nicht entladen konnte. Man setze, ich habe die elektrische Materie aus beyden herausgezogen; wo ist dieselbe denn hingekommen? Denn an mir erschien 177 deutlich, daß ich nach dem Versuche keine überflüßige Menge davon in mir hatte, und ich bin dennoch nicht von dem Peche heruntergestiegen.

Diese Erfahrung überzeuget mich dahero vollkommen, daß die äußere Fläche nicht geladen sey; sie überzeuget mich aber nicht allein hiervon, sondern beweist ebenfalls, daß dieser Fläche so viel elektrische Materie fehle, als die inwendige deren zu viel hat. Man kann nach diesen Sätzen, welche einen Theil von dem System des Herrn Franklin ausmachen, die vorhergehende Erfahrung folgendermaßen sehr leicht erklären.

Wenn ich auf Pech stehe, und es wird zu Zeiten eine von denen Flaschen an mich gebracht; so kann mein Körper nicht alle elektrische Materie aus dem Haken der einen Flasche annehmen, welche dieselbe abzugeben bereit ist. Es kann derselbe aber ebenfalls der Belegung der andern Flasche nicht so viel mittheilen, als dieselbe anzunehmen fähig ist: Werden aber beyde zugleich an mich gebracht; so nimmt die Belegung dasjenige weg, was der Haken der andern mir giebt. Dergestalt empfange ich das Feuer aus der ersten Flasche bey B, deren äußere Fläche wird aber bey A von der Hand wieder gefüllet. Ich gebe das Feuer der zwoten Flasche bey C, deren innere Fläche sich durch die Hand bey D wieder entlädet. Diese Entladung bey D erhellet deutlich, wenn man das Feuer wieder in den Haken einer dritten Flasche auffängt, welches auf folgende Weise geschehen kann. An statt den Haken der zwoten 178 Flasche in die Hand zu fassen, stecke man den Draht einer dritten Flasche, welche zu dem Leidenschen Versuche ebenfalls zugerichtet ist, durch denselben, und halte diese dritte Flasche, an welcher die zwote, vermittelst der Enden derer Haken, die man durch einander gestecket hat, hängt, in der Hand. Wenn man itzt den Versuch anstellet; so bekömmt die dritte Flasche das Feuer bey D, und wird geladen. Ueberleget man nun diese Erfahrung; so dünket mich, daß selbige voll-

kommen beweise, der äußern Fläche einer geladenen Flasche fehle elektrische Materie, wenn die innere Fläche deren zu viel hat. Ein anderer Umstand verdienet bey dieser Erfahrung angeführet zu werden. Ich empfinde bey diesem Versuche nicht die geringste Erschütterung oder Stoß in meinen Armen, obgleich eine so große Menge von elektrischer Materie in einem Augenblicke durch mich hinfuhr: ich empfand weiter nichts, als ein Stechen, in den Spitzen meiner Finger. Dieses machet mich glauben, der Herr Abt habe geirret, wenn er behauptet: daß sich unter dem Stoße, welches man bey dem Leidenschen Versuche, und dem Stechen, welches man bey Ausziehung einfacher Funken empfindet, kein anderer Unterschied, als die verschiedene Stärke, statt findet. Bey dem letzten Versuche gieng so viel elektrische Materie durch meine Arme, daß dieselbe mir eine sehr empfindliche Erschütterung würde gegeben haben, wenn meine Arme zwischen dem Haken und der Belegung einer und derselben Flasche, eine unmittelbare Verbindung ausgemachet hätten. Denn 179 so bald diese Materie in eine dritte Flasche gesammlet, und diese Flasche für sich allein durch meine Arme entladen ward, gab mir dieselbe einen merklichen Stoß. Beweisen aber nun alle diese Erfahrungen, daß die elektrische Materie nicht durch die gantze Dicke des Glases geht; so folget hieraus unmittelbar, daß dieselbe allerdings da heraus kömmt, wo sie hineingegangen war.

Das nächste, welches mir vorgekommen ist, befindet sich in des Abtes fünften Briefe S. 88. Er ist anderer Meynung als der Herr Franklin, welcher annimmt: die ganze Kraft, die Erschütterung zu geben, liege in dem Glase selbst, und nicht in dem unelektrischen Körper, welcher dasselbe berühret. Die Versuche welche Herr Franklin zum Beweise seiner Meynung, in seinen Versuchen und Beobachtungen, die Elektricität betreffend, im 3ten Briefe S. 24. anführet, überzeugten mich, daß er recht habe; und dasjenige, was der Herr Abt dagegen vorgebracht hat, hat mich ebenfalls auf keine andere Gedanken gebracht. Ich stelle mir vor, der Abt habe gemerket, daß die Erfahrungen, wie Herr Franklin sie angestellet habe, sein Vorgeben beweisen müßten; und daher verändert er dieselben, ohne den Grund dieser Veränderung anzugeben, und stellet dieselben auf eine Weise an, die nichts beweist. Warum verlanget er, daß die Flasche, in welche das Wasser aus einer andern geladenen Flasche gegossen wird, von der Hand eines Menschen solle gehalten werden? Wenn die Kraft, einen Stoß zu ge- 180 ben, in dem Wasser liegt, welches in der Flasche enthalten ist; so müßte sie gewiß darinn bleiben, ob es gleich in eine andere Flasche gegossen würde, wenn diese auch von keinem unelektrischen Körper berühret würde, der ihr die Kraft nehmen könnte. Daß man die Flasche auf Pech stellet, giebt hier keinen Einwurf; denn dieses kann dem Wasser keine Kraft nehmen, wenn dasselbe einige hat, sondern ist eine sichere Art, die Sache zu untersuchen. Hingegen dieses, daß die Flasche geladen wird, wenn ein Mensch sie in der Hand hält, beweist nur, daß das Wasser die elektrische Materie zuleite. Der Abt gesteht S. 94. daß er diese Anmerkungen vernommen hätte. Er antwortet aber darauf: Ist denn ein Zuleiter der Elektricität kein elektrischer Gegenstand? Hievon ist die Frage nicht. Hr. Franklin hat niemals behauptet, daß Wasser kein Gegenstand der Elektricität sey. Er saget, die Kraft, eine Erschütterung zu geben, liege in dem Glase, und nicht in dem Wasser; und dieses beweist seine Erfahrung vollkommen, ja so vollkommen, daß es ungereimt scheinen würde, etwas weiter davon zu sagen.

Weil ich nicht weis, ob folgendes schon von jemanden zuvor wäre angemerket worden; so wird man mich entschuldigen, daß ich solches an diesem Orte beybringe. Man hänge eine zum Leidenschen Versuche eingerichtete Flasche mit ihrem Haken an die Elektrisirstange, und lade dieselbe. Nachdem dieses geschehen ist, nehme man die ¹⁸¹Ableitung von dem Boden der Flasche weg; so zeiget die Elektrisirstange deutliche Spuren von Elektricität. Man knüpfe nur einen Faden um dieselbe, und lasse die Enden über zween Zoll lang herunter hängen; so werden sie sich, wie ein paar Hörner, von selbsten ausdehnen. So bald man aber die Elektrisirstange berühret, entsteht an derselben ein Funke, und die Fäden fallen zusammen; die Elektrisirstange giebt auch, nachdem dieses geschehen ist, nicht die geringsten Zeichen einer Elektricität von sich. Ich stelle mir vor, daß ich durch diese Berührung alle Ladung von elektrischer Materie weggenommen habe, welche sich in der Elektrisirstange, in dem Haken der Flasche, und dem Wasser oder denen Feilspänen, welche in der Flasche sind, befunden hat, und welche nicht mehr betrug, als wir sehen daß alle unelektrische Körper annehmen. Das Glas der Flasche behält aber, dem ungeachtet, seine Kraft, einen Stoß zu geben; wie jeder, der es Lust hat zu versuchen, finden wird. Diese Erfahrung machet es völlig gewiß, daß das in der Flasche befindliche Wasser nicht mehr elektrische Materie enthält, als es in einem offenen Becken annehmen würde; daß es von der großen Menge derselben, welche

die Erschütterung giebt, nicht das geringste in sich fasse, sondern daß dieselbe einzig und allein in dem Glase befindlich sey. Wenn man, nachdem der Funken aus der Elektrisirstange gezogen ist, die Belegung der Flasche berühret, welche während dieser Zeit frey in der Luft hängen muß, und von andern unelektrischen Köpern entfernet ist; ¹⁸² so steigen die Fäden an der Elektrisirstange augenblicklich, und zeigen, daß die Elektrisirstange elektrisch ist. Sie nimmt diese Elektricität aus der innern Fläche der Flasche an. Denn, so bald die äußere Fläche das ihr fehlende aus der darangebrachten Hand anziehen kann, giebt die innere so viel von sich, als die mit ihr verbundenen Körper annehmen können; und wenn diese groß genug sind, giebt sie alles von sich, was sie überflüßig besitzt. Es ist angenehm, zu sehen, wie die Fäden steigen und fallen, wenn man die Belegung und die Elektrisirstange wechselsweise berühret. Geht es hier vielleicht nicht folgendermaßen zu; der Unterschied zwischen der geladenen, und der äußern oder leeren Seite des Glases, wird durch Berührung des Hakens oder der Elektrisirstange vermindert. Die äußere Seite kann daher aus der Hand, welche dieselbe berühret, etwas empfangen. Wenn diese Seite aber etwas einnimmt; so kann die innere nicht so viel mehr behalten. Dasjenige nun, was von derselben nicht kann zurückgehalten werden, wird angewandt, das Wasser oder die Feilspäne und die Elektrisirstange wieder zu elektrisiren. Denn es scheint ein Gesetz zu seyn, daß die eine Seite in eben der Verhältniß müsse ausgeleeret werden, als die andere angefüllet wird. Ob dieses aber gleich aus denen Erfahrungen deutlich erhellet, so bleibt es dennoch ein Geheimniß, welches man nicht erklären kann.

Bey vielen Stellen der Schrift des Herrn ¹⁸³ Abtes bin ich erstaunet, daß die Versuche in Paris einen so sehr verschiedenen Erfolg von denenjenigen, welche Herr Franklin gehabt hat, und welche ich beständig bey demselben bemerket habe, gezeiget haben.

Wenn der Herr Abt die Versuche anstellet, den Unterschied der zwo Oberflächen des Glases zu untersuchen; so will er nicht, daß man die Flasche auf Pech stellen soll. Denn, saget er, wissen sie nicht, daß, wenn man dieselbe auf einen ursprünglich elektrischen Körper setzet, dieselbe alsobald ihre Kraft verliere? Ich kann nicht begreifen, was den Herrn Abt bewogen habe, so zu denken: es widerspricht dieses nicht nur denen durchgängig von denen für sich elektrischen Körpern augenommenen Begriffen; sondern ich befinde, daß sich solches beständig anders verhält. Wenn ich nämlich zu wiederholten malen eine geladene Flasche zu diesem Endzwecke stundenlang auf Pech stehen ließ, fand ich, daß dieselbe jederzeit so viel Ladung hatte, als eine andere, die zu gleicher Zeit auf dem Tische stand. Ich ließ einmal eine solche Flasche von zehen Uhr des Abends bis um acht Uhr des folgenden Morgens stehen, und fand, daß dieselbe noch eine zureichende Menge von Ladung hatte, mir eine empfindliche Erschütterung durch die Arme zu geben; obgleich das Zimmer, worinn die Flasche gestanden hatte, während dieser Zeit war ausgekehret worden, wobey noth-wendig viel Staub aufgestiegen war, der die Entladung der Flasche befördert haben mußte.

Ich finde nicht, daß eine Korkkugel, die zwi-schen zwo Boutellien aufgehangen wird, deren die eine voll, die andere nur wenig geladen ist, hin und her spiele; sondern sie wird in eine Stellung gebracht, der mit den Haken der Flaschen ein Dreyeck ausmachet. Unterdessen hat der Herr Abt dennoch auf der 101 S. das Gegentheil be-hauptet, um daraus das Spielen einer Korkku-gel zwischen dem Drahte, welcher in der Flasche stecket, und einem andern, der von deren Belegung in die Höhe geht, zu erklären. Die Flasche, welche schwächer geladen ist, muß in Absicht ihrer Größe mehr elektrische Materie empfangen ha-ben, als die Korkkugel von dem Haken der voll-geladenen Flasche empfängt.

Der Abt saget ferner S. 103, „daß ein Me-„tallblättchen, welches an einem seidenen Faden „hängt, und elektrisiret wird, von dem Boden „einer geladenen Flasche, welche man in der Luft „bey ihrem Haken hält, abgestoßen werde." Ich finde dieses beständig ganz anders. Bey mir wird dasselbe jederzeit zuerst angezogen, und dar-auf abgestoßen. Es ist aber hier bey Ladung des Blättchens nothwendig, daß man verhüte, daß selbiges nicht zuerst an einen unelektrischen

Körper anfahre, und sich dergestalt schon selbst entladen habe, wenn man dasselbe noch für gela-den hält. Es ist schwer zu vermeiden, daß das-selbe nicht an die eigene Hand oder einen andern Theil des Leibes anfahre.

Der Abt saget S. 108. „daß es nicht unmög-„lich sey, wie Herr Franklin behauptet, eine „Flasche zu laden, wenn zwischen der Belegung „und dem Haken derselben eine Verbindung ge-„machet ist." Ich habe jederzeit gefunden, daß es unmöglich sey, eine Flasche auf diese Weise so weit zu laden, daß sie eine Erschütterung gäbe. Wenn dieselbe an der Elektrisirstange hängt, ohne daß eine Ableitung von ihr gemachet ist; so könnet ihr aus derselben eben so wohl, als einem jeden andern hier angehangenen Körper, einen Funken ziehen; aber weit gefehlet, daß dieselbe hiedurch so geladen würde, daß sie eine Erschütte-rung geben könnte.

Der Herr Abt, um die geringe Quantität von elektrischer Materie, welche sich in der Fla-sche findet, zu erklären, saget: „daß selbige lie-„ber dem Metalle, als dem Glase nachgehe, und „daß dieselbe aus der Belegung der Flasche in „die Luft ausgeströmet werde."

Ich wundere mich, warum sie dieses nicht ebenfalls thut, wenn sie nach dem System des Herrn Abtes durch das Glas geht, und die äu-ßere Fläche ladet.

Ich halte die Einwürfe des Herrn Abtes, gegen des Herrn Franklins zwo letzten Erfah-rungen, von sehr wenigem Gewichte. Es scheint in der That, daß er nicht gewußt habe, was er habe sagen wollen; und daher beschuldiget er den Herrn Franklin, daß er einen wesentlichen Theil des Versuches verheelet habe. Eine Be-schuldigung, die für einen Mann, der keine so gro-ße Parteylichkeit in Beschreibung seiner Versu-suche, als der Herr Abt, gezeiget hat, gar zu niedrig ist.

* * * * * * * * * * * * * * * * * * * *

Elektrische Experimente,*

nebſt einem Verſuche, die verſchiedenen Erſcheinungen derſelben zu erklären;
und einige Beobachtungen der Gewitterwolken, von John Canton, M. A. und Mitglied
der königlichen Societät der Wiſſenſchaften.
Aus den Philoſophical-Tranſactions,
den 6 Dec. 1753.

Erſter Verſuch.

An die Decke oder einen andern hiezu geſchickten Theil des Zimmers, hänge man zwo
Korkkugeln, deren jede ungefähr die Größe
einer kleinen Erbſe hat, an leinene Fäden, die acht
oder neun Zoll lang ſind, dergeſtalt auf, daß ſie
einander berühren.   Man bringe die geriebene
Glasröhre unter die Kugeln; ſo werden ſie dadurch von einander getrennet werden, ſo bald
man die Röhre in der Entfernung von drey oder
vier Fuß dagegen hält. Bringt man dieſelbe näher, ſtehen ſie weiter von einander ab; zieht
man aber dieſelbe gänzlich zurück, ſo kommen ſie
alſobald wieder zuſammen. Dieſen Verſuch
kann man ebenfalls mit ſehr kleinen Metallku-
geln, welche an Silberdraht gehangen werden,
zuwege bringen, und geht mit elektriſirtem Siegellack und Glas ebenfalls von ſtatten.

Zwenter Verſuch.

Wenn zwo Korkkugeln an trockene ſeidene Fäden aufgehangen werden; ſo muß die geriebene Röhre auf achtzehen Zoll nahe gebracht
werden, ehe ſie einander abſtoßen: und dieſes Abſtoßen werden ſie noch einige Zeit fortſetzen, wenn
die Röhre ſchon weggenommen iſt. Weil die
Bälle in dem erſten Verſuche noch mit ableitenden
Körpern verbunden ſind; ſo kann man eigentlich
nicht ſagen, daß ſie elektriſiret wären: ſondern
wenn ſie in der Atmoſphäre der geriebenen Röhre
hangen, ziehen ſie elektriſche Materien an, und
verdicken dieſelbe um ſich herum. Hiedurch werden
ſie, wegen des Abſtoßens der Theile dieſer Materie, von einander entfernet. Man muthmaßet
hieraus ebenfalls, daß die Kugeln zu dieſer Zeit
weniger als den gemeinen Theil von elektriſcher

Materie enthalten; und dieſes wegen der abſtoßen-
den Kraft desjenigen, welches ſie umgiebt. Vielleicht geht auch durch die Fäden etwas beſtändig
aus und ein.   Wenn dem alſo iſt; ſo iſt die Ur-
ſache klar, warum die Kugeln, wenn ſie in dem
zwenten Verſuche an Seide hiengen, in einem
dichten Theile der Atmoſphäre von der Röhre
ſich befinden müſſen, ehe ſie einander abſtoßen.
Wenn in dem zwenten Verſuche, ein Stück gerieben Lack denen Bällen genähert ward; ſo kann
man ſetzen, daß das Feuer durch die Fäden in
die Kugeln kömmt, daſelbſt aber auf ſeinem Wege gegen das Lack verdichtet wird.   Denn nach
Herrn Franklin, läßt geriebenes Glas die elektriſche Materie aus; geriebenes Pech nimmt dieſelbe dagegen ein.

Dritter Verſuch.

Man entferne eine Blechröhre, die vier oder
fünf Fuß lang iſt, und ungefähr zween Zoll
im Durchmeſſer hat, von ableitenden Körpern,
indem man dieſelbe an Seide aufhängt.   An einem Ende derſelbe hänge man die vorigen Korkkugeln an ſeidenen Fäden auf.   Man elektriſire
dieſelben, indem man das geriebene Glasrohr nahe an das andere Ende derſelben bringt, ſo lange,
bis die Kugeln anderthalb oder zween Zoll weit
von einander abſtehen.   Sie werden hierauf bey
Annäherung der geriebenen Röhre, ihre abſtoßen-
de Kraft nachgerade verlieren, und zur Berührung mit einander kommen.   Wird aber die Röhre noch näher gebracht; ſo werden ſie ſich wieder
auf einen noch viel größern Abſtand, als zuvor, von
einander entfernen. Bey der Rückkehr der Röhre
nähern ſie ſich von einander wieder bis zur Berührung, und darauf ſtoßen ſie ſich wie zuvor ab. Wird
die Blechröhre durch Pech oder den Draht einer
geladenen Flaſche elektriſiret; ſo werden die Kugeln auf eben dieſe Art bey Annäherung des ge-

* Anm. §. 76.

riebenen Peches oder des Drahtes der Flasche beweget.

Vierter Versuch.

Man elektrisire die Korkkugeln, wie im vorigen Versuche, durch Glas; so nimmt bey Annäherung eines geriebenen Stück Lackes ihr Abstoßen zu. Eben diese Wirkung erfolget, wenn das geriebene Glas gegen sie gebracht wird, nachdem sie zuvor durch Pech sind elektrisiret worden.

Man nimmt hier an; daß bey Annäherung des geriebenen Glases gegen das Ende, oder den Rand der Blechröhre, in dem dritten Versuche, dieselbe positiv elektrisiret werde, oder daß man zu dem elektrischen Feuer, welches dieselbe schon enthielte, noch etwas hinzuleget. Es wird daher etwas von dem elektrischen Vorrathe durch die Kugeln abfließen; und daher werden dieselben einander abstoßen. Bey Annäherung eines geriebenen Glases aber, welches ebenfalls die elektrische Materie ausströmet, wird das Abströmen derselben geringer, oder wird ein Theil davon durch die nach einer entgegengesetzten Richtung wirkende Kraft wieder zurücke getrieben, und daher werden sie näher zusammen kommen. Wenn die Röhre in einer solchen Entfernung von den Kugeln gehalten wird, daß der Ueberschuß der Dichtigkeit der Materie, welche sich rund um dieselben befindet, über die gewöhnliche Quantität derselben in der Luft, dem Ueberschusse der Dichtigkeit dessen, was in ihnen ist, über die gewöhnliche Quantität, welche in dem Kork enthalten ist, gleich ist; so höret das Abstoßen gänzlich auf. Wird aber die Röhre noch näher gebracht; so wird die Materie von außen dichter, als diejenige, so in den Kugeln ist, und wird dahero von ihnen angezogen: weshalb sie sich wieder von einander entfernen müssen.

Wenn diese ganze Einrichtung durch die Annäherung des geriebenen Lackes gegen das eine Ende derselben, einen Theil seiner natürlichen Menge von dieser Materie verloren hat, oder negativ elektrisiret ist; so wird das elektrische Feuer von den Kugeln an- und eingesogen; hiedurch wird der Mangel ersetzet. Bey Annäherung eines geriebenen Glases, oder eines positiv elektrisirten Körpers, geschieht dieses häufiger als zuvor; und also wächst der Abstand derer Bälle von einander in der Maße, wie die Materie, welche dieselben umgiebt, vermehret wird. Ueberhaupt, wenn so wohl bey der Annäherung oder dem Zurückgange eines Körpers, der Unterschied zwischen der Dichtigkeit der innern und äußern Materie

zu- oder abnimmt; so wächst oder nimmt das Abstoßen der Kugeln unter einander in eben der Maße ab.

Fünfter Versuch.

Wenn die aufgehangene Blechröhre nicht elektrisiret ist, bringe man die geriebene Glasröhre gegen die Mitte derselben, daß sie beynahe rechte Winkel mit derselben machet; so werden die Kugeln an den Enden einander Abstoßen: und dieses um desto mehr, je näher die Glasröhre herangebracht wird. Hat man dieselbe wenige Secunden lang, in der Entfernung von ungefähr sechs Zollen dergestalt gehalten, und zieht man dieselbe zurücke; so werden die Kugeln wieder bis zur Berührung zusammenfallen: sie trennen sich aber darauf, je weiter die Röhre zurücke gezogen wird, von neuem, und fahren, wenn man dieselbe ganz zurücke genommen hat, fort, sich abzustoßen.

Dieses Abstoßen der Kugeln wird durch die Annäherung eines geriebenen Glases zunehmen; von geriebenem Lacke aber, als wäre die Einrichtung nach der im dritten Versuche beschriebenen Art, durch Pech elektrisiret worden, geringer werden.

Sechster Versuch.

Man hänge zwo Blechröhren, die man durch A und B unterscheidet, dergestalt an Seide auf, daß dieselben in gerader Linie neben einander hängen, und ungefähr einen Zoll von einander entfernet sind. An die von einander entfernten Enden derselben hänge man ein paar Korkkugeln auf. Man nähere hierauf das geriebene Glasrohr der Mitten der Röhre A; so wird man, wenn man dasselbe hier eine kurze Zeit wenige Zolle entfernet stille hält, sehen, daß beyde Paar Kugeln aus einander gehen. Zieht man die Röhre zurücke, so fallen die Kugeln wieder zusammen, stoßen sich einander darauf aber von neuem wieder ab; die Kugeln, welche an B hangen, werden aber kaum beweget werden. Bey Annäherung der geriebenen Glasröhre, welche man unter die Kugel A hält, wird das Abstoßen derselben vermehret werden; wird aber die Röhre auf gleiche Weise gegen die Kugeln von B gebracht, so wird deren Abstoßen abnehmen.

In dem fünften Versuche wird hier angenommen, daß der gewöhnliche Vorrath von elektrischer Materie in der Blechröhre, um die Mitte herum verdünnet, an den Enden aber, durch die abstoßende Kraft der Atmosphäre der geriebenen

Glasröhre, wenn man dieselbe nahe bringt, verdichter wird. Ja es verliert vieleicht die Blechröhre etwas von ihrem natürlichen Vorrathe von elektrischer Materie, ehe dieselbe etwas von dem Glase wieder bekömmt; weil die flüßige Materie viel leichter aus den Enden und Ecken derselben abfließen, als in der Mitte wieder hineingebracht werden kann. Wenn man diesem zufolge die Glasröhre wegzieht, und die Materie sich wieder gleichförmig durch die ganze Einrichtung vertheilet; so wird man finden, daß dieselbe negativ elektrisch ist: weil das geriebene Glas, wenn man dasselbe unter die Kugeln bringt, das Abstoßen derselben vermehret.

Im sechsten Versuche geht ein Theil der Materie, welche aus der einen Röhre herausgetrieben wird, in die andere über; und daher findet man diese positiv elektrisch, weil das Abstoßen ihrer Kugeln durch die Annäherung eines geriebenen Glases abnimmt.

Siebenter Versuch.

Man hänge die Blechröhre, an deren einem Ende zwo Kugeln hangen, dergestalt auf, daß sie aufs wenigste drey Fuß von allen Theilen des Zimmers entfernet ist, und mache die Luft durch Hülfe des Feuers sehr trocken. Hierauf elektrisire man die Einrichtung bis auf einen merklichen Grad, und berühre die Blechröhre mit einem Finger, oder sonst einem ableitenden Körper; so werden die Bälle dem unerachtet fortfahren einander abzustoßen, ob dieses gleich nicht in einer so großen Entfernung, als zuvor, geschieht.

Es ist glaublich, daß hier die Luft, welche die Einrichtung auf zween bis drey Fuß weit umgiebt, mehr oder weniger elektrisches Feuer, als ihr gewöhnlicher Vorrath beträgt, enthält, nachdem die Blechröhre entweder positiv oder negativ elektrisiret ist. Ist sie sehr trocken; so kann sie ihren Ueberfluß nicht so schleunig mittheilen, oder ihren Mangel ersetzen, als das Blech: sondern sie bleibt noch elektrisch, wenn jene schon eine geraume Zeit ist berühret worden *.

Achter Versuch.

Nachdem ich einen fünf Fuß langen Torricellianischen luftleeren Raum, nach der in denen Philosophical-Transactions Vol. 47. p. 370. beschriebenen Art gemachet, und eine geriebene Glas-

* Anm. §. 77.

röhre bis auf einen sehr geringen Abstand davon genähert hatte, sahe man durch mehr als die Hälfte desselben ein Licht, welches plötzlich verschwand, wenn man die Röhre noch näher hinan brachte, aber so gleich wieder erschien, wenn man dieselbe zurücke zog. Dieses kann man zu verschiedenen malen wiederholen, ohne daß man nöthig hat, die Röhre von neuem zu reiben.

Diese Erfahrung ist eine Art eines sichtbaren Beweises, von der Wahrheit der Hypothese des Herrn Franklins:

Daß die elektrische Materie, wenn sie an der einen Seite des dünnen Glases verdichtet wird, aus der entgegengesetzten, wenn sie keinen Widerstand findet, herausgestoßen werde.

Diesem gemäß, wird in diesem Versuche das Feuer aus der innern Seite des Glases, welche den luftleeren Raum umgiebt, bey Annäherung der geriebenen Glasröhre herausgetrieben, und wird durch die Säule des Quecksilbers abgeleitet; zieht man aber die Röhre zurück, so kömmt das Feuer von da wieder zurück.

Neunter Versuch.

Man fasse ein Stück geriebenes Lack, welches zween und einen halben Fuß in der Länge, und ungefähr einen Zoll im Durchmesser hat, in der Mitten an. Man reibe die Glasröhre, und ziehe dieselbe über die eine Hälfte desselben; wenn man dasselbe einige mal um seine Achse gedrehet hat, reibe man die Glasröhre wieder, ziehe sie über eben dieselbe Hälfte, und wiederhole diese Arbeit einige mal: so wird diese Hälfte des Lackes, die abstoßende Kraft der Kugeln, welche man durch Glas elektrisiret hat, aufheben, die andere Hälfte aber wird dieselbe vermehren.

Aus diesem Versuche erhellet, daß Lack ebenfalls positiv und negativ könne elektrisiret werden. Und es ist glaublich, daß durchgängig in allen Körpern der Vorrath von elektrischer Materie, welchen sie enthalten, könne vermehret und vermindert werden. Ich habe aus einer großen Anzahl von Versuchen bemerket, daß die Wolken zuweilen in einem positiven, zuweilen in einem negativen Zustande der Elektricität sich befinden. Die Korkkugeln, welche von denselben elektrisiret waren, fallen zuweilen bey der Annäherung eines geriebenen Glases zusammen, werden aber zu einer andern Zeit auf einen größern Abstand, von einander getrennet. Ich habe erfahren, daß diese Abwechselung fünf bis sechs mal in weniger als einer halben Stunde auf einander erfolget sind; die Kugeln kamen jedesmal zusammen, und blieben wenige Secunden in Berührung, ehe sie einander wieder abstießen.

Man kann ebenfalls durch eine geladene Flasche gar leichte erfahren, ob das elektrische Feuer aus der Gewitterstange durch eine negative Wolke herausgezogen, oder aus einer positiven in derselben hineingebracht ist. Es mag dieselbe elektrisiret seyn, auf welche Art sie will: die Wolke mag ihren Ueberfluß mitgetheilet, oder ihren Mangel schleunig ersetzet haben; so verliert die Stange ihre Elektricität. Man bemerket sehr ofte, daß dieses unmittelbar auf einen Blitz erfolge. Wenn die Luft sehr trocken ist, so bleibt die Stange zehen Minuten, oder wohl gar eine Viertelstunde lang, noch elektrisch, wenn die Wolken schon über den Scheitelpunct weggegangen, und dem Horizont schon halb nahe sind. Regen, besonders wenn die Tropfen groß sind, bringt das elektrische Feuer herunter; und beym Hagel im Sommer, glaube ich, fehlet dieses niemals. Die Stange ward zum letzten male, bey einem fallenden tauenden Schnee elektrisiret; dieses geschahe sehr spät, am zwölften November, welches der sechs und zwanzigste Tag, und das ein und sechzigste mal war, daß dieselbe seit der erstern Aufrichtung, welche um die Mitte des May geschahe, elektrisiret ward. Weil Farenheits Thermometer damals nur sieben Grad über dem Frierungspuncte stand; so ist es glaublich, daß der Winter, Beobachtungen dieser Art, nicht gänzlich aufhören mache. In London sind diesen ganzen Sommer über, nicht mehr als zwey starke Gewitter gewesen. In einem derselben war die Stange so stark elektrisch, daß die Glocken, welche sonst durch die Wolken sehr ofte so stark geläutet wurden, daß man sie bey offenen Thüren durch alle Zimmer des Hauses hören konnte, wegen des fast beständigen Stromes von dichtem elektrischen Feuer, der zwischen beyde Glocken und der Metallkugel entstand, und der nicht zugab, daß sie schlagen konnten, gänzlich zum Stillschweigen gebracht wurden.

Ich will diese Schrift, die schon zu lang gerathen ist, mit folgenden Fragen beschließen.

1) Sollte nicht vielleicht plötzlich verdünnete Luft, denen durch sie gehenden Wolken und Dünsten, elektrisches Feuer mittheilen; plötzlich verdickte Luft aber, solches aus ihnen annehmen können?

2) Sollten nicht die Nordscheine, ein beständiges Blitzen von elektrischem Feuer aus positiven Wolken in negative seyn, welche in einer großen Entfernung durch den obern Theil der Atmosphäre, wo der Widerstand geringer ist, entstehen?

Anhang.

Weil Herr Franklin in einem seiner vorigen Briefe an Herrn Collinson gemeldet hatte, daß er willens sey, die Wirkung einer heftigen elektrischen Erschütterung an einem calecutischen Hahn zu versuchen; so ist dieser Mann nachmals so höflich gewesen, eine Erzählung folgendes Inhalts davon zu überschicken.

Er machete zuerst verschiedene Versuche an Vögeln, und fand, daß zween große dünne vergoldete Glaskolben, deren jeder ungefähr sechs Gallons fassen konnte, und welche so beschaffen waren, als diejenigen, deren ich schon in meinem Schreiben, welches ich Ihnen von dieser Sache vorgeleget habe, erwähnet, und angezeiget habe, daß ich mich deren bedienet hätte, wann sie voll geladen sind, hinreichend wären, gemeine Hühner alsobald zu tödten. Daß aber calecutische Hühner, ob sie gleich starke Zückungen bekommen, und einige Minuten für todt da lagen, sich dennoch in weniger, als einer Viertelstunde, wieder erholeten. Wenn er aber zu denen vorigen zweyen noch drey dergleichen hinzutat, konnte er, wenn dieselben auch nicht völlig geladen waren, einen calecutischen Hahn erschlagen, der gegen zehen Pfund wog; ja er glaubet, sie würden noch einen viel größern getödtet haben. Er hält dafür, daß, wie er selbst saget, die auf diese Weise erschlagenen Vögel ungewöhnlich mürbe zu speisen wären.

Bey Anstellung dieser Versuche fand er, daß ein Mensch ohne großen Schaden, einen viel größern Stoß, als er sich vorgestellet hätte, ertragen konnte. Denn er bekam unvermuthet den Schlag aus zween dieser Kolben, die fast voll geladen waren, durch die Arme und den Leib. Dieser Schlag schien ihm von Kopf zu Fuß, durch den ganzen Leib zu dringen. Es folgete darauf ein heftiges und lebhaftes Zittern des ganzen Oberleibes, welches aber nach gerade in wenigen Secunden abnahm: ja es vergiengen einige Minuten, ehe er seine Gedanken wieder so weit sammlen konnte, zu begreifen, was ihm geschehen sey; denn man sahe den Blitz nicht, ob gleich seine Augen auf die Stelle der Elektrisirstange gerichtet waren, aus welcher es auf die äußere Hand schlug. Eben so wenig hörete er den Knall; da die Umstehenden dennoch versicherten, daß er sehr stark gewesen wäre. Den Schlag auf die Hand fühlete er nicht sonderlich; er fand aber gleich darauf, daß sich eine Beule in der Größe eines Schrainnagels oder Pistolenkugel, aufgeworfen hatte. Sein Arm und der Hintertheil des Halses blieben den ganzen Abend über etwas steif, und seine Brust war fast eine ganze Woche lang nachher, wie zermalmet. Aus dieser Erfahrung kann man die Gefahr sehen, die auch ²⁰⁰ bey der größten Vorsicht, dem Arbeiter bey Anstellung dieser Versuche mit großen Gläsern bevorsteht. Es ist kein Zweifel, daß, wenn so viele dergleichen Gläser voll, und deren Zahl vermehret, dieselben eben so wohl nach Proportion ihrer Größe einen Menschen, als zuvor den calecutischen Hahn, erschlagen werden *.

N. B. Das Original dieses Briefes, welches in der königlichen Gesellschaft der Wissenschaften vorgelesen ward, ist verleget worden.

* Anm. §. 78.

* * * * * * * * * * * * * * * *

Fortsetzung

der elektrischen Versuche des Herrn
Cantons, vom 3ten Dec. 1753. nebst einer Erläuterung derselben, von Herrn Benjamin Franklin, an Herrn Peter Collinson, Mitglied der königlichen Societät der Wissenschaften, Philadelphia vom 14. März 1755.

(Vorgelesen den 18ten December 1755.)

Grundsätze.

I.

Elektrische Atmosphären, welche unelektrische Körper umfließen, vermischen sich, wenn sie gegen einander gebracht werden, nicht, ²⁰¹ und vereinigen sich nicht in eine einzige Atmosphäre, sondern bleiben getrennet, und stoßen einander ab.

Man sieht dieses deutlich an aufgehangenen Korkkugeln, und andern elektrisirten Körpern.

II.

Eine elektrische Atmosphäre stößt nicht nur eine andere elektrische Atmosphäre ab: sie treibt ebenfalls die elektrische Materie zurück, die in einem sich hier nähernden Körper enthalten ist; und, ohne sich mit derselben zu vermischen, oder zu vereinigen, treibt sie dieselbe in andere Theile des Körpers, welche diese Materie enthält. Dieses ist aus einigen der folgenden Erfahrungen zu ersehen.

III.

Körper, die negativ elektrisiret, oder ihres natürlichen Vorrathes von Elektricität beraubet sind, stoßen einander eben so wohl ab, oder scheinen solches wenigstens, durch ein gemeinschaftliches aus einander gehen zu thun, als diejenigen, so positiv elektrisiret sind, oder welche elektrische Atmosphären haben.

Dieses kann man zeigen, wenn man den negativ geladenen Draht einer Flasche gegen zwo Lackkugeln bringt, die an Seide aufgehangen sind; und ebenfalls bey vielen andern Versuchen.

Zubereitung. ²⁰²

Man befestige eine Quaste, von funfzehen oder zwanzig Fäden, die drey Zoll lang sind, an das eine Ende einer von seidenen Schnüren getragenen blechernen Elektrisirröhre. Die meinige ist ungefähr fünf Fuß lang, und hat vier Zoll im Durchmesser.

Man lasse die Fäden ein wenig feuchte, aber nicht naß werden.

Erster Versuch.

Man bringe das geriebene Glasrohr nahe an das andere Ende der blechernen Elektrisirröhre, und gebe ihr einige Funken; so werden die Fäden aus einander gehen.

Denn jeder Faden bekömmt eben so wohl als die Elektrisirröhre, eine elastische Atmosphäre, welche die Atmosphären der übrigen Fäden eben so wohl abstößt, als sie von ihnen abgestoßen wird.

Wenn sich die verschiedenen Atmosphären vollkommen mischen wollten; so müßten sich die Fäden vereinigen, und in der Mitte einer einzigen Atmosphäre hangen, welche ihnen allen gemein wäre.

Man reibe die Glasröhre von neuem, und nähere sich damit dem ersten Conductor kreuzweise, nahe an diesem Ende, und zwar so nahe, daß Funken schlagen; so werden die Fäden noch etwas weiter aus einander gehen.

Denn hier wird die Atmosphäre des ersten Conductors, von der Atmosphäre der geriebenen Röhre gedrücket, und wird gegen das Ende, wo die Fäden sind, hingetrieben; wodurch also auch ein jeder Faden mehr Atmosphäre bekömmt.

Man ziehe die Glasröhre zurücke; so werden sie wieder so nahe als zuvor zusammen gehen.

Sie schließen sich nur so viel, und nicht mehr: denn weil sich die Atmosphäre der Glasröhre nicht mit der Atmosphäre des Conductors vermischet hat; so wird dieselbe gänzlich zurücke gezogen, und hat also keine Vermehrung oder Verminderung gemachet.

Man bringe die geriebene Glasröhre unter die Quaste von Fäden; so werden sie ein wenig zusammen fallen.

Sie schließen sich zusammen, weil die Atmosphäre der Glasröhre, ihre Atmosphären zurück, und einen Theil derselben in den Conductor wieder zurück treibt.

Man ziehe dieselbe wieder zurück; so werden die Fäden um eben so viel wieder aus einander gehen.

Denn der Theil ihrer Atmosphäre, welchen sie verloren hatten, kehret in dieselben wieder zurück.

Zweyter Versuch.

Man reibe die Glasröhre, und nähere sich damit der Blechröhre, indem man ins Kreuz über das Ende, welches demjenigen, woran die Fäden sind, entgegensteht, in der Entfernung von fünf bis sechs Zollen selbige überhält. Hier halte man dieselben einige Secunden lang stille; so werden die Fäden der Quaste aus einander gehen. Man ziehe dieselben weg; so werden sie sich wieder schließen.

Sie gehen aus einander, weil sie von der Materie, die zuvor in der Blechröhre enthalten war, itzt aber abgestoßen, und von der Atmosphäre der Glasröhre herausgetrieben wird, eine Atmosphäre bekommen. Diese wird aus denen entgegengesetzten Theilen, welche dieser Atmosphäre am nächsten sind, heraus getrieben, und wird auf die Oberfläche der Blechröhre an ihrem andern Ende, und an denen Fäden, welche daran hängen, gehäufet. Wäre es ein Theil von der Atmosphäre der Glasröhre, welche über die Blechröhre der Länge nach über die Drähte sich ergösse, und ihnen die Atmosphäre gäbe, wie es in dem Fall geschieht, wenn man der Blechröhre durch die Glasröhre Funken mittheilet; so würde dieser Theil von der Atmosphäre der Glasröhre hier zurück bleiben, und die Fäden würden fortfahren auseinander zu gehen. Sie fallen aber bey Zurückziehung der Elektrisirröhre zusammen; weil die Glasröhre ihre eigene Atmosphäre ganz mit sich zurück nimmt, und die elektrische Materie, welche aus der Blechröhre heraus getrieben war, und die Atmosphäre rund um die Fäden machete, also wieder in ihren Ort zurück kehren kann.

Man ziehe aus der Blechröhre, nahe bey denen Fäden, wenn dieselben wie zuvor ausgespannet sind, Funken; so werden dieselben zusammen fallen.

Denn wenn man dieses thut, raubet man die Atmosphären derselben, welche aus derjenigen elektrischen Materie bestand, die, wie zuvor gesaget ist, durch das Zurückstoßen der Atmosphäre der Glasröhre aus der Blechröhre herausgetrieben war; wenn man diese Funken zieht, beraubet man die Blechröhre eines theils ihres natürlichen Vorrathes von elektrischer Materie. Dieser dergestalt weggenommene Theil, wird nicht aus der Glasröhre ersetzet; denn wenn dieselbe nachmals zurück gezogen wird, nimmt sie ihre ganze Atmosphäre mit, und läßt die Blechröhre negativ elektrisch, wie aus dem folgenden Versuche erhellet.

Man ziehe die Glasröhre zurück; so öffnen sich die Fäden von neuem.

Denn itzt setzet sich die elektrische Materie in der Blechröhe wieder in ihr Gleichgewicht, und ergießt sich gleichförmig durch das Ganze. Weil aber die Blechröhre etwas von ihrem natürlichen Vorrathe verloren hat; so verlieren auch die mit ihr verbundenen Fäden einen Theil des ihrigen, und werden dergestalt negativ elektrisiret, weshalb sie sich auch unter einander nach dem dritten Grundsatze abstoßen.

Man bringe die Glasröhre eben dieser Stelle der Blechröhre, wie zuvor, nahe; so fallen die Fäden wieder zusammen.

Denn der Theil ihres natürlichen Vorrathes von elektrischer Materie, welchen sie verloren haben, wird nun in ihnen wieder durch das Abstoßen der Glasröhre ersetzet, welche die Materie aus den übrigen Theilen des Glases in sie trieb; wodurch sie also wieder in ihren natürlichen Zustand kommen.

Man ziehe dieselbe zurück; so öffnen sie sich wieder.

Denn was ihnen wieder gegeben war, wird ihnen itzt wieder genommen; indem dasselbe wieder in die Blechröhre zurück fließt, und dieselben wiederum negativ elektrisiren läßt.

Man bringe die geriebene Glasröhre unter die Fäden; so gehen sie weiter auseinander.

Denn itzt wird noch mehr von ihrem natürlichen Vorrathe in die Blechröhre getrieben, und dadurch nimmt ihr negativer Zustand zu.

Dritter Versuch.

Wenn die Blechröhre nicht elektrisiret ist, bringe man die Glasröhre unter die Quaste; so werden die Fäden aus einander gehen.

Hiedurch wird ein Theil ihres natürlichen Vorrathes aus ihnen in die blecherne Röhre getrieben; sie werden negativ elektrisiret, und stoßen einander dahero ab.

Man halte die Glasröhre mit der einen Hand in derselben Stellung stille, und versuche die Fäden mit dem Finger der andern Hand zu berühren; so fliehen sie vor demselben.

Denn, weil hier der Finger eben so wohl als die Fäden, in die Atmosphäre der Glasröhre eingetauchet sind; so wird ein Theil von seiner natürlichen Quantität von dieser Atmosphäre durch die Hand und den Leib zurück getrieben. Der Finger wird hiedurch eben so wohl als die Fäden negativ elektrisiret, und stößt dieselben dahero ab, und wird von ihnen abgestoßen. Dieses zu bekräftigen, halte man einen langen leichten Pflock Baumwolle von zween oder drey Zollen, nahe an die Blechröhre, welche von der Glaskugel oder der Glasröhre elektrisiret ist; so wird man sehen, daß sich die Baumwolle selbst gegen die Blechröhre ausdehnet. Man versuche dieselbe mit dem Finger der andern Hand zu berühren; so wird dieselbe mit dem Finger zurückgestoßen. Man nähere derselben einen positiv geladenen Draht einer Flasche; so wird sie an den Draht hinan fliehen. Man bringe aber einen negativ geladenen Draht einer Flasche dagegen; so wird sie vor dem Drahte auf eben die Art, als vor dem Finger, ausweichen. Dieses beweist, daß der Finger eben so wohl, als der sich in gleichen Umständen befindende Pflock Baumwolle, negativ elektrisiret sey.

* * * * * * * * * * * * * * * * *

Auszug eines Briefes
von der Elektricität,

von

Hr. B. Franklin an Hr. Dalibard,

welcher in einem Briefe an Herrn Peter
Collinson, Mitglied der königl. Societät
der Wissenschaften, eingeschlossen war, Philadelphia den 29. Jun. 1755.

(Vorgelesen den 18 December 1755.)

209 Sie verlangen meine Meynung von des Peter Beclarias italiänischer Schrift. Ich habe dieselbe mit viel Vergnügen gelesen, und halte dieselbe für eines der besten Stücke in dieser Sache, die ich in einer Sprache gesehen habe. Unterdessen bin ich in dem Puncte von den springenden Wassern anitzo noch nicht seiner Meynung; ob ich gleich mit Ihnen gestehen muß, daß er dieselben sehr sinnreich abgehandelt habe. Der Herr Collinson besitzt meine ausführlichen Gedanken von Wirbelwinden und springenden Wassern, welche einige Zeit nachher geschrieben sind. Ich weis nicht, ob sie bekannt gemachet worden sind; wo nicht, so will ich sie Ihnen zum Durchlesen abschreiben lassen. Es däucht mich nicht, daß der Pater Beccaria an der gänzlichen Undurchdringlichkeit des Glases, in dem Verstande, wie ich es nehme, zweifele. Denn die Beyspiele, welche er aus den Löchern hernimmt, die von der Elektricität durch das Glas gemachet werden, sind so beschaffen, wie wir dieselben ebenfalls erfahren haben, und zeigen blos an, daß das elektrische Fluidum nicht hindurch gehen kann, ohne ein Loch zu machen. Wir sagen auf eben die Art, daß Wasser nicht durch Glas gehe; und dennoch bricht der Strom aus einer Feuerspritze durch die stärksten Fensterscheiben. Was die Wirkung der Spitzen, in Ableitung der elektrischen Matrie aus den Wolken, um dadurch die Gebäude zu sichern, betrifft, woran er, wie Sie sagen, zu zweifeln scheint; so muß ich gestehen, daß ich glaube, er spreche nur sehr bescheiden und scharfsinnig davon. Ich finde, daß man 210 mich hierinn nur zum Theil verstanden habe. Ich habe dessen in verschiedenen meiner Briefe gedacht, und nehme nur eines aus, das freylich abwechselnd ist; nämlich, die auf Gebäuden errichteten zugespitzten Stangen, wel-

che mit der Erde verbunden sind, werden dem Schlage entweder gänzlich vorbeugen, oder wenn sie demselben nicht zuvorkommen, werden sie dennoch denselben dergestalt ableiten, daß das Gebäude keinen Schaden davon leiden kann. Wenn man aber in Europa meine Meynung untersuchet hat, so hat man nichts dabey in Betrachtung gezogen, als die Wahrscheinlichkeit, daß die Stangen den Schlag oder Ausbruch abwenden könnten; welches aber nur ein Theil von dem Nutzen ist, welchen ich davon vorgeschlagen habe. Den andern Theil, nämlich ihr Ableiten eines Schlages, dem sie nicht vorbeugen können, scheint ganz vergessen zu seyn, ob derselbe gleich von eben der Wichtigkeit und Vortheil ist.

Ich danke Ihnen für die Mittheilung des Berichtes des Herrn Buffon, von den Wirkungen des Blitzes zu Dijon, am 7ten des verwichenen Junii. Erlauben Sie mir, daß ich Ihnen zur Vergeltung ein Beyspiel von eben der Art, welches ich letztlich gesehen habe, erzähle. Wie ich mich in der Stadt Newburg in Neuengland im verwichenen November aufhielte, zeigete man mir die Wirkungen des Blitzes an ihrer Kirche, wo 211 derselbe wenige Monate zuvor eingeschlagen hatte. Der Thurm war von Holz und viereckicht; er hatte siebzig Fuß von dem Grunde bis an den Ort, wo die Glocken hiengen. Ueber dieselben stieg eine runde Spitze herauf, die ebenfalls aus Holz bestand, und welche noch siebzig Fuß bis an die Fahne und dem Wetterhahne in die Höhe gieng. Nahe an den Glocken war ein eiserner Hammer befestiget, der die Stunden schlug. Von dem Stiele des Hammers gieng ein Draht durch ein kleines Loch, welches in den Boden, auf welchem die Glocken standen, gebohret war, und ebenfalls durch den zweyten Boden auf gleiche Weise herunter gieng. Hierauf gieng derselbe horizontal nahe unter der gegipsten Decke des zweyten Bodens, bis nahe an eine gegipste Wand, fort; von da der Draht an der Seite dieser Wand bis an eine Uhr, die über zwanzig Fuß unter denen Glocken stand, herunter geleitet war. Dieser Draht war nicht dicker als eine gemeine Stricknadel. Die Spitze des Thurmes war durch den Blitz in tausend Stücken zerschlagen, welche nach allen Seiten über den Platz, worauf die Kirche stand, dergestalt aus einander gestreuet waren, daß nichts über den Glocken blieb.

Der Blitz gieng von hier zwischen dem Hammer und der Uhr in den obgedachten Draht; ohne einen der Böden zu zerschlagen, und ohne die geringste weitere Wirkung auf dieselben zu haben, als daß er die durchgebohrten Löcher, durch welchen der Draht gieng, etwas weiter machete. Er verletzte weder die gegipste Wand noch einen andern Theil des Gebäudes, so weit der gemeldete Draht, und der Pendeldraht der Uhr reichete, welche letztere ungefähr die Dicke eines Federkiels hatte. Von den Enden des Pendels, bis hinunter in den Grund, war das Gebäude übermäßig zerrissen und beschädiget; so gar waren einige Steine aus der Grundmauer herausgeschlagen und auf zwanzig bis dreyßig Fuß fortgeworfen. Von dem obbeschriebenen Drahte konnte man zwischen der Uhr und dem Hammer nichts wieder finden, als ungefähr zween Zoll, welche an dem Stiele des Hammers hiengen, und ungefähr eben so viel, so an der Uhr hieng. Das übrige war aus einander geworfen, und die Theile desselben in Rauch und Luft, wie Schießpulver von gemeinem Feuer, zerstreuet worden, und hatte nur einen schwarzdunkeln Streifen an dem Gipswerke hinterlassen, welcher drey bis vier Zoll breit, in der Mitte am schwärzesten und gegen die Seiten heller war. Dieser Streifen gieng an der Decke weg, und die Wand herunter, wo der Draht vorbey gegangen war.

Dieß sind die Wirkungen und Erscheinungen, über welche ich nur folgende wenige Anmerkungen machen will; nämlich:

1) Wenn der Blitz durch ein Gebäude fährt, verläßt er das Holzwerk, um so weit er kann, dem Metalle nachzugehen, und geht nicht ehe wieder in das Holz, bis der Ableiter von Metall zu Ende ist.

Eben dieses habe ich bey andern Gelegenheiten, in Absicht der Ziegel und Steine, ebenfalls wahrgenommen.

2) Die Menge des Blitzes, welche durch den Thurm gegangen ist, muß sehr groß gewesen seyn; welches man aus den Wirkungen desselben, auf der hohen Spitze über den Glocken, und dem viereckichten Thurm unterhalb dem Ende des Uhrpandels schließen kann.

3) So groß auch diese Quantität war, konnte sie dennoch durch einen dünnen Draht, und einen Uhrpandel, ohne allen Schaden des Gebäudes, so weit diese reicheten, fortgeleitet werden.

4) Weil die Pendelstange eine gehörige Dicke hatte, leitete sie den Blitz ohne ihre eigene Beschädigung fort, der dünne Draht ward aber gänzlich vernichtet.

5) Obgleich der dünne Draht selbst destruiret ward, so hatte derselbe dennoch den Blitz, ohne Beschädigung des Gebäudes, fortgeleitet.

6) Aus allem scheint endlich wahrscheinlich zu seyn, daß, wenn vor dem Gewitter ein solcher dünner Draht von der Spitze der Wetterfahne bis in die Erde herunter gezogen gewesen wäre, dem Thurm von diesem Donnerschlage kein Schade würde wiederfahren seyn, wenn gleich der Draht selber destruiret worden wäre. *

* Anm. §. 79.

* * * * * * * * * * * * * * * * * *

215

Fig. I.
Fig. II.
Fig. III.
Fig. IV.
Fig. V.
Fig. VI.
Fig. VII.
Fig. VIII.
Fig. IX.
Fig. X.
a
b
c
e
f
d
g
h
c
k
i
m
H
I
K
F
L
G
M
B
A

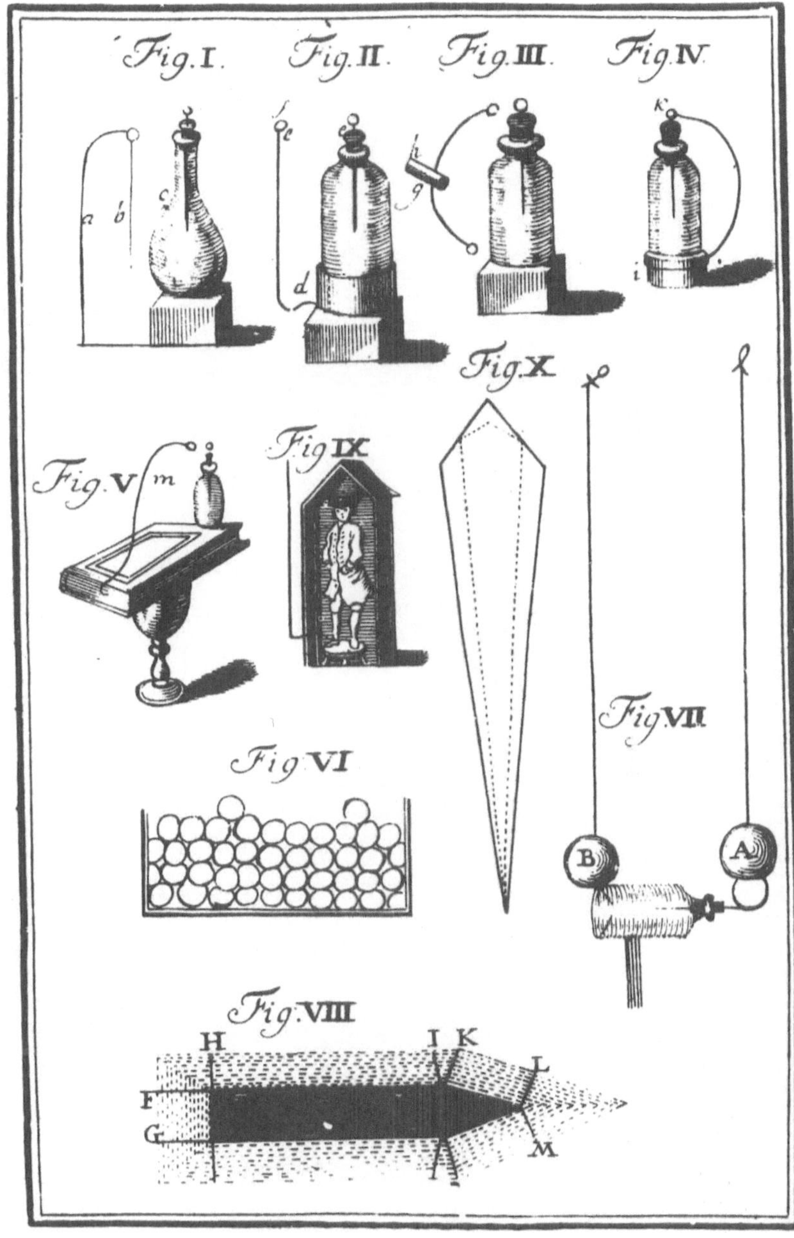

Anmerkungen

zu den

Briefen

des

Hrn. Benjamin Franklins

von der

Elektricität.

§. 1.

Der Herr Franklin versteht hier unter dem Unelektrischen, das im Glase ist, überhaupt denjenigen Körper, dessen man sich bedienet, dem Glase an der Ladungsseite die Elektricität zuzuführen, und sie demselben an der äußern Seite zu rauben, oder sie von derselben abzuleiten, und welcher gewöhnlich mit dem Namen der Belegung bezeichnet wird. Man hat sich Anfangs blos des Wassers bedienet; nachmals hat man gefunden, daß man hiezu alle unelektrischen Körper gebrauchen könne. Man füllet dahero Feilstaub oder Hagelkörner in die Gläser. Man bestreuet dieselben mit Hammerschlag, oder überzieht sie mit Goldblättern. Man darf dieselben ebenfalls nur mit einem etwas feuchten Tuche in und auswendig bedecken. Die bequemste Art der Belegung, habe ich gefunden, sey diejenige, wenn man sie mit dünner Spiegelfolie, die man mit Gummiwasser befestigen kann, überzieht. Diese Belegung ist nicht nur bald zu verfertigen, sondern ist auch dauerhafter und bequemer. 218 Ueberdem aber hat man bey dem häufigen Zerspringen der Ladungsgläser den Vortheil, daß man des Ueberzuges nicht zugleich mit dem Glase verlustig geht, sondern man kann dieselbe Belegung stets von einem Glase auf das andere bringen. Bey dem Belegen der Gläser, sie mag seyn welcher Art sie wolle, muß man sich des Vortheiles bedienen, daß man dieselbe sich an beyden Seiten gleichweit erstrecken lasse. Denn aus wiederholten Versuchen, die ich hier der Kürze wegen übergehe, habe ich gefunden: Daß das Glas nicht weiter vollkommen elektrisiret werde, als sich die innere Belegung erstrecket; und nicht weiter geladen werde, als ihm die Belegung von außen die Elektricität raubet. Die übrigen Theile sind ohne Wirkung, und dienen blos darzu, die beyden Belegungen von einander abzusondern.

§. 2.

Wir haben in der Folge gefunden, daß das Feuer der Boutellie, nicht in dem unelektrischen Körper, sondern in dem Glase selbst enthalten sey. Was also im Folgenden von dem Kopfe und dem Boden der Boutellie gesaget ist, gilt von der inwendigen und auswendigen Fläche des Glases, und hätte billig auf diese Weise sollen ausgedrücket werden. Man sehe den 16. Abschn. des 3ten Briefes. Frank. Verbeß.

§. 3.

Man wird in der Folge sehr ofte diesen Draht der Flaschen angeführet finden. Es wird daher nicht unnütz seyn, anzuzeigen, was eigentlich darunter verstanden werde. 219 Man pflegte Anfangs, wenn man den Leidenschen Versuch anstellen wollte, sich nur kleiner Gläser dazu zu bedienen. Ich finde die kleinen dünnen Distillirkolben hiezu am geschicktesten. Man goß Wasser hinein, und theilete demselben die Elektricität vermittelst eines Drahtes mit, welchen man durch den Hals hineinsteckere. Die Boutellie aber nun nebst dem Drahte desto bequemer gebrauchen zu können, stecket man denselben oben durch einen sehr fest eingedruckten Kork, welchen man allenfalls noch mit Lack oder Pech überziehen kann, damit er so feste sitze, daß man die ganze Flasche dabey aufheben könne. Oben an den Draht beuget man einen Rinken; um beym Laden, die Flasche damit an die Elektrisirstange aufhängen zu können. Von diesem Drahte und Ringe spricht Franklin im Folgenden. Man muß aber, wie er selbst in denen beygefügten Verbesserungen angemerket hat, alle Wirkungen dieses Drahtes der inwendigen Fläche des Glases zuschreiben.

§. 4.

Herr Franklin setzet diese Begriffe und Erklärungen, unten in denen Gedanken und Muthmaßungen, §. 33. weiter aus einander. Es scheint aber dasjenige, so er hier behauptet, mit seinen übrigen Sätzen nicht völlig übereinzukommen. Nach ihm, enthalten beyde Flächen des Glases eine gleich große Menge von elektrischer Materie. Die Ursache, warum die äußere Fläche A von elektrischer Materie ausgeleeret wird, liegt in der abstoßenden Kraft desjenigen, so in die, mit der inwendigen Belegung verbundene innere Fläche B, hineingebracht wird. Ist dieses: so, sage ich, könne die äußere A nicht in eben der Verhältniß entlediget werden, als die inwendige B gefüllet wird; sondern es müsse vielmehr, so bald nur noch das geringste in B hinzukömmt, A alsobald ganz ausgeleeret werden. Man setze, beyde Flächen enthalten eine Menge von elektrischer Materie gleich 5. So bald B eines mehr bekommt, verlieret A eins. Und hat also B=6, A hingegen nur 4. Ich sehe nicht, warum itzt die Materie in B=6, nicht die noch übrige Materie in A — 4, ebenfalls heraustreiben sollte, wenn das bloße Abstoßen der Theile der elektrischen Materie hier wirket; es würde vielmehr A alles verlieren müssen.

Dieses folget zwar aus der angenommenen Erklärung. Daß unterdessen in der Natur diejenigen Gesetze statt finden, welche Herr Franklin angiebt, kann man durch folgenden Versuch beweisen.

Man gebe der innern Seite des Glases einen Theil elektrischer Materie, und verbinde die äußere Seite mit ableitenden Körpern. Wenn dieses geschehen ist, müßte nach obigem A ganz ausgeleeret seyn, und B könnte also ungehindert so viel einnehmen als möglich wäre, ohne daß A hiebey im geringsten weiter in Betrachtung dürfte gezogen werden. Wenn man nun in diesem Zustande die Bouteille auf einen für sich elektrischen Körper setzet, müßte dieselbe dennoch eben so stark können geladen werden, als dieses sonst geschehen wäre, wenn A mit ableitenden Körpern bis zur vollen Ladung wäre verbunden gewesen. Dieses geschieht aber nicht, sondern die Flasche behält die zu Anfangs empfangene Ladung, und nimmt eben so wenig über dieselbe an, als wenig sie geladen wird, wenn sie vom Anfange auf nicht ableitenden Körpern steht. Es geht also die Materie aus A nicht auf einmal, sondern nach-

gerade heraus; wie unten noch durch deutlichere Beyspiele soll erwiesen werden. Hieraus aber folget, daß das bloße Uebergewicht in B, nicht die einzige Ursache seyn kann, daß A ausgeleeret wird.

§. 5.

Um beurtheilen zu können, was dieses Zurückstoßen eigentlich bedeuten solle, und wie solches geschehe, muß ein Umstand, der bey Ladung der Gläser eine genaue Aufmerksamkeit verdienet, in Betrachtung gezogen werden. Wenn die Elektrisirketten in keiner Verbindung mit Erschütterungsgläsern sind; so bekommen dieselben nach wenig Umläufen der Kugel einen bestimmten Grad von Elektricität, welcher der höchste ist, der denselben unter diesen Umständen kann mitgetheilet werden. So bald sie denselben erlanget haben, scheinen sie kein mehreres anzunehmen; denn weder die Elektricitätszeiger steigen nachdem höher, noch schlagen die Funken in einer größern Entfernung, man mag die Arbeit so lange fortsetzen als man will: sondern der Ueberfluß strömet vielmehr durch die Ecken und Spitzen des Conductors aus, oder geht bey Umdrehung der Kugel wieder in den reibenden Körper zurück. Verbindet man dieselben aber mit einem großen Erschütterungsglaze; so wird man oft sehr lange Zeit arbeiten müssen, ehe man zu dieser Höhe von Elektricität kommen kann.

Die Ketten scheinen anfangs ganz todt zu seyn, die Zeiger heben sich nur nachgerade, und man wird dieselben bey großen Gläsern oft erst nach tausend Umschlagen des Maaßes, zu der Höhe bringen können, welche sie durch zween bis drey Züge erhielten, wenn kein Glas angebracht ward. Dem ersten Anblicke nach scheint hier nichts natürlicher zu seyn, als daß die elektrische Materie durch die Gläser abgeleitet werde. Es ist aber noch ein Fall möglich, und dieses ist der wahre. Die Gläser ziehen eine so große Menge von Materie an, daß selbige Anfangs in denen Zuleitern unmerklich bleibt, und sich erst in selbigen zeiget, wenn die Gläser ihren Theil angenommen haben; das ist, wenn selbige voll geladen sind. Ist dieses geschehen, so sind die Ketten anzusehen, als wären sie mit keinem Glase verbunden, und werden ihre natürliche Menge von Elektricität annehmen, den Ueberfluß aber durch die Spitzen und Ecken ausströmen. Dieses Ausströmen der Ketten ist also ein Zeichen der völligen Ladung der Gläser. Es kömmt aber noch ein Umstand vor. Wenn geladene Gläser nichts mehr enthielten, als was sie durch ihr Anziehen angenommen haben; so müßten sie dieses behalten, und könnten solches nicht freywillig von sich strömen. Nun findet man aber, daß geladene Gläser, nach geendigter

Ladungsarbeit, wenn selbige besonders noch eine Weile ist fortgesetzet worden, nachdem sich die ersten Büsche an den Ketten gezeiget haben, noch eine ganze Weile das elektrische Feuer aus denen Ecken und Spitzen der zuleitenden Ketten freywillig heraustreiben; und dieses Zurückstoßen scheint wohl dasjenige zu seyn, worauf Herr Franklin zielet. Dieses freywillige Ausströmen geladener Gläser läßt sich aber ganz natürlich mit allen übrigen Sätzen vereinigen. Wenn ich elektrisire, so bekömmt die Kugel eine Atmosphäre. Diese wirket auf die zuleitenden Ketten auf eine zwiefache Art. Erstlich stößt sie die in selbigen enthaltene elektrische Materie zurück, welche sich also am äußersten Ende derselben häufen muß, und dort abströmet, oder in das Erschütterungsglas hinein gebracht wird. Hiedurch werden die Theile des Conductors, welche der Kugel am nähesten sind, negativ. Mit dieser ersten Wirkung ist aber die zweyte unmittelbar verbunden, welche in dem beständigen Zuflusse der elektrischen Materie aus der Kugel in den Conductorem besteht. Beyde zusammen gehen ununterbrochen fort, so lange der Conductor und das Ladungsglas elektrisiret wird. Die Materie wird in einem Strome über und durch den Zuleiter bis in das Ladungsglas forgestoßen. So lange dieses Glas nun diese Materie noch anzieht, befördert dasselbe den Fluß der Materie über den Conductor; so bald aber dasselbe seine Ladung empfangen hat, wirket es weiter nicht, als sonst ein elektrisirter Körper. Weil aber das Fortstoßen der Materie von der Kugel, so lange, als die Arbeit selbst, dauert; so wird auch durch diese Kraft, in das Ladungsglas noch etwas hineingebracht, und gleichsam zusammengedrücket, welches nicht zur Ladung desselben gehöret. Dieses wird während des fortgesetzten Elektrisirens darinn erhalten. So bald aber die Arbeit aufhöret, stößt das Glas diesen Ueberfluß zurück, und strömet denselben durch die Spitzen der Ketten freywillig aus. Hieraus können drey Erfahrungen, die täglich vorkommen, erkläret werden. Erstlich dauret dieses freywillige Ausströmen nur kurze Zeit. Zweytens bleibt das Glas dennoch geladen, wenn gleich diese Ausflüsse aufhören. Drittens scheinet der Funke, so bey Entladung der Gläser entsteht, und gemeiniglich der Erschütterungsfunke genannt wird, stärker zu seyn, wenn man während des Elektrisirens die Gläser entlädet, als wenn solches geschieht, nachdem die Arbeit aufgehöret und das Glas den Ueberfluß schon ausgeworfen hat. Die Ursache des lebhaftern Funken ist aus der größern Menge der überschießenden Materie leicht zu begreifen. Mehr hievon siehe unter §. 29.

§. 6.

Von dergleichen freywilligen Ausbrüchen kommen unten merkwürdige Beyspiele vor. Es wird daselbst gezeiget werden, daß die näheste Ursache derselben, die Gemeinschaft der beyden Flächen des Glases sey, welche durch die Substanz des Glases selbst erhalten wird, und welche theils kleinen Rissen oder Bläschen im Glase zuzuschreiben ist; größtentheils aber aus der in vorhergehender Anmerkung beschriebenen Ueberladung der Gläser entspringt, bey welcher die elektrische Materie endlich wirklich durch die Substanz des Glases an einer Stelle, bis an die äußere Fläche durchdringt. Dieses ist zwar der absoluten Imparmeabilität des Glases, welche Herr Franklin annimmt, zuwider; die unten vorkommenden Versuche aber erlauben dennoch, nicht anders hievon zu denken.

§. 7.

Der freywillige Ausbruch an Erschütterungsgläsern zeiget deutlich, daß dieses Gleichgewicht allerdings auch durch eine innere Gemeinschaft der Theile und der Flächen des Glases könne hergestellet werden, wovon unten ein mehreres.

§. 8.

Wenn die Boutellie auf Glas gestellet, oder an die Elektrisirstange aufgehangen wird, wird die Materie aus der äußern Seite herausgetrieben; weil selbige aber nicht abgeleitet wird, so bleibt sie hier liegen, und machet eine positive Atmosphäre um eine negative Fläche, welche eben so wohl, als die Stange selbst, einen jeden positiven Körper abstoßen muß.

§. 9.

Wenn die Flasche von außen beleget ist, und auf einen ableitenden Körper ruhet, so wird der Versuch nicht gelingen; denn itzt kann die äußere Fläche, durch diese Belegung, ihren Mangel so gleich unmittelbar aus dem ableitenden Körper ersetzen: sondern man muß die Flasche auf Glas oder Pech setzen. Ist die Flasche nicht von außen beleget, so dienen die untern Theile derselben, denen obern, statt dieses für sich elektrischen Körpers; weil sich die elektrische Materie nur sehr langsam über eine trockene Glasfläche hinzieht.

§. 10.

Der Herr Abt Nollet in seinen Lettres sur l'Electricité p. 101. läugnet zwar diese Erfahrung, wie viele andere, nicht. Er will aber die aus selbiger gezogenen Schlüsse für den negativen Zustand der äußern Fläche nicht gelten lassen, sondern schreibt dieses Hin- und Herspielen, dem schwachen Grade von Elektricität zu, welche die äußere Fläche haben soll.

Es ist dieses gar zu unbestimmet, als daß man sich so gleich dabey beruhigen könnte. Hier ist der Ort nicht, diese Erklärung des Unterschiedes der beyden Elektricitäten, die, wenn man sie ganz allgemein nimmt, falsch ist, zu widerlegen. Ich werde aber schon aus unmittelbaren Erfahrungen und denen eigenen Gedanken des Herrn Nollets mehr Schlüsse für unsern Autor, als für seinen Gegner, ziehen können. Soll die Elektricität der äußern Fläche schwächer seyn, als diejenige, welche sich an der innern Seite oder dem Zuleiter befindet; so muß man zuerst bestimmen, unter welchen Umständen dieses sich zeige. Wenn man die Flasche auf Glas setzet, und elektrisiret; so hat der erste Funken aus der Belegung eben die Stärke mit demjenigen, so aus dem Haken oder dem Zuleiter gezogen werden kann, und werden die Funken nur nachgerade schwächer, ja endlich verschwinden sie ganz. Dieß sehe ich alle Tage, und muß es also auch glauben. Die 227 Boutellie ist von außen gänzlich todt, so lange das Elektrisiren selbst währet. So bald aber dieses aufhöret, kann man wieder einige Funken ziehen. Eben so beständig sind folgende Erfahrungen. Erstlich: Wenn die Flasche auf Glas steht, und man dieselbe elektrisiret, ohne die äußere Belegung zu berühren; so wird der Kork erstlich angezogen, dadurch elektrisiret, und alsdann beständig von beyden Seiten abgestoßen: weil diese Kugel so wohl, als beyde Belegungen, positiv sind. Dieses Abstoßen dauret nach geendigter Arbeit fort. Zweytens: Man ziehe während des Elektrisirens nur einige Funken aus der Belegung, so wird die Kugel, so lange das Elektrisiren dauret, von beyden Drähten abgestoßen; so bald man aber mit der Arbeit nachläßt, wird er anfangen hin und her zu spielen. Je mehr Funken man während des Elektrisirens aus der Belegung herausgezogen hat, je länger wird dieses Hin- und Herfahren der Kugel dauren; am längsten dauret dasselbe, wenn man gar keine Funken mehr ziehen kann. Dieses Hin- und Herspielen fängt niemals an, so lange das Elektrisiren währet, wenn man auch aus der äußern Fläche alle Elektricität durch Funken abgeleitet hat. Herr Nollet läugnet zwar geradeaus dieses letztere, daß nämlich die Funken an der äußern Fläche endlich aufhören. Ich kann aber diese Versicherung auf keine andere Weise, als folgendermaßen erklären. Der Herr Abt muß, wo er den Versuch im Ernste gemachet hat, ein so kleines Glas gebrauchet haben, 228 daß sich die Atmosphäre der vordern Seite des Zuleiters ganz über dasselbe hat ergießen, und die zwote Fläche, nebst den anliegenden Körpern, unmittelbar elektrisiren können. Dieß kann man alle Tage zu wege bringen, wenn man nur den Rand, welcher

die Belegungen von einander trennet, gar zu klein machet. Oder es muß durch andere Umstände, deren tausend vorfallen können, eine Gemeinschaft der Körper da gewesen seyn, welche unvermerket den Zirkel zwischen den beyden Flächen ausgefüllet hat. Redet der Herr Abt von denjenigen Funken, welche alsobald beym Schlusse des Elektrisirens an der Belegung zu spüren sind; so haben dieselben eine ganz andere Ursache. Ich habe schon in einer vorhergehenden Anmerkung angeführet, daß während der Operation, in die innere Fläche noch ein überflüßiger Vorrath von Materie gleichsam hinein gepresset würde; bey Endigung der Arbeit schießt diese wieder in den Conductor zurück, verbreitet sich, und strömet durch die Spitze ab. Hierdurch fällt ein Theil der Kraft, welche die äußere Fläche ausleerete, weg. Diese kann daher von neuem etwas einnehmen, und zeiget also Elektricität, welche aber in allen Versuchen negativ ist. Daß alle diese Erscheinungen sich auf keine Weise aus der verschiedenen Stärke der Elektricität erklären lassen, ist leicht einzusehen. Die Schwäche der Elektricität in der Belegung, mußte doch nach dieser Meynung daher rühren, daß die Materie sehr schwer durch das Glas dringen, und sich an dieser Seite nicht so verbreiten konnte. Warum ist sie also nicht gleich Anfangs am schwächsten, und wächst nachgerade? Wäre dieses, so **müßte die Kugel Anfangs am stärksten spielen.** 229 **Wird hingegen die Elektricität an der zwoten Seite durch die Berührung ableitender Körper geschwächet, warum spielet der Ball nicht ebenfalls während Operation? Warum sammlet sich nicht an der andern Seite dieser Verlust eben so gut itzt nachgerade wieder, als vom Anfange? Sollten die Oeffnungen des Glases durch das Berühren wohl geschlossen werden, da Herr Nollet Stunden lang hundert Personen dergestalt elektrisiren kann?**

Die Erfahrung, welche der Herr Abt zum Beyspiele anführet, daß die Kugel zwischen den Haken einer geladenen und ungeladenen Flasche spielet, beweist hier nichts; und ist nicht einmal denen Schwierigkeiten unterworfen, welche der Herr Abt dabey gefunden hat. Daß die Kugel spielet, so lange die zwote Boutellie ganz unelektrisch ist, ist gar kein Wunder; weil sie hier nichts anders, als ein unelektrischer Körper ist, der die Materie annimmt. Wird dieselbe nur in einem zwar schwachen, doch solchen Grade geladen, daß sie für sich die Kugel schon abstößt; so wird sie die Kugel nicht zum Spielen bringen, die erste Flasche mag so stark geladen seyn, wie sie will. Denn die Regel, daß Körper, die einerley Elektricität haben, aber in ungleichem Grade elektrisch sind, einander anziehen, erstrecket sich nur auf solche, deren Grade ganz

ungemein weit aus einander liegen; und die Ursache des Anziehens ist hier einzig und allein die proportionale Vertheilung der elektrischen Materie.
Will man aber machen, daß die Kugel dennoch
230 zwischen zwo dergleichen mit ungleicher Stärke geladenen Flaschen spielen soll; so darf man sie nur
beyde auf Glas setzen, und, welches den Hauptumstand ausmachet, ihre beyden Belegungen durch
eine kleine Kette verbinden: denn in diesem Falle
wird die Kugel so lange spielen, bis sich die Ladung
durch beyde Flaschen proportionirt vertheilet habe.
Es geht hiebey von der Ladung nichts verloren; sondern was der stärkern entgeht, findet man in der
schwächern wieder.   Die Verbindung der beyden
Belegungen muß aber dennoch hier die Ursache enthalten, warum die Kugel wechselsweise angezogen
wird; denn so bald man selbige wegnimmt, höret
das Spielen auf, und die Kugel wird von beyden Haken abgestoßen.   Dieses ist aber denen Sätzen des
Herrn Nollets gerade entgegen; denn die Verbindung der beyden Flaschen durch die Kette, mußte
ja der schwach geladenen Flasche, nach den allgemeinen Gesetzen jeder Propagation, ihre Kraft mittheilen, sie stärker elektrisch machen, und also das Spielen der Kugel hindern.   Sie thut aber gerade das
Gegentheil, und schwächet dieselbe vielmehr, nach der
Erklärung des Herrn Nollets; weil die Kugel dadurch in Bewegung gesetzet wird.   Wie leichte hingegen alle diese Erfahrungen mit dem System des
Herrn Franklins zu vergleichen sind, wird jeder
einsehen können.

Will man sich durch das Gefühl überzeugen,
daß die äußere Fläche eben so stark elektrisch sey,
als die inwendige; so darf man nur die Flasche bey
dem Haken anfassen, und die Belegung berühren.
231 Die daraus entspringende Erschütterung wird eben
so stark seyn, als wenn man die Belegung in der
Hand hält, und den Draht berühret.   Knall und
Funke werden in beyden Fällen ebenfalls nicht verschieden seyn.

§. 11.

Hier muß ein Versehen vorgegangen seyn. Wenn
die Bouteille voll geladen ist, kann der gekrümmte
Draht nicht so schnell zur Berührung des Kopfes
und des Bodens gebracht werden, daß nicht ein
starker Funke erfolgen sollte, wenn auch die Enden
scharf und ohne Rinken sind.   Frankl. Verbeff.

Mit diesem Funken geht die elektrische Materie
auf einmal hinüber; worauf freylich alles wieder
ganz stille zugeht.

§. 12.

Hingegen saget Her Nollet pag. 107-108. Que
pretendez vous prouver par la quatrieme experien-
ce . . . ne sçait-on pas qu'on fait cesser l' Electricité d'un corps, quand on en tire des etincelles. ..
Der Einwurf hätte sein Gewicht, wenn der Draht,
womit man die Funken zieht, ableitend wäre, und
Nollet, mit einem in Lack befestigten Drahte, die
Elektricität der einen Seite allein, oder sonst eines
elektrisirten Körpers, rauben könnte.   Dieß wird
er nicht behaupten können; weil der Draht ja auch
elektrisch wird, und die Elektricität, die mit der seinigen von einerley Art ist, nicht annimmt noch ableitet, indem zween elektrische Körper einander nicht
berauben.   Er müßte glauben, alle Ladung könne
hier in den kleinen Draht ziehen.   So aber beweist 232
der Versuch, was er beweisen soll.   Nämlich der
Draht werde von jeder Seite zwar elektrisch, aber
auf verschiedene Art; die eine füllet ihn, die andere
leeret ihn aus: und der Herr Abt hat die Stange
Lack nicht aufmerksam genug angesehen, welches doch
bey diesem Versuche das Hauptstück ist.

§. 13.

Die Flasche kann wohl, wie jeder Körper, elektrisch gemachet, aber nicht geladen werden.   Denn
da sich hier die Elektricität durch die verbundenen
Drähte über beyde Seiten ergießt; so kann aus keiner
etwas heraus getrieben werden: weil beyde gleich stark
wirken; und man kann eigentlich nicht sagen, daß das
Feuer in die Runde herumlaufe.

§. 14.

Herr Nollet will dennoch die auf solche Weise
zugerichtete Flasche geladen haben.   Er spricht
p. 108. l'en suis venu à bont plus d'une fois; das
Kupfer aber Pl. 2. Fig. 6. verräth den ganzen Irrthum.   Nollet setzet sein Glas auf die Hand, welche
ableitend ist.   Hieburch ladet er den Boden des Glases, und bekömmt die Erschütterung durch den Boden.
Herr Franklin beuget dieser Ladung dadurch vor, daß
er das Glas auf Pech stellet, wo es sich nicht laden
kann.   Auf diesen Umstand hätte Herr Nollet billig
acht haben sollen, da er doch bey einer andern Gelegenheit p. 92. zur Ladung selbst fodert, daß das
Glas auf ableitenden Körpern stehe.   Er bedienet
sich dieser Regel an beyden Orten da, wo Franklin
dieselbe ausdrücklich vermieden wissen will.   In ge- 233
genwärtiger Erfahrung kann das Glas eben so wenig
geladen werden, als wenig sich dasselbe ladet, wenn
man beyde Seiten zugleich vermittelst zwoer besondern Maschinen positiv oder negativ elektrisiret.

§. 15.

Herr Nollet setzet dieser Erfahrung in seinen
Briefen p. 104. eine andere entgegen, durch welche
er beweisen will, daß der auf Pech stehende Mensch
die elektrische Materie aus andern Körpern nicht

einnehme, sondern vielmehr ebenfalls ausströme. Er schließt dieses aus dem Lichte und Strome von elektrischem Feuer, welcher zwischen diesen Menschen und einer gläsernen Elektrisirkugel, und ebenfalls zwischen diesem Menschen und einem andern positiv elektrisirten Menschen entsteht. Es ist aber das hier erscheinende Licht der gewöhnliche Lichtkegel, der zwischen stumpfen Körpern entsteht, wo kein plötzlicher Uebergang der Materie durch Funken statt findet. Die Grundfläche steht allezeit auf dem positiv elektrischen Körper, die Spitze auf dem negativen, und die ganze Erfahrung stimmet mit Franklins Sätzen vollkommen überein. Denn hier ist der Mensch, der die Flasche hält, negativ, und nähert sich positiven Körpern. Wenn sich derselbe negativ elektrischen Körpern nähert, wird nicht das geringste Licht entstehen. Dergleichen Körper sind zum Beyspiele, der Mensch, der die Glaskugel reibt, und die vermittelst desselben durch die Mittheilung elektrisirten Körper.

234 Ich muß hier eines anmerken. Aus denen Worten des Herrn Nollets p. 103. La surface exterieure de ce vaisseau est électrisée en moins; elle ne peut que recevoir du feu électrique; elle n'a point d'atmosphére, de repulsion, ersieht man, daß der Herr Nollet die Meynung und das System des Herrn Franklins nicht vollkommen eingesehen habe; und überdem hat Herr Franklin an keinem Orte gesaget, daß die äußere Fläche keine Atmosphäre habe. Er hat sich unten weiter erkläret. Ich will von der Atmosphäre der äußern Fläche, denen Erfahrungen gemäß, nur folgendes anführen.

Wenn das Glas positiv elektrisiret wird, bekommt die äußere Fläche Anfangs eine stark positive Atmosphäre; weil die Materie aus dem Glase in die Belegung in den anliegenden Conductor herausgetrieben wird. Diese wird durch ableitende oder auch negativ elektrische Körper abgeleitet, und nimmt also beständig ab, bis endlich der Conductor zum natürlichen Zustande gebracht wird, und keine Atmosphäre hat. Es dauert dieser Zustand aber nur so lange, als das Elektrisiren währet; denn so bald dieses aufhöret, kann die äußere Fläche wieder etwas einsaugen. Sie nimmt dieses aus dem anliegenden Conductor, und machet denselben dadurch negativ elektrisch; und also nimmt derselbe ebenfalls wieder etwas ein, und bekömmt eine negative Atmosphäre.

Es ist nicht nöthig, daß die äußere Fläche ganz entlediget, oder das Glas voll geladen sey, um diese Wirkungen und Abwechselungen zu sehen. Den 235 Uebergang des zweyten Conductors, oder der Ladungskette, aus dem positiven Zustande in den negativen, und umgekehrt, kann man augenscheinlich

sehen, wenn man einen Elektricitätszeiger anbringt, welcher einen Theil des zweyten Ableiters ausmachet. Dieser steigt von Anfang stark, und ist positiv; wird er nicht berühret, behält er diesen Zustand, so lange der erste Zuleiter die Elektricität behält, welche aus dem Glase in den zweyten etwas heraustreiben kann. Nimmt man diesem aber alles, so fällt der zweyte ebenfalls herunter; denn die Materie schießt in das Glas zurück. Leitet man aber aus dem zweyten Conductor die Elektricität durch einige Funken ab, so fällt er etwas herunter, steigt aber allezeit wieder, so lange das Elektrisiren dauert; weil aus dem Glase jederzeit wieder etwas in ihn herausgetrieben wird. Die Elektricität des zweyten Conductors ist bisher allezeit positiv, so lange das Elektrisiren währet. Man lasse aber mit der Arbeit nach, so wird der Zeiger alsobald herunter fallen; nach wenig Secunden aber wieder in die Höhe steigen, und negative Elektricität zeigen. Fängt man das Elektrisiren von neuem an, so wird der Zeiger gleich wieder fallen, darauf aber mit positiver Elektricität wieder in die Höhe steigen; denn Anfangs zog sich die im Conductor gehäufte Materie in das Glas zurück: weil das Glas aber noch überdem den Conductor negativ machet, steigt er wieder. Dieser negative Zustand wird durch die Materie, so bey wiederholtem Elektrisiren der vordern Fläche herausgetrieben wird, wieder aufgehoben; der Zeiger fällt also, und, 236 weil itzt ein neuer Vorrath sich aus dem Glase über ihn ergießt, hebt er sich von neuem und wird positiv. Franklins Hypothese brauchet fast keines weitern Beweises, als dieser Versuche, welche auf keine Weise aus dem schwachen Grade von Elektricität der hintern Fläche zu erklären sind. Der Herr Nollet machet sich von der negativen Elektricität einen unrechten Begriff. Diese setzet zwar in dem Körper einen Mangel der Materie voraus: sie hindert aber nicht, daß derselbe eine Atmosphäre haben könne; obgleich diese Atmosphäre nicht aus elektrischer Materie besteht. Sie ist eigentlich der Raum, in welchem diese Körper wieder die ihnen fehlende Materie annehmen. Und vieleicht ist es der Kreis von Luft, aus welcher sie dieselbe schon angenommen haben, und welche also andere hinzukommende Körper wieder beraubet. Negative Körper ziehen daher eben so wohl an, geben Funken, und alle übrigen elektrischen Erscheinungen. Es ändert sich bey allen nichts, als die Direction, nach welcher sich die Materie beweget.

§. 16.

Dieser Versuch ist einer der wichtigsten unter denjenigen, welche zur Ladung der Gläser gehören. Er beweist deutlich, daß die Ursache der Erschütterung einzig und allein in denjenigen Körpern liegen müsse, welche sich hier auf dem Peche befinden; und daß die übrigen ableitenden Körper in andern Fällen nicht das geringste dazu beytragen. Man muß denselben mit demjenigen beygefügten Versuche zusammen halten, welcher unten vor dem fünften Briefe vorhergeht; woselbst eine weitere Erläuterung, was in gegenwärtigem Versuche das Herstellen des Gleichgewichtes in dem Körper des Menschen bedeuten soll, vorkömmt. Man kann in dem Versuche statt des Menschen verschiedene andere Körper anbringen, wenn nur dieser Hauptumstand beybehalten wird, daß alles isoliret, oder von aller Ableitung frey ist. Die Ladung der stärksten Gläser geht hier durch eine einzige Berührung verloren, und die ganze Elektricität des Glases verlöscht. Nun ist aber kein Weg vorhanden, wo dieselbe itzt mehr als zuvor hätte abfließen können. Sie muß sich also selbst aufgerieben haben; welches nach Franklin leichte zu begreifen ist. Wären die verschiedenen Grade von Elektricität, welche beyde Flächen haben, allein Schuld hieran; so könnte weiter nichts, als eine Vertheilung der Elektricität erfolgen: was aber die innere Fläche dadurch verlöre, müßte man an der äußern wieder finden. Denn wenn gleich aus dem verschiedenen Grade, der erfolgende Funke und Uebergang zu begreifen wäre; so läßt sich doch dieses auf die gänzliche Verschwindung der Elektricität nicht einwenden. Denn alle Versuche zeigen, daß zwo Elektricitäten gleicher Art, aus zwo ungleich starken Kugeln einander nicht aufheben, sondern verstärken. Die Summe der Elektricität bleibt unverändert, weil beyde positiv oder negativ sind; hier ist diese Summe aber $= 0$, welches anzeiget, daß man hier ein positives und negatives, die gleich groß gewesen sind, addiret habe. Welcher Schluß hier eben so vollkommen gilt, als dieser, daß $+ x$ und $- x$ einander gleich gewesen sind, wenn $+ x - x = 0$ ist. Ueberhaupt ist die Destruction der Elektricität durch einander der stärkste Beweis ihrer contradictorischen Opposition.

§. 17.

Dieser Versuch läßt sich dem Auge auf einer mit Goldblättchen belegten Glastafel sehr angenehm darstellen. Man sehe davon Winkleri diss. de avertendi fulminis artificio p. 12. 13. Lipsiae 1753.

Man stelle in diesem Versuche die Blitze im Kleinen vor, und derselbe ist nicht ungeschickt, eine deutliche Vorstellung von diesen Erscheinungen mitzutheilen. Was der Herr Nollet in seinen Lettres von S. 109. bis 112. davon saget, dienet zur Erläuterung desselben. Die Frage, welche er Herr Franklin S. 112 vorleget, läßt sich gar leicht beant-

worten. Er schreibt: Je prendrai la liberté de vous demander ce qu'ils signifient, lorsque tenant la bouteille dans la main, on fait etincelles le crochet contre les mêmes dorures; car tous ces petits feux y brillent come dans le premier cus. Wenn man bey dieser von Hrn. Nollet angegebenen Veränderung des Versuches, mit der andern Hand die Vergoldung anfasset, ist der Versuch von Franklin seinem gar nicht verschieden. Thut man dieses nicht, so ergießt sich dennoch die elektrische Materie aus dem Haken in die Vergoldung, und selbige fließt nachgerade ab, geht aber nicht wie zuvor in einem Schlage durch dieselbe weg. Dieß ist also ein ganz anderer Versuch, der gar nicht zur Ladung, sondern zu denen Versuchen gehöret, deren Herr Nollet S. 111. Erwähnung thut, und zu welchen gar keine Ladung der Gläser nöthig ist.

§. 18.

Wir werden unten Gelegenheit haben, von dieser Kraft der Spitzen ein mehreres beyzubringen. Hier will ich nur dieses anführen, daß Herr Nollet in s. Lettres p. 134 mit allem Rechte davon sage: Les effets se sont toujours terminés à une diminution, mais non pas à une extinction totale de la vertu electrique. Dieses stimmet auch mit denen eigenen Erklärungen des Herrn Franklins und allen Erfahrungen überein. Dem allen unerachtet behalten die merkwürdigen Erfahrungen von der Kraft der Spitzen, dennoch ihren großen Werth und Nutzen.

§. 19.

Aus einigen nachhero angestellten Versuchen bin ich geneigt, zu schließen, daß es nicht das Licht selbst, sondern der Rauch und die unelektrischen Ausflüsse aus dem Lichte, der Kohle, und dem glüenden Eisen sey, welche das elektrische Feuer ableiten: indem selbige zuerst angezogen, und darauf abgestoßen werden. Franklins Verbesser.

In denen Memoires de Mathematique & de Physique presentés à l'academie roiale des sciences par divers sçavans, & les dans ses assemblées Tom. II. Paris 1755. findet man pag. 146. von Herrn *du Tour*, Memoire sur la maniere dont la flamme agit sur les corps électriques; worinn besonders die Propagation der Elektricität, durch diese Ausflüsse, ausgeführet und beschrieben ist. Hrn. Franklins nachhero angegebener Unterschied des Sonnen- und Feuerlichtes fällt also von selbst weg

§. 20.

Wir setzen voraus, daß jedes Theilchen des Sandes, Nässe oder Rauches, wenn solcher erst angezogen, und darauf abgestoßen wird, einen Theil des elektrischen Feuers mit wegnehme; solches aber so lange ruhig in demselben verharre, bis es dasselbe einem andern Körper mittheilen kann, und daß solches niemals wirklich vernichtet werde. Eben so, wenn Wasser in gemeines Feuer gegossen wird, stellen wir uns nicht vor, daß dieses Element dadurch zernichtet, oder in nichts verwandelt, sondern nur zerstreuet werde; indem jedes Wassertheilchen dasjenige Feuer, welches es angezogen und mit sich selbst vereiniget hat, in Dünsten davon führet. Frankl. Anmerk.

Wir haben nachgehends entdecket, daß nicht der Aus = und Einfluß des elektrischen Feuers, sondern verschiedene Umstände von Anziehen und Abstoßen, hier die Ursache der Bewegung dieser Räder gewesen sey. Frankl. Verbeff.

§. 21.

Man muß sich wundern, warum der Herr Nollet dem Herrn Franklin nicht in diesen Versuchen angegriffen habe, welche doch zu den richtigsten in seinen Briefen gehören, und auf welche er eigentlich sein System gebauet hat; dieses würde vielleicht bey Hrn. Franklin größern Eindruck gemachet haben, als alle Bemühung, ihn von einer andern Hypothese zu belehren.

§. 22.

Wir fanden bald, daß nur einer von ihnen nöthig hätte, auf Pech zu stehen. Frankl. Verb.

§. 23.

Daß Küsse sehr heftig erschüttern, davon kann man in des Hrn. Prof. Bohsens Tentaminibus Electricis pag. 69. einen merkwürdigen Fall finden. Franklin nimmt noch so gar das Erschütterungsglas dazu; dahero müssen solche Küsse freylich sehr stark werden.

§. 24.

Unsere Glasröhren sind aus grünem Glase gemachet, 27 oder 30 Zoll lang, und so dick, als man sie mit der Hand umfassen kann. Die Elektricität ist hier so stark im Gange, daß deren über hundert in den letzt verwichenen vier Monathen verkaufet sind. Frankl. Anm.

Meine Elektrisirröhren geben die stärkste Wirkung, wenn ich das wollene Tuch, womit ich sie reibe, nach der von Hrn. Waiz angegebenen Art, mit weissem Wachse bestreiche, oder nach Hrn. Canton, mit Oehl tränke. Was diese für sich elektrischen Körper aber zur starken Erweckung der Kraft beytragen, verdienet einer genauen Untersuchung, die ich hier übergehe. Bey großen Kugeln thut eine trockene, warme und weiche Hand die besten Dienste. Bey kleinen aber, wo man die Geschwindigkeit des Reibens, durch den starken Druck ersetzen kann,

giebt ein ledernes mit geschabter Kreide bestreutes Küssen alle erwünschte Wirkung. Doch sind obige Wachs= und Oehltücher auch nicht zu verwerfen.

Der Elektrisirmaschine des Herrn Franklin fehlet es an der nöthigen Geschwindigkeit der Kugel. Seine Fassung der Kugel kömmt mit derjenigen überein, welche in dem Anhange zu der deutschen Uebersetzung der Versuche des Herrn du Fay angegeben ist. So bequem dieselbe ist, so ziehe ich doch diejenige vor, wo keine Stange durch die Kugel geht, sondern nach der Art gefasset ist, welche Spengler in seinen Briefen, und der Herr Abt Nollet in seinen Essay sur l'Electricité beschreibt. Man hat nämlich bey dieser Fassung nicht so leicht zu befürchten, daß sich die Kugeln laden, und dadurch die Wirkungen hindern. Worinn dieses Laden der Elektrisirkugeln bestehe, wird unten mit mehrern erläutert werden.

Vom Laden der Gläser durch wenig Umläufe der Kugel, denkt Herr Franklin in der Folge selbst schon ganz anders, wenn er zur Ladung großer Gläser tausend und mehr Umschläge erfodert. Ich habe selber Gläser gehabt, die unter sechzehenhundert Umschlägen des Rades, welches eine Kugel, die sechzehen Zoll im Durchmesser hatte, bey jedem Umlaufe sechsmahl herum drehete, nicht zur vollen Ladung konnten gebracht werden.

§. 25.

Der Herr Abt Nollet wirft in seinen Lettres an verschiedenen Stellen, dem Herrn Franklin als etwas überflüßiges vor, daß er seine Gläser bey Untersuchung derselben, auf Körper die für sich elektrisch sind, setzet. Er behauptet an mehr als einem Orte, daß die Gläser dadurch ihre Kraft verlieren. Man sehe S. 93. 99. Man findet diesen Satz zwar unten durch einen Versuch des Herrn Colden widerleget. Ich will mich aber bemühen, zu zeigen, woher vielleicht diese mit aller Erfahrung streitende Meynung des Herrn Nollets entspringen können, und daß daraus dem Herrn Franklin kein Einwurf könne gemachet werden. Der Kürze wegen will ich nur die Erfahrungen selbst anführen, ohne sie mit dem System des Herrn Franklins zu vergleichen. Wenn ein Glas soll geladen werden, so muß die äußere Seite desselben mit unelektrischen Körpern verbunden seyn. Je größer ein dergleichen Körper ist, je stärker kann das Glas geladen werden. Am allerstärksten wird die Ladung, wenn man zu diesem Körper den größten, das ist, die Erde selbst, nimmt. Die erstern Fälle übergehe ich, und nehme nur diesen letztern, wo das Glas am stärksten geladen wird. Wenn auf diese Art das Glas voll geladen ist, so haben die Elektricitätszeiger am ersten Conductor den höchsten Stand, welchen sie bekommen können; an der äußern Seite der Belegung, und denen nahe damit verbundenen Körpern, ist nicht die geringste Spur von der Elektricität zu sehen. Man setze aber das geladene Glas, auf für sich elektrische Körper; so zeiget sich 1) die Elektricität alsobald an beyden Seiten, und scheint sich an beyden Seiten zu vertheilen: denn die Zeiger des ersten Conductors fallen, hingegen steigen diejenigen, welche an der zweyten mit der äußern Fläche verbundenen Conductor, der itzt von ableitenden Körpern abgesondert ist, angebracht sind. 2) Die Stärke der Elektricität der beyden Seiten verhält sich, so viel man aus dem Steigen und Fallen der Zeiger urtheilen kann, umgekehret wie die Massen der Conductorum. Je größer der Conductor ist, je schwächern Grad von Elektricität zeiget derselbe an. 3) Der Grad von Elektricität an einer Seite wächst, wenn der Conductor dieser Seite kleiner wird; aber er wächst ebenfalls, wenn der Conductor der entgegengesetzten Seite zunimmt, und es hat das Ansehen, als könne man die Elektricität auf diese Weise durch das Glas hin und hertreiben. 4) Wenn man mit der Erde verbunden ist, und berühret den einen Conductor; so steigt der Zeiger des andern so hoch als möglich ist. Man kann dieses wechselsweise versuchen, und dieses Aus- und Eintreiben der Elektricität fast ohne merklichen Verlust Stunden lang dergestalt fortsetzen. 5) Wenn die eine Fläche gar nicht beleget, aber dennoch geladen ist; welches durch eine Anlegung von Körpern geschehen kann, die nachher wieder weggenommen werden; die andere Seite aber einen Conductor hat: so verliert dieser letztere bey der Vertheilung fast alle Elektricität, welche sich in diesem Falle an die unbelegte Fläche begiebt. 6) Leget man aber an diese Fläche ebenfalls Körper an; so treibt man dadurch wieder etwas hinein, und der Draht der Flasche wird wieder elektrisch. Itzt werde ich fast nicht nöthig haben zu zeigen, wodurch Herr Nollet sey bewogen worden, zu glauben, die Elektricität verschwinde: und warum ein anderer Autor saget, man könne die Flasche wieder elektrisch machen, wenn man sie mit der Hand streicht. Die Vertheilung der Elektricität, ist an allen diesen Erscheinungen schuld; man sieht aber zugleich die Nothwendigkeit, warum man bey Untersuchung der Elektricität geladener Gläser, dieselben auf Körper setzen müsse, welche für sich elektrisch sind; denn sonst findet keine Vertheilung statt.

§. 26.

Dieses dienet zugleich zur Beantwortung dessen, was der Herr Abt Nollet p. 123. 124. in diesen Versuchen zweifelhaft machen will. Er versichert, daß er oft eine Erschütterung unter denen Umständen bekommen habe, bey welchen Herr Franklin dieselben nicht erwartet. Ich habe diese Versuche mit Fleiß nachgemachet, und finde, daß man mehrentheils, unter allen diesen Umständen, Anfangs eine Erschütterung bekommen; und dieses aus der Ursache, weil es so schwer ist, zwo Boutellien gleich stark, oder ihrer Beschaffenheit nach, gegen einander proportioniret zu laden, wenn man eine nach der andern ladet. Will man es auf diese Art versuchen, daß man die Gläser nach einander ladet; so muß man so lange mit der Arbeit fortfahren, bis zwischen dem Drahte der Boutellie und dem Conductor keine Funken mehr schlagen, als welches ein sicheres Zeichen der vollen Ladung ist. Oder man kann folgendermaßen den Versuch mit aller Sicherheit anstellen. Man stellet beyde Flaschen auf Glas, deren Haken verbindet man mit dem zuleitenden Körper, und die äußern Belegungen unter sich durch eine kleine Kette, von welcher einer einzige Ladungskette herunter geht. Nachdem man dergestalt die Gläser zugleich geladen hat, fasset man eine Boutellie in jede Hand, läßt die Kette von den Belegungen hinunter fallen, und zieht beyde Boutellien in einem und demselben Augenblicke vom Conductor zurücke. Bringt man nun alsobald die Haken gegen einander, so entsteht gar keine Erschütterung, die aber alsobald erfolget, wenn einer Boutellie nur weniges von ihrer Ladung genommen wird. Je mehr der einen fehlet, je stärker ist die Erschütterung; am stärksten wird sie in dem von Herrn Franklin angegebenen Falle, wenn eine Boutellie ganz ungeladen ist.

Wenn man aber auf dasjenige acht hat, was hier vorgeht; so wird man leichte die Wahrheit von alle dem beurtheilen können, was Herr Franklin davon saget. Wenn die Haken der Boutellie einerley Art von Elektricität haben, wenn z. E. beyde positiv, oder beyde negativ sind; so entsteht die Erschütterung durch die proportionale Vertheilung der Ladung. Diese ist aber auf einmal vorbey, und steht hernach nicht wieder zum zweyten male zu erhalten, man müßte denn eine Boutellie von neuem berauben. Durch diese Erschütterung werden die Flaschen aber nicht entladen. Sie behalten alle beyde ihre Ladung, ob gleich die eine etwas verliert, welches in die andere übergeht; beyde bleiben wie sie vorher waren, positiv oder negativ, und können jede für sich eine starke Erschütterung geben. Ist ihre Ladung aber von verschiedener Art, eine positiv, die andere negativ; so destruiren sie einander und entladen sich. Jedoch eräugen sich auch hier den Graden der Ladung nach wieder neue Fälle, welche täglich in den Versuchen vorkommen. Ich will setzen, die benden Flaschen sind in allen zur Ladung gehörigen Stücken, der Größe, Dicke, und Art des Glases, und der Belegung einander gleich. Deren eine A ist so stark positiv, als die andere B negativ geladen; so verlöscht nach der Berührung alle Elektricität. Man setze, A habe zween Theile positiv, B nur einen Theil negativ; so destruiret ein Theil in A, einen Theil in B. Der übrige Theil in A aber, der positiv ist, vertheilet sich; daher bekommen nach der Erschütterung beyde Flaschen einen halben Theil positiv. Hat A zween Theile positiv, B aber drey Theile negativ; so wird nach eben diesen Gründen, nach der Berührung, so wohl A als B einen Theil negativ haben; und man kann kürzlich alle Fälle, sie mögen beschaffen seyn wie sie wollen, zu der allgemeinen Regel bringen: Daß die Summe der Elektricität in den Gläsern, so wohl vor als nach der Berührung, gleich; die Erschütterung aber nichts als eine Vertheilung der vorhandenen elektrischen Materie und eine Herstellung des Gleichgewichtes unter beyden Gläsern sey; welche nach eben den Gesetzen geschieht, nach welchen sich die elektrische Materie bey allen elektrisirten Körpern vertheilet. Ich glaube, daß sich ehe auf die Versuche des Herrn Nollet, als Franklins, dasjenige anwenden lasse, was p. 124. steht. Il faut donc . . . . . que vos bouteilles, par quelque circonstance, que j'ignore, ne se soient pas électrisées suffisamment.

§. 27.

Man sehe hiebey die oben angebrachte Anmerkung §. 6. nach.

§. 28.

Herr Nollet läugnet diesen Versuch in seinen Briefen p. 119. Wenn man denselben aber mit Vorsicht anstellet, wird man leichtlich entdecken können, woher dieser Unterschied in dem Erfolge der Versuche entspringe. Herr Franklin setzet stillschweigend voraus, daß man bey Anstellung derselben, alle dasjenige verhindern werde, wodurch das Glas könne geladen werden; dieses vermeidet Herr Nollet allem Ansehen nach nicht sorgfältig genug. Ich will daher kürzlich anzeigen, wie man den Versuch ohne und mit Erschütterung anstellen könne. Man fülle ein zur Ladung geschicktes Glas, welches von außen nicht beleget ist, mit warmen Wasser, und hänge dasselbe bey dem Haken an den Conductor auf. Man elektrisire dasselbe nebst dem Conductor; so werden sich allerdings an der äußern Fläche des Glases Spuren, und zwar von starker Elektricität, zeigen. Denn nach Franklin tritt die elektrische Materie aus der äußern Fläche heraus, und machet eine Atmosphäre

um das Glas. Ob nun gleich das Glas hiedurch elektrisiret ist, so ist es dennoch nicht geladen; denn so bald man den Conductor berühret, vergeht auch alle diese Elektricität der äußern Fläche, die sonst bey der Ladung, nach der vier und zwanzigsten Anmerkung, stärker wird. Um nun das Glas ungeladen zu erhalten, muß man sorgfältig vermeiden, daß von dieser Atmosphäre nicht der geringste Theil abgeleitet werde. Dieses Ableiten geschicht, vermittelst aller Körper, die sich dieser Fläche nähern oder selbige berühren, wenn solche unelektrisch, oder auch nur merklich schwächer elektrisch sind, als der Conductor nebst der innern Fläche. Wenn also das Glas nur eine Belegung von Metall hat, insonderheit wenn mit dieser Belegung ein großer Conductor verbunden ist; so nimmt dieser in seinem unelektrischen Zustande einen Theil der Atmosphäre an, und lädet das Glas. Eben dieses geschieht noch viel stärker, wenn ein Mensch, der ganz ableitend ist, das Glas in die Hand fasset, so lange die innere Fläche vom Conductor noch elektrisch ist; es erfolget allemal Ladung und Erschütterung, deren Stärke sich nach der Größe des Conductors richtet. Will man dieses vermeiden; so kann man den Versuch auf eine doppelte Weise anstellen. Man elektrisire das aufgehangene ungeladene Glas so lange man will, vermeide aber, daß demselben von außen keine Körper, besonders keine Spitzen, nahe sind. Hierauf nehme man dem Conductor durch Berührung alle Elektricität, lasse denselben los, fasse das Glas in die Hand; so wird der Haken nicht die geringste Erschütterung geben. Oder, wenn das Glas elektrisiret wird, trete der Mensch, der den Versuch anstellen will, auf einen mit Glasfüßen versehenen Schemel, und berühre den Conductor, damit er einen gleichen Grad von Elektricität mit selbigem erlange, und also nicht mehr als ein raubender Körper anzusehen ist. Zieht er nun die Hand vom Conductor zurück, und fasset das Glas an; so wird er bey Berührung des Drahtes, in dem Glase niemals eine Spur von Erschütterung und Ladung empfinden.

Man hat es also gänzlich in der Gewalt, Franklins oder Nollets Versuch anzustellen; beyde aber streiten für Franklins Sätze. Man wird hoffentlich die nöthigen Vorsichten, die dem Systeme gemäß sind, für keine wesentliche Veränderung des Versuches halten; denn ist das Glas wirklich schon geladen, so wird die positive Elektricität des Menschen, im letztern Falle, ihn vor der Erschütterung nicht schützen. Herr Nollet hat manche Erschütterung zur Strafe dafür bekommen, daß er Franklinen nicht genau genug in seinen Erklärungen folget.

§. 29.

Mich däucht, Hr. Franklin habe von dem Erfolge dieses Versuches die Erklärung nicht so gegeben, wie selbige nach seinen eigenen Grundsätzen zu machen ist, und durch andere Versuche kann bestätiget werden. Ich kann die Ursache des Widerstandes nicht einsehen, welche der ladenden Kraft widerstehen sollte. So lange vielmehr die wirkende Kraft da ist, muß auch die Wirkung erfolgen, und alles, was von mehreren Flaschen gilt, muß ebenfalls von einer einzigen gelten. An sich hat der Versuch seine Richtigkeit, daß man eine ziemliche Anzahl von Boutellien auf diese Weise laden kann. Man bemerket aber auch dabey dieses, daß die letztere allezeit schwächer als die vordere, und zwar, nachdem sie weiter vor der erstern entfernet sind, immer schwächer und schwächer geladen werden. Dem allen unerachtet wird die erste allezeit ihre volle Ladung bekommen. Man kann die Sache ganz natürlich folgendermaßen einsehen. Aus der Belegung der ersten Boutellie, wird so viel herausgetrieben, als in die innere Fläche hinein dringt. Ich will diese Quantität = A setzen: soll diese die zwote Flasche eben so stark laden, als die erstere; so muß die ganze Quantität A in die innere Fläche derselben eindringen. So wenig aber bey der erstern Fläche, alles was von der Kugel kömmt, in das Glas dringt; so wenig geschieht dieses hier auch. Es bleibt allzeit eine bestimmte Menge in und um den Conductor hangen; welches hier die äußere Belegung der ersten Flasche, die daran befestigte Kette, und das Wasser nebst dem Drahte der zwoten Flasche ist. Ich will diese Quantität = x setzen; es bleibt also nur noch A—x übrig, welches in die zwote Flasche eindringen kann, aus deren äußern Fläche also auch nicht mehr als A—x heraustreten kann. Hievon bleibt wieder, wenn alle Conductores gleich groß sind, in dem Conductor der dritten Flasche x hangen. Die Ladung der dritten Flasche bleibt also nur noch A—2 x, der vierten A—3 x, und so ferner, bis endlich, wenn die Zahl der Conductorum m ist, m x = A wird. So dann wird die Flaiche, welche in der Ordnung die m + 1te ist, gar nicht mehr geladen werden. Alle vorigen aber werden, obgleich nicht in gleichem Grade, geladen werden.

Der Versuch, dessen Franklin unten §. 18. unter dem Namen der elektrischen Batterie Erwähnung thut, ist im Wesentlichen hiervon nicht unterschieden; und man wird von selbst schon zum voraus einsehen können, daß man bey dieser Einrichtung durch die vielen Gläser nichts mehreres, als bey einem einzigen Glase, gewinne. Denn weil alle übrigen Gläser nur durch dasjenige geladen werden, was aus dem ersten herausgetrieben wird, die Stärke der Erschütterung aber von der Menge der übergehenden Materie abhängt; so wird ein einziges Glas eben die Wirkung thun.

Machet man hingegen die Einrichtung mit mehrern Gläsern, dergestalt, daß alle inwendige Seiten mit einem, und die äußere ebenfalls mit einem einzigen Drahte oder Kette verbunden sind; so ist dieses ein ganz anderer Fall, wovon unten ein mehreres vorkömmt.

§. 30.

Mich däucht, es könne von dem zu beweisenden Satze wohl keine deutlichere Erfahrung in der Welt verlanget werden. Der Hr. Nollet suchet dieselben in seinen Lettres p. 88-96. zwar anzugreifen, seine Einwürfe sind aber von keiner großen Wichtigkeit, und lassen sich vollkommen mit dem System des Herrn Franklins vereinigen. Er hält es für einen großen Einwurf, daß das Glas, worein man das Wasser gießt, geladen wird, wenn selbiges auf ableitenden Körpern steht. Hievon war aber gar die Frage nicht. Es sollte untersuchet werden, welcher Körper hier den großen Vorrath von elektrischer Materie eingenommen hätte. Dieses mußte das Glas oder das Wasser seyn; denn daß das mit dem Glase verbundene Wasser die Kraft hätte, durfte nicht untersuchet werden. Eigentlich hätte Franklin das Wasser nicht wieder in ein Glas gießen sollen: und wenn Nollet behauptet, die Kraft liege blos im Wasser; so mußte er ebenfalls wieder kein Glas mit ins Spiel bringen. Weil aber Franklin ein Glas nahm, so mußte er wenigstens die neue Ladung desselben verhüten; das ist, er mußte dasselbe von keinem ableitenden Körper berühren lassen. In diesem Falle wird dieses zweyte Glas allerdings elektrisch, aber nicht geladen. Steht aber das Glas auf ableitenden Körpern; so vertheilet sich die Elektricität durch beyde Gläser.

Weil der Herr Nollet so viel von der Elektricität des Conductors spricht, will ich kürzlich zu erklären suchen, was man sich von der Verbindung, in welcher die Elektricität des geladenen Glases mit der Elektricität des Conductors steht, für Vorstellungen zu machen habe. Bey der Ladung wird die Elektricität durch den Conductor in das Glas gebracht; beydes sind Körper, welche die Materie anziehen, von welchen aber der hintere, nämlich das Glas, am stärksten anzieht. Wenn nun eine bestimmte Menge von elektrischer Materie durch die Kugel in beyde hineingebracht wird; so vertheilet sich dieselbe in zween Theile, deren einen das Glas, der andere der Conductor behält. Diese Theile verhalten sich, wie die anziehenden Kräfte. Daher ist Anfangs der Theil, welchen der Conductor bekömmt, sehr klein; weil das Glas ungemein viel mehr als der Conductor anzieht. Man sehe oben not. §. 5. Das Glas hingegen zieht das mehreste an sich. Diese Verhältniß bleibt zwar beständig; weil aber der Conductor dennoch auch allezeit einen kleinen Theil bekömmt; so wird endlich Glas und Zuleiter zugleich geladen, und beyde nehmen ferner nichts an. Nach geendigter Arbeit setzet sich also der ganze Vorrath von elektrischer Materie im Glase und dem Zuleiter ins Gleichgewicht. Beyde haben ihren Vorrath durch die Elektrisirkugel empfangen, und wirken weiter nicht auf einander, als durch das Zurückstoßen, dessen erst unten Erwähnung geschehen kann. Man habe die Verbindung zwischen dem Glase und dem Conductore auf; so wird der Conductor zwar einen Theil von Elektricität behalten, der Zeiger wird aber herunter fallen. Ich will setzen, dieses sey der Theil, welchen er während des Elektrisirens bekommen hat. Man leite diesen Theil ab, und bringe also den Conductor zum natürlichen Zustande, verbinde ihn darauf aber wieder mit dem Glase; so steigt der Zeiger wieder, fast zur vorigen Höhe. Itzt tritt aus dem Glase ein Theil der Ladung in den Conductor; und also vertheilet sich die Ladung durch den Conductor und das Glas. Man sieht leichte, daß dieser Theil, welchen das Glas verliert, der Größe und der anziehenden Kraft des Conductors proportioniret seyn muß. Wenn man den Conductor vom Glase trennet, behält er diesen Theil, um welchen also die Ladung des Glases geschwächet ist. Wenn mit dem andern Ende des Conductors noch ein zum Laden geschicktes Glas verbunden ist; so zieht dieses unmittelbar aus dem Conductore, vermittelst desselben aber aus dem geladenen Glase, die elektrische Materie so lange an, bis alle drey Kräfte im Gleichgewichte stehen, und der Vorrath des geladenen Glases proportionirt vertheilet ist. Hierzu aber wird nothwendig erfodert, daß das geladene Glas von seinem Vorrathe etwas ausgeben kann; welches aber nicht möglich ist, wenn die äußere Belegung nicht einnehmen kann, oder nicht ableitend ist. Dieser Uebergang in das zweyte Glas geschieht auf einmal, wenn der Conductor selbige verbindet; man kann aber diese Ladung auch nachgerade in das zwote Glas überführen, wenn man dem Conductor allezeit aus dem geladenen Glase einen Theil mittheilet, und diesen durch die Berührung in das zweyte Glas hinüber führet. Am bequemsten wird der Versuch angestellet, wenn man in jede Hand eines dieser Gläser nimmt, und den Conductor wechselsweise berühret. Ich habe schon oben von dieser Vertheilung mit mehrerem geredet, und will hier nur noch einige Fälle, die zur Erläuterung dienen, anführen. Das erstere geladene Glas soll A, das andere B heißen.

Wenn A und B auf Glas stehen, von außen beleget sind, und diese Belegungen verbunden sind; so wird B geladen, wenn man das Wasser aus A in B laufen läßt: denn was aus der einen Belegung heraustritt, geht in die andere hinein. Wenn die äußern Belegungen nicht verbunden sind, und B nur einen großen Conductor hat, der mit der Belegung verbunden ist, sonst aber nicht ableitend ist, wird B ein wenig geladen; denn dieser Körper nimmt einen, aber nur einen bestimmten Theil, aus der äußern Fläche ein. Wenn die Belegung von B ableitend ist, die von A aber nicht, wird B nicht geladen, wenigstens in fast unmerklichem Grade; denn die innere Fläche kann nichts ausgeben, wofern die äußere nicht eben so viel wieder einnimmt. Wenn B auf Glas steht, A von außen ableitend ist, und ein ableitender Körper, wie die Hand eines Menschen ist, das Glas B anfasset, nachdem das Gießen schon vorbey ist; so wird B eine kleine Ladung haben. Alle diese Fälle kommen im Grunde mit dem überein, was oben von der Ladung angeführet ist, und können gar leichte nach Franklin erkläret werden; als welcher niemals in Abrede seyn wird, daß der Conductor Elektricität habe, oder ein sujet électrique sey, aber auch dieses nicht glauben wird, daß die Kraft zu erschüttern, allein im Conductore oder dem Wasser liege.

Zur fernern Bestätigung dieses Paragraphi dienen folgende Versuche.

Man lasse von dem Conductor an einer Kette eine scharfe Spitze herunter hangen; gerade unter derselben halte man in einer Entfernung von einigen Linien, oder einem halben Zoll, eine andere ableitende Spitze. Zwischen diesen beyden Spitzen kann man eine große gläserne Schüssel oder Glastafel, wenn man sie zwischen dieselben hin und her schiebt, aufs stärkste laden. Will man den Erschütterungsversuch selbst damit anstellen, so lasse man einen Menschen auf Pech treten, und die Glasplatte auf die Hand legen; ein anderer Mensch, der auf Pech, oder auf dem Fußboden steht, leget hierauf seine Hand auf die andere Seite der Glastafel. Hieburch ist die Belegung des Glases fertig. Wenn die beyden Personen nun durch Berührung der zwo andern noch freyen Hände den Erschütterungskreis vollmachen, werden sie beyde die Wirkung des geladenen Glases empfinden, die um desto stärker ist, je mehr Theile des Glases zwischen der Spitze geladen sind, und je mehr Puncte sie mit den Händen berühren. Wenn man vermittelst einer Platte von Spiegelfolie, die Belegungen vergrößert, wird auch der Erfolg stärker: und der Mensch, der auf Pech steht, und das Glas auf der Hand hält, kann die Erschütterung alleine nehmen, wenn er zuvor ein

Blatt von diesem Metalle zur Belegung auf die obere Seite wirfst, welches vermittelst einer Glasröhre kann zurechte geleget werden. Machet er überdem die untere Belegung, durch eben dieses Mittel größer, wird er die vollkommenen Folgen der Ladung, in einer heftigen Erschütterung empfinden. Hier ist denn doch wohl nichts, als das Glas, geladen.

Den Nutzen der Belegungen, wird man aus folgenden Versuchen einsehen können. Man 258 fülle einen großen gläsernen Recipienten von dünnem Glase mit schwarzgefärbtem Wasser, oder belege ihn inwendig mit Spiegelfolie: setze ihn darauf auf Glas, oder hänge ihn in seidenen Schnüren auf; so wird man, wenn man die innere Seite derselben im Dunkeln elektrisiret, und mit dem Knöchel die äußere berühret, erstlich starke knackende Funken gewahr werden, die sich stark auf dem Glase verbreiten: diese nehmen nachgerade ab, verwandeln sich in ein strömendes Licht, und verschwinden endlich gar. Ist dieses aber auf einer Stelle geschehen; so werden die übrigen noch unberührten Stellen dennoch eben diese Erscheinungen von neuem zeigen, und dieses erstrecket sich, so weit die innere Belegung geht. Das Glas wird hiedurch stark geladen. Man umgebe nur das ganze Glas von außen mit einer Belegung von Metalle, oder auch nur mit einem nassen Tuche; so wird man alle zur Erschütterung gehörige Versuche damit anstellen können.

Wenn das Glas dergestalt geladen ist, und die Belegung erstrecket sich von außen über das ganze Glas; so entladet sich das Glas durch einen einzigen Schlag. Ist aber die Belegung klein; so kann man so viel Erschütterungen aus dem Glase ziehen, als an wie viel noch nicht entladenen Orten man dieselbe an das Glas anlegen kann. Was hier von der Ladung der äußern Seite gilt, ist ebenfalls von der Elektrisirung und Entladung der innern zu verstehen. Weil aber in diesen Versuchen, wenn die Belegung klein, die ganze Fläche aber geladen ist, nicht nur die belegten Orte, sondern auch noch die 259 nahen unbelegten entladen werden; so kömmt hiebey einer der schönsten Anblicke vor: indem das Feuer sich aus dieser Belegung in die nahen Theile über die Glasfläche hin, in lauter feurigen Strömen wie ein Blitz ergießt, und sich über das Glas verbreitet. Wenn das Wasser helle ist, scheint dieses Feuer in Wasser selbst zu fahren; woher denn bey vielen Schriftstellern der Irrthum entstanden ist, daß beym Laden der Gläser die Blitze im Wasser hin- und herführen.

Die Schuld liegt allezeit daran, daß die innere Belegung sich weiter, als die äußere erstrecket. Es würde zu weitläuftig seyn, wenn ich alle hiebey vorfallende Veränderungen aus einander setzen wollte. Diese einzige wichtige Anmerkung will ich nur noch anführen, daß diese Blitze auf negativ geladenen Gläsern, von außen nicht erscheinen, sondern allezeit auf der negativen Seite des geladenen Glases zu sehen sind.

§. 31.

Man sehe hievon nach die Philosophical-Transactions n. 485.

§. 32.

Diese Beschreibung des Zaubergemäldes ist dem Herrn Franklin etwas undeutlich gerathen. Ich habe dasselbe auf folgende Art zu Stande gebracht. Aus dem Kupferstiche schneide ich das Brustbild heraus, und beklebe dasselbe an der linken Seite mit Gold; diese Vergoldung klebe ich auf eine Glasplatte. Auf deren andern Seite klebe ich die rechte Seite des Rahmens von dem Bilde dergestalt auf, 260 daß von vorne das ganze Bild in seiner natürlichen Lage erscheint, ob gleich das Brustbild vor dem Rahmen hinter dem Glase ist. Den Hintertheil des Rahmens, und den darinn ausgeschnittenen Raum belege ich mit Metalle; so ist ein auf gewöhnliche Art zugerichtetes Erschütterungsglas fertig, gegen dessen Gemälde man sich auf Franklins Weise verschwören kann.

§. 33.

Diesen Ausbruch der Materie durch die Belegung kann man noch viel schöner erblicken, wenn dieselbe aus Spiegelfolie besteht. Ich habe dieselbe aber niemals so schön, als bey denen freywilligen Durchbrüchen der Gläser, gesehen. Diese Erfahrungen verdienen wegen verschiedener dabey vorkommender Merkwürdigkeiten eine umständlichere Beschreibung; zumal da es scheint, daß man den Versuch in der Gewalt habe. Ich will das Allgemeine aus verschiedenen Erfahrungen zusammen ziehen, und darauf kürzlich meine Muthmaßungen über die Ursache derselben benfügen. Ich bediene mich gemeiniglich zu Erschütterungsgläsern des großen Recipienten, welchen ich aus vielen Ursachen hiezu am bequemsten finde.

Ich habe deren schon fünf bis sechs größere, deren Durchmesser von zwölf bis vier und zwanzig Zoll war, nebst verschiedenen kleinern, durch diese freywillige Ausbrüche verloren: und dieser Verlust der schönsten Gläser hat mich ofte gehindert, die Stärke der Ladung auf höhere Grade zu treiben. Diese Ausbrüche geschehen unvermuthet, mit dem heftigsten Knalle, der denjenigen weit übertrifft, 261 welchen man sonst bey Erschütterungsfunken gewohnet ist. Das erstemal, da mir ein großes Glas von einigen zwanzig Zollen durchbrach, war der Schlag so heftig, daß ich an Tisch und Thüren

Spuren suchete, welche dieser kleine Donnerschlag vieleicht gemachet hätte. Ich habe die Orte, wo dieselben entstanden sind, sorgfältig untersuchet, und habe fast in allen Fällen folgende Umstände gefunden: Die Belegung von Spiegelfolie ist an beyden Seiten in zwo Halbkugeln erhaben, deren einige die Größe eines Guldens hatten. In der Mitte dieser Beulen findet sich ein rundes Loch, in der Größe einer starken Erbse, welches durchgerissen ist, und um welches die ausgerissenen Spitzen der Folie nach außen zu zirkelförmig umgebogen sind. Wenn man die Folie behutsam ablöset, findet man in den Beulen eine Menge Glaskörner, die noch zum Theil an der Folie hangen. Im Glase selbst sieht man ein kleines rundes Loch, welches durch und durch geht, und die Größe einer starken Stecknadel hat. Rund um dasselbe ist das Glas nach beyden Seiten ausgebrochen, und gleichsam zermalmet. Man sieht deutlich, daß rund um das kleine Loch das Glas in kleinen Blättern aufgebrochen ist. Hiedurch entsteht ein runder Zirkel, der die Größe eines Groschens hat, und welcher zuweilen ganz weiß erscheint, wenn die kleinen aufgebrochenen Blätter des Glases noch nicht abgefallen sind. Es scheint in diesem Zustande, als wenn das kleine Loch mit lauter Zirkeln umgeben wäre, welche von sehr vielen aus diesem Mittelpuncte auslaufenden Stralen durchschnitten werden. Man kann aber diese losen Glasblätter in lauter kleinen Körnern herauskratzen, worauf an beyden Seiten des Glases gleichsam eine eingeschliffene Vertiefung erscheint, in deren Mitte das Glas sehr dünne ist, und welche sich in die Fläche des Glases verläuft.

Aus dem kleinen in der Mitte befindlichen Loche laufen mehrentheils drey oder vier Risse heraus, die zween bis drey Zoll lang sind, und ganz durch das Glas gehen. Diese würden vieleicht weiter gegangen seyn, wenn die Belegung das Glas nicht zusammen gehalten hätte. Rund um diesen Mittelpunct liegt noch eine große Menge kleiner Risse zerstreuet, deren aber sehr wenige weiter als bis auf die halbe Dicke des Glases durchgedrungen sind. Man findet aufgebrochene Streifen, die gleichsam mit einem Grabstichel ausgegraben sind; andere gehen ganz durch, doch hängen dieselben, welches merkwürdig ist, nicht unter einander zusammen. Insonderheit findet man eine große Menge kleiner Risse, die ihrer regulären Figur wegen beschrieben zu werden verdienen. Sie sehen Anfangs aus, als wären zween halbe Monden mit dem Rücken zusammengesetzet; einige haben einen kleinen geraden Riß, welchen diese beyden kleinen Halbzirkel mit der convexen Seite berühren: und diese Figuren gleichen den sogenannten französischen Lilien. Die Lage derselben kann ich nicht besser bestimmen, als wenn ich den kleinen Riß in der Mitte für die Achse der Figur annehme, und sage, daß selbige alle rund herum mit den Tangenten des mittlern großen Zirkels parallel laufen. Wenn man diese Figuren aber genauer untersuchet, sie mit Vergrößerungsgläsern betrachtet, und etwas Schmutz hineinstreicht; so sieht man, daß dieselben nichts als die Hohlungen sind, aus welchen zwey kleine runde Blätter aufgeworfen sind, die in der Mitte gegen den Riß tiefer sind, und sich in die Fläche verlaufen. Ueberhaupt gehen diese Risse nicht tief, sondern liegen in der Oberfläche des Glases. Wo sich in der Gegend des Ausbruches kleine Bläschen oder Knötchen finden, sind dieselben mehrentheils mit kleinen Rissen wie mit Haaren umgeben, und oft sind dergleichen kleine Bläschen der Mittelpunct der beschriebenen kleinen Mondsfiguren.

Wenn man alle Wirkungen dieser freywilligen Ausbrüche ansieht, so kann man fast mit Gewißheit zur Erklärung derselben annehmen, daß hier gleichsam in der Mitte des Glases eine kleine elektrische Mine gesprungen sey. Die Explosion ist in der Mitte des Glases entstanden, und hat das Glas nach beyden Seiten aufgebrochen. An den beyden Beulen im Metall sieht man deutlich, daß sich hier zwischen dem Glase und dem Metall, diese sehr elastische Materie ausgedehnet habe. Weil aber das Anhängen der Folie am Glase stärker, als das Zusammenhangen der Theile derselben gewesen, hat dieselbe ihren Ausbruch durch die Folie an der schwächesten Stelle genommen. Hieraus entstehen die großen Löcher in der Folie. Die Materie ist darauf nicht in gerader Linie fortgeschossen, sondern hat sich gleich außerhalb des Metalles wieder kugelförmig verbreitet; sonst hätten die ausgerissenen Spitzen nicht rund können umgebogen werden. Dieses Ausdehnen ist in einigen Gläsern so heftig gewesen, daß die Spitzen platt auf das Glas hingestrecket lagen. Daß aus dieser Oeffnung ein starker Feuerstral herausschlägt, kann man nicht nur im Dunkeln sehen, sondern ich habe auch eine besondere Erfahrung davon gehabt. Das geladene Glas stand auf einem Kopfküssen. Der Ausbruch geschahe just an einem Orte, wo das Küssen an das Glas anlag. Der herausfahrende Stral hatte nicht nur in den Ueberzug des Küssens, der aus Leinwand und Parchim bestand, ein rundes Loch gebrannt, welches mit einem schwärzlichen Rande umgeben war; sondern hatte noch überdem in die Federn eines Fingers tief, ein rundes Loch hineingeschlagen, in welches man einen Federkiel hinein stecken konnte. Von denen Beulen in der Folie waren einige in der Mitte wieder eingesunken, wie die Haut eines Geschwüres einsinkt, wenn dasjenige herausgeht, welches selbige aufgeblehet, und gedehnet hatte. Die vielen kleinen Risse, welche nur auf der Fläche liegen, zeigen an, daß ebenfalls in allen diesen Puncten ein Ausbruch der Materie nach dieser Seite vorgegangen sey. Die wahre Ursache dieses Ausbruches ist der Uebergang der elektrischen Materie aus der einen Fläche des Glases in die andere, durch das Glas selber. Wenn nämlich das Glas geladen wird, dringt die elektrische Materie in die innere Seite der Gläser hinein, zugleich ²⁶⁵ aber tritt die Materie aus der äußern heraus. Wenn nun dieses Eindringen so weit geht, bis es endlich an die ledige Fläche kömmt; so entsteht hier zwischen den beyden Flächen ein Funken und Uebergang. Die durch das dabey entstehende Reiben erregte Materie entzündet sich, und explodiret wie Schießpulver. Alle obige Wirkungen sind daher nichts anders, als die Folgen des Erschütterungsfunkens, der durch das Glas selber schlägt. Ich werde dieses zwar erst unten, wo ich von der Lufterschütterung reden werde, vollkommen deutlich machen können. Unterdessen will ich hier noch einige Versuche und Anmerkungen anführen, welche das obige theils erläutern, theils beweisen, und welche ich zur Untersuchung dieser Sache angestellet habe, die ich aber, weil sie allezeit in der Gewalt sind, kürzlich beschreiben will.

Der Durchbruch der Gläser geschieht allezeit an demjenigen Orte, wo das Glas am dünnesten ist, und daher entsteht derselbe in denen Recipienten, allezeit an der Seite, in dem größten Zirkel. Hier ist aber, wie bekannt, das Glas viel dünner als im Boden oder am Halse, wo es merklich stärker fällt. Ich habe den Ausbruch in einem Kolben an einen bestimmten Ort hingezogen, indem ich das Glas an dieser Stelle sehr dünne abschliff.

Kleine Risse, Blasen, und Knötgen von Potasche, geben besonders Anlaß, daß der Durchbruch an solchen Orten geschieht.

Versuch. Man mache in ein an beyden Seiten belegtes Glas einen kleinen Riß. Rund um ²⁶⁶ denselben schneide man die äußere Belegung auf einen Zoll breit weg, und lade das Glas; so wird sich im Dunkeln, in dem Risse, wo er der äußern Belegung am nähesten ist, ein kleines funkelndes Sternchen zeigen, welches immer heller wird, endlich aber mit einem Knalle ausbricht. Man sieht bey diesem Ausbruche den Funken auf der Glasfläche, von dem Sternchen gegen die Belegung schlagen, das Glas wird zerschmettert, und die innere Belegung an dem Orte durchlöchert.

Versuch. Hängt man an die Stelle, wo man den Ausbruch vermuthet, eine kleine Metall-

platte an einen seidenen Faden auf, daß selbige gegen das Glas anliegt; so wird selbige bey dem Ausbruche auf 5 bis 6 Zoll zurück geworfen.

Versuch. Man lade eine belegte große Glasplatte so stark als möglich, und mache darauf in der Mitten derselben einen kleinen Riß; so werden alsbald in diesem Risse, nebst dem starken Knalle, alle obigen Erscheinungen zu sehen seyn. Den Riß zu machen, leget man die eine Seite auf eine scharfe stählerne Spitze, und läßt einen auf Pech stehenden Menschen mit einem runden Hammer auf die obere Fläche über der Spitze, einen sanften Schlag thun.

Es ist also zu vermuthen, daß kleine Bläschen, Risse und dergleichen, weil sie das Glas noch dazu dünne machen, oft Schuld an der Explosion sind; weil die Materie hier ehe durchbrechen kann. An einem großen Kolben von 22 Zoll im Durchmesser, habe ich deutlich gesehen, daß der Ausbruch an dem Orte geschehen war, wo sich ein starkes Korn Pot- ²⁶⁷ asche befand. Der Kolben war mit Wasser gefüllet, und stand in einem großen Kessel im Wasser. Die kleinen mannichfaltigen Risse, und alle obige Merkwürdigkeiten waren hier aber nicht zu sehen. Das Glas zersprang blos mit einem dumpfigen Knalle, und fiel auseinander. Daß aber dergleichen Knötchen oder Blasen nicht allemal schuld sind, habe ich an vielen Gläsern deutlich gesehen, welche zwar an den dünnesten aber reinesten Orten des Glases durchschlugen. Ein kleiner Kolben, der von außen mit Lack überzogen war, schlug mir in der Hand durch. Ich fühlete den Ausbruch an einem Finger sehr schmerzlich, im Glase war aber nichts zu sehen, als ein kleines Sternchen, mit fünf Zacken, welches aus einfachen Rissen bestand, und kein Wasser durchließ.

Daß der Erschütterungsfunke durch Glas schlage, kann man in einigen Versuchen sehen.

Versuch. Wenn man ein starkes Erschütterungsglas geladen hat, hänge man einen dünnen mit Wasser gefüllten Kolben, mit dem Haken an den Conductor des großen Glases, und ziehe mit der Erschütterungskette desselben einen Funken aus dem kleinen; so zerspringt das kleine Glas in tausend Stücken.

Versuch. Man belege den kleinen Kolben von außen, und verbinde diese Belegung mit der Erschütterungskette des großen Glases. Hierauf lade man den großen Kolben; so wird der kleine während des Ladens, in Stücken zerspringen. Die ²⁶⁸ hiebey nöthige Vorsicht wird ein erfahrner Elektricus leichte einsehen können. Wenn man statt der innern Belegung des kleinen Glases, dasselbige Luftleer machet, geht der Versuch eben so gut von statten, und giebt einen angenehmen Anblick. Der kleine Kolben, der aus sehr dünnem Glase bestehen muß, springt hier aus eben den Ursachen, aus welchen die großen an den dünnesten Orten durchschlagen. Von den mehresten dieser Versuche will ich aber dieses anmerken, daß man mit kleinen Gläsern und schwacher Elektricität dieselben selten oder gar nicht zuwege bringen könne. Es müssen diese Erfahrungen nicht gar selten seyn; man findet hin und wieder Spuren davon. Franklin hat schon oben derselben mit einigen Worten erwähnet. Der Herr Abt Nollet saget in seinen Briefen S. 41. „Wie „oft hat uns der elektrische Schlag nicht unse„re Gläser zerschlagen, wenn wir den Leidenschen „Versuch nachgemachet haben? Ich bewahre noch „fünf oder sechs von diesen Boutellien zum Anden„ken, welche zu verschiedenen Zeiten in meinen Hän„den durchgebrochen sind, und an welchen ein run„des Loch von drey bis vier Zoll im Durchmesser zu „sehen ist, ohne daß die übrigen Theile des Glases „im geringsten beschädiget sind.„ Es ist Schade, daß der Herr Nollet keine genauere Beschreibung dieser merkwürdigen Erfahrungen angeführet hat. Ich glaube, die Größe meiner Gläser, und die bequeme Belegung sey Schuld, daß ich diese Erscheinungen nicht so deutlich habe sehen können.

269 Eines verdienet noch angemerket zu werden. Dieser Durchbruch der Gläser geschieht nicht allezeit bey der stärksten Ladung. Ich hatte Gläser schon zum Theil mit 1500 Umschlagen geladen, welche nachher von 500 zersprangen. Es scheint, die Materie öffne sich nur nachgerade diese Wege durch das Glas. Denn die wenige Ladung ist ein Beweis, daß das Glas damals noch unbeschädiget gewesen ist. Die erstere Abfeurung kann aber auch nicht alleine Schuld seyn; denn es sind mir Gläser während der ersten Ladung zersprungen.

Ein anderer Umstand scheint eben so merkwürdig. Wenn das Glas aufs heftigste geladen ist, und man dasselbe durch den Erschütterungszirkel abfeuren will, dieser Zirkel aber nicht so beschaffen ist, daß der ganze Schlag auf einmal durchgehen kann; so zerspringt das Glas sehr ofte. Ich hatte eine luftleere Glocke von sechs Fuß, in den Erschütterungskreis gebracht. Beym Herunterfallen der Kette, welche den Schlag erwecken sollte, zeigete sich zwar in derselben ein starkes Licht und Feuer, der gewöhnliche Blitz erfolgete aber nicht. Wenig Secunden darauf zersprang mein Kolben. Ein anderer Kolben schlug noch durch, nachdem der Schlag schon einen dünnen Metalldraht geschmolzen hatte, welcher aber nicht hinreichend gewesen seyn mußte, die ganze Ladung durchzuführen. Es scheint, als wenn

der schleunige Zurückschuß der Materie, die gleichsam zum Ubergange schon bereit ist, Schuld an diesem Durchschlagen gewesen sey.

§. 34.

270

Aus demjenigen, was unten mit mehrern von der Erschütterung soll vorgebracht werden, wird mir glaublich, daß nicht allein die aus dem Glase herausgetriebene Materie an denen Wirkungen schuld sey. Das Zurückstoßen der Materie erstrecket sich weiter in den äußern Conductor oder die Hand des Menschen. Je dünner das Glas ist, je näher kömmt die zurücktreibende Atmosphäre heran, und je stärker kann also auch die Wirkung werden. Es wäre unbegreiflich, wo hier alle Materie aus dem Glase herkommen sollte.

§. 35.

Dieses geschahe nur bey kleinen Boutellien. Bey großen Gläsern schlägt der Versuch schon, wie wir nachmals gefunden haben, nach der erstern Erschütterung fehl. Frankl. Verbesserung.

Die Ursachen, warum selten mehr als ein Schlag durchgeht, kommen unten mit mehrerem vor.

§. 36.

Das Abstoßen negativer Körper, bleibt allemal in dem Franklinschen System die größte Schwierigkeit; denn hier kann die abstoßende Kraft der elektrischen Materie nicht mehr Schuld seyn, als welche die Körper verloren haben. Wenn es aber aufs Erklären allein angesehen ist, könnte man dennoch auskommen. Man dürfte nur annehmen: Es gebe zweyerley Materien, die elektrische, und die gemeine Materie der Körper; diese beyden ziehen einander an, hingegen stoßen sich die Theile einer jeden für sich unter einander ab. Die eine ist also allezeit gleichsam das Band der Theile der andern; und die- 271 ses Abstoßen zeiget sich in keiner von beyden, woferne nicht die andere dergestalt vermindert ist, daß die abstoßende Kraft der andern die Oberhand behält. Im natürlichen Zustande sind beyde im gleichen Gewichte. Im positiv elektrischen, hat die elektrische, im negativen hingegen, die gemeine Materie die Oberhand. Ob ich gleich diesen Satz nicht weiter beweisen, noch für wahr ausgeben kann; so kann mir dennoch ein Franklinianer denselben nicht abläugnen. Denn so gut er sich die elektrische Materie abstoßen läßt, kann ich solches die gemeine Materie auch thun lassen. Das Anziehen beyder nimmt er ohnedem an.

§. 37.

Dieß ist der Fluß, der an der einen Seite von Philadelphia so vorbey fließt, wie der Delaware an der andern. Beyde sind mit den Lusthäusern der Einwohner und den vornehmsten dieser Colonie gezieret. Frankl. Anmerk.

Anmerkungen.

§. 38.
Dieß ist der bekannte Versuch, welchen Dallabert, Winkler, die englischen Electrici und andere angestellet haben, und in welchem man ein fließendes Wasser zum Gliede der Erschütterungskette machet. S. Noûlets Lettres sur l'Electricité p. 201. it. Philosophical-Transactions n. 48 5. it. Winkler von der Stärke der elektrischen Kraft des Wassers in gläsernen Gefäßen. Leipzig 1746.

§. 39.
Ein elektrisirter Pocal ist ein kleiner dünner Glastümler, der mit Wein fast vollgefüllet, und [272] wie die Bouteille elektrisiret ist. Wenn dieser gegen die Lippen gebracht wird, giebt er eine Erschütterung, wenn man nur die Seiten rein abgewischet hat, und solcher von dem Getränke nicht angefeuchtet ist. Frankl. Anmerk.

§. 40.
Von der Elektricität der Luft sehe man des Herrn Desaguliers Dissertation sur l'Electricité des corps, welche 1742. zu Bourdeux den Preis erhalten.

§. 41.
Durch eine tägliche Erfahrung bin ich überführet worden, daß bey jeder Erregung der Elektricität der eine Körper positiv der andere negativ werde. Nach der Erklärung des Herrn Franklins, wird also beständig ein Körper die elektrische Materie verlieren; in dem andern wird dieselbe aber gehäufet werden. Ich will mich in keine genauere Untersuchung hierüber einlassen, sondern überhaupt nur den Grund davon in der verschiedenen Kraft setzen, mit welcher die Körper die elektrische Materie anziehen. Wenn beyde gleiche Kraft haben, so wird keine Elektricität erreget. Wenn aber die anziehenden Kräfte verschieden sind, wird derjenige Körper, welcher dem andern im Anziehen überlegen ist, positiv werden, und dadurch zugleich den andern negativ machen. Man sieht aber gleich, daß in diesem Falle die positive oder negative Elektricität der Körper nichts eigenthümliches, sondern blos relatives sey. Und hiermit stimmet die Erfahrung überein. Ein Körper wird positiv oder negativ, [257] nachdem er mit diesem oder jenem Körper gerieben wird. Holz mit Glas gerieben, wird negativ; mit Schwefel hingegen, positiv. Holz zieht also die elektrische Materie schwächer als Glas, stärker aber als der Schwefel an. Durch wiederholte Versuche habe ich gefunden, daß folgende Körper: Glas, wollenes Tuch, Federkiele, Holz, Papier, Lack, weißes Wachs, mattgeschliffen Glas, Bley, Schwefel, und die übrigen Metalle, eine solche Verhältniß unter einander haben, daß sie in der Ordnung, wie

sie hier stehen, positiv werden, wenn man sie mit denen folgenden; negativ hingegen, wenn man sie mit den vorhergehenden Körpern reibt. Die weitere Ausführung dieser Sache werde ich an einem andern Orte umständlicher geben, und zugleich dasjenige erläutern, was in diesem Catalogo vielleicht Anfangs für falsch möchte gehalten werden. Wenn du Fay in seiner vierten Memoire saget: On pourroit croire que le même corps frotté avec des corps differens, pourroit acquerir une differente électricité. Mais j'ai eprouvé qu'elle est toûjours Le même, et qu'elle ne differe que par son plus on moins de force; so hat er zwar rechte: er hat aber bey Untersuchung eines Körpers lauter Körper genommen, die entweder alle stärker, oder schwächer als dieser Körper anzogen, dessen Elektricität er untersuchen wollte. So z. E. machen fast alle Körper den Schwefel negativ, die einzigen Metalle ausgenommen.

Bey dem Versuche, dessen Herr Franklin erwähnet, muß ich noch dieses anmerken. Man findet fast bey allen Electricis, daß der reibende Körper, [258] wenn derselbe isoliret ist, keine Spur von Elektricität gebe. Man muß aber dieses behutsam annehmen. Anfangs nimmt die Kugel allerdings aus dem reibenden Körper einen Theil von elektrischer Materie an, aber nur so viel, als sie auf der Oberfläche halten kann. Dieses zeiget sich durch den positiven Zustand der Kugel, und den negativen Zustand des reibenden Körpers, der um desto stärker ist, je größer die Fläche der Kugel ist. Weil dieses aber nur wenig beträgt, so kann ein kleiner Funke aus einem unelektrischen Körper, den reibenden wieder füllen, dem die Kugel, weil sie schon so viel hat, als sie annehmen kann, darauf weiter nichts nimmt. Der reibende Körper scheint also nach diesem Funken im natürlichen Zustande zu seyn, und wird wohl gar wieder positiv, indem ihm die Kugel itzt wieder etwas mittheilet. Man muß die kleinen Wirkungen nicht aus der Acht lassen, wenn man die Natur untersuchen will.

§. 42.
Von dem Schlagen der Wolken gegen einander, habe ich das Glück gehabt, ein vollkommen überzeugendes Beyspiel zu sehen. Bey einem starken Gewitter zogen alle Wolken mit dem Winde vom Mittage herauf. Zwo niedriger als die übrigen stehende Wolken, zogen gleich ihre Aufmerksamkeit dadurch auf sich, daß sie sich zwar mit den andern herauf bewegeten, sich aber immer mehr und mehr gegen einander näherten. Eine derselben war weiß anzusehen und ganz rund zusammen geballet; die andere war eine schwarze und mehr zerstreute, aber viel [259]

größere Wolke. Beyde stunden dem Anscheine nach gleich hoch. Ich rief einige meiner Freunde herbey, um mit mir den Erfolg anzusehen; und der Erfolg unserer Hoffnung ward nicht lange augehalten. Wie die Wolken dem Augenmaaße nach noch um einen Winkel von 5 bis 10 Graden von einander abstunden, erfolgete zwischen denselben ein starker Stral, Blitz und Donnerschlag, welcher sich in verschiedenen Feuerströmen über die schwarze Wolke verbreitete. Die schwarze Wolke zertheilete sich gleich darauf, und fieng an zu regnen. Der weissen konnte ich aber, wegen der Häuser, nicht weiter folgen. Dieses einzige Beyspiel, wovon ich ein Augenzeuge bin, alleine überführet mich von der Richtigkeit des Satzes, daß zwo Wolken gegen einander schlagen können, und widerleget, nebst hundert andern, die ein aufmerksames Auge leichte erkennen kann, den Herrn Butschany, wenn er in seiner *Differt. de fulgure et tonitru ex phoenomenis electricis p. posc.* dieses läugnet.

§. 43.

Die irregulaire Figur der Wolken ist wohl nicht die Ursache, daß die Blitze so irregulair schlagen. Ich habe zu verschiedenen malen meine Aufmerksamkeit auf die Gestalt der Blitze bey Gewittern gewendet, und finde, daß die Blitze nicht allemal irregulair schlagen. Einige entstehen zwischen zwoen Wolken; andere fahren durch eine Wolken hin; andere hingegen schlagen gegen die Erde. Die Blitze erster Art weichen sehr wenig von der geraden Linie ab; sie machen mehrentheils zwischen denen beyden Wolken einen geraden Stral, verbreiten sich aber darauf ganz irregulair über und durch beyde Wolken. Diese Verbreitung geschieht nach eben denen Gesetzen, nach welchen man die zwote Art von Blitzen erscheinen sieht, welche man im Kleinen so deutlich auf der mit Goldblättern belegten Glastafel sehen kann, daß man statt aller Beschreibung nur diesen Versuch empfehlen darf. Das Feuer läuft aus einem Theile in den andern, und wählet nur allezeit den Weg, wo die Theile die kleinste Entfernung von einander haben. Die dritte Art ist von der ersten nicht unterschieden. Man sieht dieselbe mehrentheils, wenn ein sehr niedriges Gewitter über einen Ort hingezogen ist, und man demselben mit den Augen folget. Es entsteht unten an der Wolke ein horizontaler Schein oder Stral, aus dessen Mitte ein Stral perpendiuclair gegen die Erde herunter schießt. Und dieses sind die Blitze, welche einzuschlagen pflegen. Ich habe dieselben zu verschiedenen malen, nach solchen Gewittern gesehen, welche Schaden gethan hatten. Am schönsten habe ich sie bey dem Abzuge eines heftigen Gewitters erblicket,

welches an dem Orte, wo ich mich damals aufhielt, an vier verschiedenen Stellen einschlug. Wenn man sich mitten unter der Wolke befindet, welche gegen die Erde schlägt, und dabey stark regnet, kann man vom Blitze nichts deutliches sehen; man wird gleichsam vom Blitze umgossen und geblendet. Dieses sind gewiß die gefährlichsten, nähesten und fürchterlichsten Gewitter. Ich habe zwey dergleichen bey Nacht gesehen, welche stark gezündet haben. Es scheint, als kämen die Blitze aus den obern Wolken, schlügen in die durch den Regen mit der Erde gleichsam verbundenen Wolken, und von da in die Erde. Wenn die Blitze bey diesen Gelegenheiten ihre Direction ändern, geschieht dieses dadurch, daß sie auf ihrem Wege noch allerley Körpern, dergleichen die Dünste und Regentropfen sind, nachgehen.

§. 44.

Die nassen Kleider werden dem Menschen wenig helfen. Der Leib des Menschen ist ein eben so geschickter Conductor, als das Wasser; wenn also jemanden unglücklicher Weise der Blitz in den Kopf schlagen sollte, würde er gewiß den nähesten Weg nach der Perpendiculairlinie durch den Leib lieber nehmen, als den weiten Umweg über die Fläche der Kleider. Vieleicht könnte man sich aber dennoch schützen, wenn man eine eiserne Stange in die Hand nähme, welche etwas höher als der Mensch wäre, und ein mit solchem Gewitterspieße Gewaffneter, könnte noch dabey unter einem Verdecke ganz trocken stehen.

§. 45.

Daß die elektrische und Feuermaterie einerley Element sey, hat der Herr Abt Nollet in seinen *Conjectures sur les causes de l' Electricité des corps,* umständlich zu beweisen gesuchet, vid. *Memoires de l' academ. roiale des Sc. a Paris.* Anno 1745. Und diese Meynung ist nicht unwahrscheinlich. Man wird aber ebenfalls keinen Erfahrungen widersprechen, wenn man saget, die elektrische Materie setze das Feuer nur in Bewegung. Vollkommen ist die Sache eben so wenig ausgemachet, als daß Licht und Feuer einerley Materie sey.

§. 46.

Es scheint, die Elektricität zünde nicht so wohl den Weingeist im Löffel unmittelbar, als die daraus aufsteigenden Dünste, an; welche den Brand auf eben die Art fortpflanzen, wie dieses bey einer Entzündung eines Lichtes, durch die elektrischen Funken geschieht.

Wir haben in der Folge den Weingeist auch, ohne ihn zu erwärmen, angezündet. Frankl. Verbeff.

§. 47.

Aus dem Mangel des Abstoßens kann man noch nicht gleich auf den Mangel der Elektricität schließen. Wenn ein elektrischer Körper rund herum von andern elektrischen Körpern umgeben ist; so zeiget sich seine Elektricität gar durch kein Abstoßen. Wenn man in ein tiefes metallenes Gefäß Goldblätter wirft, werden sich dieselben bey Elektrisirung des Gefäßes gar nicht rühren. Ja, wenn man dieselben nur zwischen zween Teller leget, davon der oberste von drey auf den untersten stehenden Säulen getragen wird, werden dieselben nicht herausgetrieben. Wenn man zwo kleine Kugeln zwischen zwo große Tafeln aufhängt, und die Tafeln elektrisiret, werden die Kugeln einander nicht abstoßen. Man kann den Versuch auf tausenderley Weise anstellen, und wird allezeit finden, daß, so bald ein Körper von Elektricität gleichsam umgossen ist, derselbe seinen Ort nicht ändere. Zum Abstoßen wird allezeit erfodert, daß sich die Atmosphären der Körper gleichsam entwickeln und ausdehnen können; und dieses geschieht allezeit gegen die unelektrischen Gegenden. Wenn dahero unsere ganze Erde elektrisch wäre; so könnte weiter kein Abstoßen der Körper, als gerade in die Höhe, erfolgen. Das für sich elektrische Fluidum, welches unsern Erdball umfließt, die Luft, hindert das Ausströmen der elektrischen Materie in den leeren Himmelsraum. Die kleinen abgestoßenen Erd- und Wassertheilchen können in derselben besser emporsteigen, und behalten dennoch ihre Elektricität.

§. 48.

Man hat gar nicht Ursache, mit diesen Erklärungen des Herrn Franklins unzufrieden zu seyn; weil die elektrische Materie eine flüßige Materie ist, und allem Ansehen nach nicht aus lauter kleinen Spießen oder Stralen, wie Nollet dieselbe abmalet, besteht. Weil diese Materie von den Körpern angezogen wird, und sich unter den Theilen derselben im Abstoßen findet; so muß die elektrische Atmosphäre allerdings die Gestalt nehmen, welche diese auf die Materie wirkenden Kräfte derselben geben. Man kann also eigentlich nicht sagen, daß die Atmosphäre vollkommen die Gestalt des elektrischen Körpers habe, und gleichsam als ein Futteral oder Ueberzug desselben anzusehen sey. Nein; das Gegentheil läßt sich aus Herrn Franklins eigenen gegebenen Erklärungen schließen. Wenn keine wirkende Ursachen da sind, welche dieses Fluidum in Bewegung setzen; so kömmt dasselbe endlich durch die Vertheilung in ein durchgängiges Gleichgewicht und Ruhe: welches man alle Tage an allen Arten von Elektricitätszeigern sehen kann, welche in keinen beständigen Schranken bleiben, sondern zur Ruhe kommen, und ihren Stand nur allmählich nach der Maaße verändern, wie die Atmosphäre selbst abnimmt; an Orten aber und in Umständen, wo die Atmosphäre nicht ruhig bleibt, sondern ein beständiger Fluß dieselbe in Bewegung setzet, ändert sich so wohl die Figur, als auch die Ruhe derselben. Dieses geschieht nun, nicht nur an den Spitzen, sondern auch an denjenigen Orten, wo sich ein unelektrischer Körper derselben nähert. An jenen ist ein beständiger Ausfluß; an diesen aber ein fortfließender Uebergang der Materie. Beydes ist dem System des Herrn Franklins gemäß; und wenn Herr Nollet in seinen Briefen p. 138. den Herrn Franklin fragt: Mais n' avez vous jamais approché vôtre main, vôtre visage d'un corps électrisé? cette espece de soufle que vous sentez sur la peau, annonce-t-il un fluide en repos on comme tel? so hätte er sich die Antwort leicht selber geben können. Herr Franklin hat gewiß so oft, als Herr Nollet, die Hände bey den Elektrisirketten gehabt. Bey negativen Spitzen hätte der Einwurf etwas mehr Gewicht. Denn man fühlet hier ebenfalls nicht nur den Wind, sondern derselbe bläst eben so, wie bey positiven Spitzen, eine kleine Grube in ein untergehaltenes Wasser. Unterdessen ließe sich dieses auch noch wohl erklären. Von den Wirkungen der Spitzen will ich kürzlich zur Erläuterung dessen, was der Herr Franklin davon saget, meine Gedanken anführen. Wenn man sich dessen erinnert, was ich oben in der zwoten Anmerkung gesaget habe; so wird man die Anwendung auch auf die Spitzen leichte machen können. Wenn die Kugel elektrisch wird, treibt sie die elektrische Materie, welche sich Anfangs schon in den Ketten befindet, und noch beständig aus der Kugel zufließt, aus den nahen Theilen der Ketten gegen die äußersten Enden fort. Wenn diese zugespitzet sind, fließt die Materie hier über dieselben ab, und machet die Feuerbüsche. Die Elektrisirkugel muß schuld an dem freywilligen Ausströmen derselben seyn; denn so bald dieselbe stille steht, verlöschen auch diese Ausflüsse, ob gleich noch in der Kette eine starke Elektricität bleibt. So bald man aber den Abfluß dieser Materie an der Spitze wieder dadurch befördert, daß man derselben einen unelektrischen Körper nähert; so zeigen sich diese Ströme von neuem. Ich will mich in die umständliche Beschreibung dieser Feuerbüsche, welche ich an einem andern Orte geben werde, hier nicht einlassen, sondern nur dieses noch anführen, daß die ausströmende Materie nicht aus der Spitze selber hervorzubrechen, sondern nur über dieselbe abzufließen scheine. Man wird dieses deutlich sehen können, wenn man die Seiten des zugespitzten Drahtes mit Phospherus bestreicht. Diese leuchtenden Dämpfe, welche sonst, wenn die Spitze

perpendiculair hängt, seitwärts aufsteigen, werden
von der an der Seite herunterschießenden Materie
266 mit fortgerissen, und machen in der Mitte des elektrischen Kegels, einen noch viel längern, dünnern,
leuchtenden Kegel aus. Weil sich aber dieses Ab-
streifen der phospherischen Dünste noch aus einem
Wirbel erklären ließe, welchen der aus der Spitze
hervorschießende Stral in der Atmosphäre, als einer
flüßigen Materie, machen könnte; so will ich noch
einen andern Versuch, solches zu beweisen, anführen.

Man umgebe die Spitze mit einem Ringe, der
auf einem gläsernen Fuße befestiget, und vermittelst
einer kleinen Kette mit der Elektrisirstange verbunden
ist; so wird dieser Ring, ob er gleich allenthalben von
der Spitze gleich weit absteht, den Abfluß der Materie, durch die Repulsion seiner eigenen Atmosphäre
hindern. Ja man kann den Feuerbusch nicht einmal durch Annäherung eines unelektrischen Körpers
erwecken, gegen welchen die Spitze vielmehr einfache kleine Funken schlägt. Schon jeder in der Nähe befindlicher elektrischer Körper, hat eben diese Wirkung des Ringes. Die Ursache des freywilligen
Abströmens hat Franklin, meines Bedünkens nach,
so gut erkläret, als möglich; nur den Hauptumstand
hat er aus der Acht gelassen, daß dieselbe nur so
lange währet, als die Kugel gedrehet wird, welche
beständigen Stoff zu diesen Ausflüssen darbietet.
Wann Franklin das starke Ableiten unelektrischer Spitzen aus dem bloßen Anziehen erkläret; so
thut er nach seinen eigenen Sätzen und der Erfahrung zu wenig. Die positive Atmosphäre treibt aus
jedem Körper, der in dieselbe eingetauchet wird, die
elektrische Materie zurück, und machet diesen Theil
267 negativ, und dadurch zugleich geschickt, einen schnellen Abfluß der Materie zu befördern; welches aber
erst aus denen unten vorkommenden Versuchen vollkommen erkläret und bewiesen werden kann. Von
dem Unterschiede des Feuers der ausströmenden positiven, und einnehmenden negativen Spitzen, will
ich ebenfalls bald mit mehrerem reden. Es scheint
ein bloßes Spiel der Imagination zu seyn, daß der
Hr. Abt Nollet die ganze Fläche der elektrisirten Körper mit solchen Feuerkegeln besäet, dergleichen an
positiven Spitzen entspringen. Man hätte wohl Ursache, zu fragen: ob er wohl jemals seine Hand gegen eine große elektrisirte Fläche gehalten habe? Hier
entstehen Funken, und keine aus einander fahrende
Stralen.

§. 49.

Bey diesem Aufsteigen der Waagschale muß gewiß ein Umstand mit untergelaufen seyn, dessen keine Meldung geschieht. Denn wenn man sonst eine
unelektrische Spitze gegen einen freyhangenden elektrisirten Körper bringt, wird derselbe allezeit ange-

zogen. Weil ich aber nichts ungerner thue, als andern den Erfolg von ihren Versuchen abzuläugnen;
will ich den Umstand anzeigen, aus welchem dieses
Abstoßen kann entsprungen seyn, und allezeit kann
erhalten werden, wenn man den Versuch anstellen
will. Ich muß hier eine Erfahrung voraus setzen,
welche unten umständlich bewiesen und erkläret
wird. Wenn man einem in der Atmosphäre eines
andern an Seide hängenden Körper eine unelektrische Spitze nähert, stößt dieselbe den Körper ab.
268 Die Ursache liegt in dem beyderseitigen negativen
Zustande der Spitze und des Körpers, welchen die
Spitze schon von ferne negativ machet, wenn die
Atmosphäre, in welche sie eingetauchet sind, positiv
ist. Nun hat Herr Franklin der Waagschale die
Elektricität vermittelst einer geladenen Flasche mitgetheilet; diese Boutellie hat er vieleicht auf dem
Fußboden unweit der Spitze und der Waagschale,
wenn solches auch in der Entfernung von einem bis
anderthalb Fuß geschehen ist, hingestellet. Die
Waagschale so wohl als die Spitze haben sich daher
in alle denen Umständen, in der elektrischen Atmosphäre der Boutellie befunden, welche erfodert werden, dieses Abstoßen zuwege zu bringen. Dieses
läßt sich alles vollkommen mit denjenigen Erfahrungen vereinigen, welche der Herr Abt Nollet in
seinen Briefen S. 130. und S. 150. anführet, und
von denen ich nicht weiter, als in den Erklärungen,
abzugehen mich unterstehe.

§. 50.

Ich habe diesen Versuch, die Goldblätter zu
schmelzen, jederzeit mit gutem Erfolge angestellet, und
habe sehr oft den ganzen Streifen geschmolzen. So
weit aber habe ich es niemals bringen können, daß
das Gold zu Glas geworden, oder nur mit Glase
überzogen worden. Es hat sich zwar jederzeit so
feste an das Glas angehangen, daß man es mit den
schärfsten eisernen Instrumenten nicht hat wegbrin-
gen können; aber Scheidewasser hat dasselbe allezeit aufgelöset. Die seitwärts auslaufenden Stralen
und Striche des geschmolzenen Metalles, sind
269 deutliche Beweise und Spuren der in demselben ent-
standenen Explosion. Das Schmelzen der Metalle habe ich noch auf andere Weise zuwege gebracht.
Ich hieng einen dünnen Metallfaden an die Elektrisirkette auf; an dem untern Ende desselben befestigte ich ein kleines Gewicht, welches den Draht gerade zog. Wenn ich nun an diesem Gewichte den
Funken erwecke, schmelzet der Faden allezeit ab, die
überbleibenden Enden verlieren alle Elasticität, und
bleiben ganz schlapp und gerade hängen. Sie sind
ganz rauh anzufühlen; und die Fläche derselben ist,
wenn man sie mit dem Vergrößerungsglase betrach-

tet, ganz rauh anzusehen, und zeiget an verschiedene Stellen den Ausbruch der Materie. Weil mir
aber diese Fäden zuweilen gar verschwanden, zog ich
eine Glasröhre über dieselben, legte dieselbe horizontal hin, und brachte den Draht in den Erschütterungskreis. Wenn ich hierauf den Funken erwecke,
verschwindet der Draht auf einmal, die ganze Röhre erscheint voller Feuer, es geht an beyden Oeffnungen ein kleiner Rauch heraus, und die ganze innere Oberfläche der Glasröhre ist mit kleinen Me-
tallkugeln besäet, welche unter dem Vergrößerungsglase vollkommen rund erscheinen; daß also
wegen der wirklichen Schmelzung nicht der geringste Zweifel übrig bleiben kann.

§. 51.

An denen mit Goldblättern belegten Glasplatten, kann man noch deutlicher sehen, was vorgehe.
Wenn der elektrische Blitz über dieselbe hinläuft, hin-
270 terläßt er eine vollkommene deutliche Spur seines
Weges. Das Gold ist nicht nur in denselben verschwunden; sondern man findet auch statt dessen, den
ganzen Weg wie mit einem schwärzlichen Metall-
staube, und denen in der vorhergehenden Anmerkung
beschriebenen kleinen Goldstrichen bestreuet. Man
wird auch deutlich sehen können, daß der Blitz
nicht zweymal vollkommen einen und denselben Weg
nimmt, sondern allezeit über diejenigen Orte schlägt,
wo das Gold am dichtesten liegt.

§. 52.

Wenn man diesen Figuren noch überdem an der
Seite eine Spitze giebt, welche seitwärts ausströmet, und dieselbe gehörig beuget; so drehen sich dieselben aufs schnelleste um eine Achse herum.

Man kann mit diesen Figuren noch einen ar-
tigen Versuch anstellen, welchen ich nur so beschreiben will, wie mir derselbe am besten von
statten gegangen ist. Ich hatte einen großen
eisernen Conductor, der gegen 24 Fuß lang war,
und über 50 Pfund wog, mit den beyden Enden
auf zween gläserne auf dem Fußboden stehende
Träger geleget, von welchen derselbe etwas über
einen Fuß weit entfernet war. Der Fußboden bestand aus sehr trockenen reinen Tannenbretern.
Wenn man nun den sogenannten goldenen Fisch
an die Stange wirft, strömet die elektrische Materie aus demselben gegen und in den Fußboden.
Weil derselbe aber aus einem halb für sich elektrischen Körper besteht, so kann die Materie nicht
271 sogleich fortfließen; sondern der Boden wird an diesen Stellen elektrisch. Man kann dieses deutlich an
der Bewegung des Fisches sehen; derselbe beweget
sich der Länge der Stange nach herunter, allezeit
gegen die Orte, welche noch keine Elektricität em-

pfangen haben. Wenn man mehrere dieser Fische
machet, davon die vordersten nicht so stark ausströmen als die letzten; so spatziren dieselben einer hinter dem andern her, nach der Länge der Stange
hin. Am Ende kehren sie nicht wieder um, sondern
hängen sich an den gläsernen Träger an. Will man
dieselben aber wieder zurück führen, so darf man
nur die elektrisirten Orte des Fußbodens, mit einem
ableitenden Körper, z. E. dem Fuße, berühren; so
nimmt man ihnen die empfangene Elektricität, welche denselben wieder zu geben, die Fische zurück kehren.
Man wird leicht sehen, daß sich der Versuch auf
hundert Arten verändern lasse.

§. 53.

So sinnreich diese Erklärungen sind, für so
überflüßig, und unbewiesen halte ich dieselben. Ich
glaube nicht nur, daß das Glas diejenige innerli-
che Structur wirklich habe, welche Herr Franklin
demselben zuschreibt, und welcher der Herr Abt Nollet in seinen Briefen S. 54 - 57 wichtige Gründe
entgegen setzet; sondern halte noch überdem, wenn
auch das Glas eine innere Structur hätte, welches
aber noch nicht erwiesen ist, diese innere Structur
des Glases, dennoch bey diesen Versuchen für gar
keinen Einfluß. Man wird aus denen unten vorkommenden Versuchen ersehen, daß alle für sich
elektrische Körper, Luft, Schwefel, Pech, Wachs, 272
und so gar das Oehl, alle diejenigen Eigenschaften,
alle die Erscheinungen, welche die Erschütterung
und die Arten der Elektricität in diesen Versuchen
betreffen, mit dem Glase gemein haben. Nun
haben einige derselben, wie die Luft und das Oehl,
offenbar keine bestimmte Structur.

Wenn man aber auch gleich die Franklinischen
Trichter; denn so müssen seine Pori des Glases doch
aussehen; annimmt: so wird man dennoch keine
Ursache haben, von dessen allgemeinen Erklärungen
abzugehen; sondern man wird die Erschütterungsversuche noch allemal aus dem Eindringen und
Austreiben der elektrischen Materie, in und aus
dem Glase, erklären können und müssen. Denn aus
denen unten vorkommenden Versuchen, wird man
ersehen, daß dieses eine Sache sey, die bey allen
und jeden elektrischen Versuchen vorkömmt, und
also bey dem Glase nichts besonderes ist.

§. 54.

Herr Waiz hat in der bekannten Preißschrift
von der Electricität und deren Ursachen, die Erregung derselben fast auf eben die Art, aber so erkläret, daß die Kugel dadurch ihrer Materie beraubet
wird, und negative Elektricität bekömmt. Wenn
diese Erklärungen aber auch gleich für die Körper
richtig wären, welche wirklich negative Elektricität

101

bekommen, als Schwefel und mattgeschliffene Glaskugeln; so sieht man dennoch aus Vergleichung
273 beyder Arten, daß die Erregung der Elektricität
nicht blos in denen mechanischen Ursachen zu suchen
sey, welche bey dem Reiben vorkommen. Diese
müßten sonst bald einen positiven, bald einen negativen
Zustand erwecken, welches, woferne kein dritter Umstand hinzukömmt, nicht zu begreifen stünde. Der
Schwefel müßte eben so gut positiv werden, als das
Glas. Daß der Grund des Unterschiedes in denen
für sich elektrischen Körpern, und nicht in dem reibenden Körper zu suchen sey, erhellet daraus, daß eben derselbe reibende Körper, der vom Glase negativ wird,
vom Schwefel eine positive Elektricität bekömmt.
Die Ursache des Unterschiedes muß also in der innern
Beschaffenheit dieser Körper liegen; welches aber
weiter zu untersuchen, hier zu weitläuftig wäre.

Im Dunkeln kann man das elektrische Fluidum an dem Küssen in zween verschiedenen Halbzir-
keln oder halben Monden sehen. Deren einer befindet sich an dem vordern Theile, der andere an dem
hintern Theile des Küssens, an denen Orten, wo
die Kugel von dem Küssen abgeht. Bey dem vordern halben Monde, geht das Feuer aus dem Küssen ins Glas; bey dem andern aber verläßt es das
Glas, und geht in den hintern Theil des Küssens
zurück. Wenn man aber den ersten Conductor anbringt, daß dieser das Feuer von dem Glase annehmen kann; so verschwindet der hinterste halbe Mond.
Frankl. Anmerk.

§. 55.
Diese Versuche gehören zu denjenigen, welche
schon der Herr du Fay angestellet, und in welchen
derselbe gefunden hat, daß eine mit Wasser, Sand,
274 verdünneter und verdichteter Luft u. d. g. angefüllete
Glasröhre, fast gar keine, wenigstens nur sehr schwache Spuren von Elektricität von sich geben. Herr
Franklin giebt die allernatürlichste Erkärung von
diesen Erfahrungen. Es kömmt aber bey diesen
Versuchen noch ein Umstand, nämlich die doppelte
Ladung der Gläser, vor; welchen Herr Franklin nicht
genau bemerket hat, und dessen ich hier vorläufig
Erwähnung thun will, weil derselbe unten bey Erklärung verschiedener Versuche des Herrn Abt Nollets, von Einfluß ist. Weil diese Versuche sich mit
der innern Belegung von Goldpapier sehr bequem
anstellen lassen; so will ich dieselben hier beybehalten. Franklin saget, man könne sehr wenig Elektricität an der Röhre erwecken, wenn dieselbe inwendig mit Goldpapiere beleget ist. Dieses hat seine
Richtigkeit, wenn die ganze Röhre, besonders bis
an den Ort, bey welchem man die Röhre mit der
andern Hand angefasset hat, inwendig beleget
ist. Ist aber der Theil, welchen man mit der Hand

fasset, inwendig unbeleget, und noch dazu von der
übrigen Belegung etwas entfernet; so schadet die
innere Belegung der Elektricität der Röhre sehr
wenig. Man wird leichte einsehen, zu welchem
Falle die mit Wasser, Sand und andern Sachen ganz angefüllten Röhren gehören. Man könnte dieselben zwar ebenfalls nur halb belegen; solches
ist aber in denen Versuchen nicht geschehen, wo man
die beyden Oeffnungen verstopfet, und die ganze Röhre angefüllet hat. In diesem Falle nun hat man
die Glasröhre als ein doppeltes Ladungsglas anzusehen. Die innere Belegung dienet statt des ge- 275
meinschaftlichen Conductors; die beyden äußern Theile aber, des obern, welcher gerieben wird, und des
untern, welchen man in der Hand hält, sind durch
die Glasfläche, über welche sich die Elektricität nur
langsam fortpflanzet, von einander getrennet. Der
untere Theil ist von außen durch die Hand ebenfalls
beleget, der obere aber empfängt durch das Reiben
positive Elektricität. So bald man nun die Arbeit
dergestalt anfängt, tritt nach Franklins Erklärung
die elektrische Materie in die inwendige Belegung.
Sie mußte hier liegen bleiben, bis die zurückkeh-
rende Hand die äußere Fläche wieder beraubete.
So aber ist die innere Belegung als der Conductor
des untern Theiles des Glases anzusehen, welcher,
weil er von außen beleget ist, geladen werden kann,
und also als ein ableitender Körper anzusehen ist,
der der innern Belegung des obern Theiles allezeit
dasjenige nimmt, was aus dem Glase in dieselben
herausgetrieben wird. Hiedurch kann aber dasjenige, so durch das Reiben auf der äußern Fläche desselben gehäufet ist, in das Glas eindringen, und
kann also, weil dasselbe wenig beträgt, von außen
keine Atmosphäre formiren, und also keine starke
Zeichen von Elektricität geben. Kömmt nun die
reibende Hand zurück, um das Reiben zu wiederholen; so entsteht hiedurch ein vollkommener Erschütterungszirkel, welcher alle Electricität, die etwa noch
erreget wäre, wieder aufhebt. Die reibende Hand
nimmt aus der obern Fläche an: dadurch zieht die
innere aus der Belegung, diese aber aus dem untern geladenen Theile, die elektrische Materie wieder 276
heraus. Wenn aber die inwendige Belegung nicht
so weit herunter geht, daß sie unten wieder ein neues
Ladungsglas machen kann; so gehen alle Versuche
von statten, und man kann die vom Hrn. Franklin
beschriebenen Versuche mit allem Erfolge anstellen.
Ueberhaupt aber ist zu merken, daß man diese Versuche mit sehr dünnen und großen Gläsern anstellen
müsse; weil dieselben bey dicken nicht so gut von
statten gehen, und bey kleinen sehr unmerklich werden. Man wird hieraus ebenfalls begreiffen können, daß man die innere Belegung der Kugeln. be-

ren Herr Franklin erwähnet, bis an die Faſſungen fortgehen laſſen, oder doch mit der durchgehenden Stange verbinden müſſe, wenn ſich von außen keine Elektricität zeigen ſoll. Man kann ebenfalls hieraus einſehen, warum ich oben geſaget habe, daß es beſſer ſey, keine Stangen durch die Kugeln gehen zu laſſen; weil man alsdann nicht ſo leichte die Ladung der Kugeln, und hieraus entſtehenden Hinderniſſe der Elektricität zu befürchten hat. Oft liegt die ganze Schwäche einer Kugel daran, daß die innere Schmäche voller Staub oder Schmutz iſt. Warum man mit luftleeren Kugeln nicht auf gewöhnliche Weiſe elektriſiren könne, wird ebenfalls hieraus, nebſt der Art, wie ſolches dennoch zu erhalten ſtehe, erkläret. Das Aufrechtſtehen der Hauksbeiſchen Fäden in der Kugel, wenn Luft darinn iſt, und hundert andere Erſcheinungen, fließen aus dieſen Erklärungen ebenfalls ganz natürlich her.

Man kann den Verſuch deutlicher anſtellen. Wenn man eine hole Glasſchüſſel, wozu Abſchnitte von großen Kolben ſehr bequem ſind, auf einen Tiſch leget, welchen man zur Beförderung des Erfolges mit Spiegelfolie oder Goldpapiere bedecken kann. Unter dieſe hole Schüſſel ſtreuet man Goldblätter, und verſchmiert die Schüſſel rund herum mit Pech, Lack, Wachs, und d. gl.; welches aber, meinem Bedünken nach, ein überflüßiger Umſtand iſt. So bald man nun die Glasröhre über das Glas bringt, werden die Goldblätter in die allerlebhafteſte Bewegung geſetzet. Dieſe dauret aber nur ſo lange, bis dieſelben die herausgetretene Atmoſphäre in den Tiſch übergeführet haben; welches hier ſehr bald geſchieht. Kaum zieht man aber die Glasröhre zurück; ſo fangen die Goldblätter ihre Bewegungen von neuen eben ſo ſtark, und ſo lange an, als zuvor, bis ſie aus dem Tiſche dem Glaſe den vorigen Verluſt wieder erſetzet haben.

§. 56.

Gegen dieſe Erklärung des Herrn Franklins machet der Herr Abt Nollet in ſeinen Briefen S. 63. einen nicht erheblichen Einwurf, welchen er aus dem wechſelsweiſen Anziehen und Abſtoßen der Feder in einem hermetiſch ſigillirten Glaſe hernimmt. Er ſaget: Mais je vous demande pourquoi la plume n'eſt pas conſtamment repouſſée pendant tout le temps, qu'on tient le tube à une petite diſtance du vaiſſeau? pourquoi éprouve-t-elle des attractions auſſi-bien que des repulſions? Er befürchtet, daß man dieſes aus einem Hin- und Herſchwingen der Feder herleiten werde; aber es müßte gewiß ein Obſervateur ſuperficiel ſeyn, der dieſes vorgeben wollte.

Dieſe Bewegung der Feder läßt ſich viel beſſer nach allen Umſtänden aus Franklins Sätzen erklären. Die Elektriſirröhre treibt aus der innern Fläche die Materie, aber nur an dieſer Seite wo die Röhre gegengebracht wird, heraus. Dieſe Materie bleibt hier auf der Fläche, in Geſtalt einer Atmoſphäre liegen; weil dieſelbe über die Glasfläche nur ſehr langſam fortfließen kann. Die Feder, als ein unelektriſcher Körper, zieht dieſelbe an. So bald ſie deren einen Theil bekommen hat, wird ſie abgeſtoßen, und fliegt an die entgegengeſetzte Seite des Glaſes, woſelbſt ſie ihre Elektricität abgiebt. Dieſes Hinüberführen der Elektricität ſetzet ſie ſo lange fort, als die Beſchaffenheit der Feder des Glaſes, und die Stärke der Elektricität ſolches erfodern. Hierauf kömmt die Feder zur Ruhe und hängt ſtille. So bald man aber die Röhre zurückzieht, fängt die Feder ihre Schwingungen wieder an, und holet diejenige Materie aus der andern Seite wieder herüber, welche ſie zuvor dahin übertragen hatte.

§. 57.

Es ſcheint, daß der Herr Franklin einige Wiſſenſchaft von denen Intocanatures müſſe gehabt haben, welche ſo viel Aufſehens gemachet haben, und welche der Herr Bianchi und Pivati in Italien zuerſt auf die Bahn gebracht haben. Vid. Della Elettricita medica, lettera del chiariſſimo Signore *Gio. Franceſco Pivati*, Academico dell' Academia delle ſcien-ze di Bologna, al celebre Signore Franceſco Maria Zanotti, Segretario della ſteſſa Academia Lucca, 1747. 8vo it. Oſſervazioni fiſico mediche intorno alla ellectricita, dedicate al illuſtriſſimo ed eccelſo Senato di Bologna, da *Gio. Giuſeppe Verati*: publico Profeſſore nella Univerſita, et nell' Academia delle ſcienze dell inſtituto Academico Benedettino, Bologna 1748. 8vo. it. Rifleſſioni fiſiche, ſopra la medicina elettrica, del Signor *Gio. Franceſco Pivati*, Academico dell' Acad. delle ſcienze di Bologna, fol. Venetia 1749. it. Lettera del Signor Canonico *Brigoli*, ſopra la machina elettrica, Verona 1748. Der Herr Abt Nollet hat ſich auf ſeiner Reiſe durch Italien die Mühe gegeben, die Sache bey denen gemeldeten Autoribus ſelbſt in Augenſchein zu nehmen, und zu unterſuchen; hat aber mehr Wind als Wahrheit gefunden. Vid. Memoires de l' Acâdem. Royale des ſc. Année 1749. a Paris pag. 444. Experiences et Obſeruations faites en differens endroits de l' Italie par. M. l'abbe Nollet.

Der Herr Prof. Winkler in Leipzig ſind der einzige, dem dieſe Verſuche in Deutſchland haben glücken wollen; wovon man ſeinen an die engländiſche Geſellſchaft der Wiſſenſchaften überſandten Bericht in denen Transactions nachleſen kann. Mir haben die Verſuche nie glücken wollen.

§. 58.

Die Flasche wird, wie der Herr Abt Nollet in seinen Briefen S. 113. mit allem Rechte bemerket hat, bey dieser Einrichtung jederzeit schwach gela-[280]den; welches Herr Franklin selbst gestehen muß, da er kurz vorher gesaget hat, daß das Küssen dem Conductor einige Funken mittheile. Diese wenige Funken laden das Glas. Der Grad dieser Ladung bestimmet sich, nicht nur aus der Größe des Küssens, sondern auch der Beschaffenheit der Glasplatte, welche Herr Franklin unterleget. Ist diese zu dünne, so kann die Flasche ziemlich stark geladen werden; weil das Küssen die Materie aus dem Glase sammlet, und solches zugleich dadurch negativ lädet. Brauchet man ein kleines Küssen, welches man statt der Glasplatte an eine starke und lange Glasröhre befestiget; so wird die Ladung der Flasche fast unmerklich.

§. 59.

Weil dieses gewiß ein Hauptversuch für die ganze Franklinische Theorie ist; so verdienet dieselbe wohl einer umständlichen Vertheidigung gegen dasjenige, was der Herr Abt Nollet gegen denselben S. 114. vorbringt. Vous ajoutez que la fiole se charge, si l'on forme par le moyen d'une chaîne (de fer apparemment) une communication du bas de la fiole ou de l'enveloppe de métal dont elle est couverte, au coussin qui frotte le globe.

Ici, Monsieur, je vous demande, si vous supposez qu'on tienne encore la main appliquée à la fiole: je me persuade, quoique vous ne le disiez pas, que vous supprimez cette circonstance; car sans cela, comment pourriez-vous dire peu de lignes après: La bouteille est chargée avec son [281]propre feu, nul autre ne pouvant y entrer? L'homme le moins initié dans cette matiere, vous repondroit avec raison, que le globe tire du feu électrique de la personne qui tient la bouteille, par la chaîne de communication. An sich hat der Versuch seine vollkommene Richtigkeit, und habe ich denselben nicht nur gleich das erste mal, sondern jederzeit mit vollkommen gutem Erfolge angestellet, ohne in den Umständen, welche Herr Franklin beschreibt, die geringste Veränderung zu machen. Hier ist nur die Frage, wie man die Gedanken des Herrn Abt Nollets erklären solle. Das Beste von den Ausdrücken des Herrn Nollets zu urtheilen, ist dieses, daß er den Herrn Franklin hier nicht verstanden haben muß. Man kann aber überdem aus seinen Worten fast erkennen, worinn er gefehlet habe. Er fodert, man solle die Hand noch an den Kolben legen. Dieß erkläre ich so: Herr Franklin saget schlechtweg, man solle die Belegung mit dem Küssen vermittelst einer Kette verbinden. (De

fer apparemment? hätte Herr Nollet nicht fragen dürfen; der Versuch gelingt mit Ketten von allerhand Metalle, wenn selbige nur nicht von Seide sind). Es versteht sich aber von selbst, daß in den vorhergehenden Einrichtungen nichts solle geändert werden. Die Flasche soll am Conductore hängen, und dieser an der Elektrisirkugel liegen bleiben. Der Herr Abt Nollet hat sich vermuthlich dadurch, daß Franklin hier keine überflüßige Wiederholung gemachet hat, verleiten lassen, zu glauben, zu dem ganzen Versuche gehöre weiter nichts, als die von ihm angeführten Worte des Herrn Franklins. Er schreibt [282]selber: Je crois donc avoir operé comme vous, en ne faisant toucher à la bouteille que la chaîne de fer, qui s'etendoit depuis son enveloppe de métal, jusqu'au coussinet isolé, qui frottoit le globe; cette chaîne avoit environ quatre pieds de longueur etc. Er hätte sich auf diese Weise zu tode elektrisiren können, ohne daß die Bouteille eine gute Ladung bekommen hätte. Er hat dieses dennoch durch Geduld und Zeit zuwege gebracht. Beydes war zu dem Franklinischen Versuche nicht nöthig: und wenn er mit Herr Franklinen darauf hierinn einig seyn will; so giebt er seine Einwilligung zu einem ganz andern Versuche, als wovon die Rede ist. Es fällt daher auch alles dasjenige weg, was er zur Widerlegung der Erklärung des Herrn Franklins hat sagen wollen. Herr Franklin wird nicht läugnen, daß in dem Versuche des Herrn Nollets eine kleine Ladung in das Glas kommen kann; weil die innere Seite durch den Haken, oder den Conductor, besonders wenn dieselben Spitzen haben, etwas einsaugen kann. Weil sich nun der Herr Nollet den Versuch auf diese Weise vorgestellet hat; so kann ich sehr leichte erklären, warum er zur Ladung des Glases, noch das Anlegen der Hand erfodert. Wäre Franklins ganze Einrichtung da, so würde l'homme le moins initié dans cette matiere, wie der Herr Abt saget, einsehen können, daß hiedurch alles zu dem gewöhnlichen Ladungsversuche gemachet würde. Denn itzt wäre das Küssen ableitend, der Conductor isoliret, und das Glas stünde auf einem unelektrischen Körper. Daß Franklin hier diesen [283]Versuch nicht hat beschreiben wollen, ist leicht einzusehen. Fehlet hingegen die Verbindung zwischen der Kugel, und dem Conductor, oder diesem und dem Haken der Bouteille, und Nollet fasset die Bouteille an; so muß dieses an der äußern oder innern Belegung geschehen seyn. Ersteres kann nicht seyn; denn dadurch wäre das Küssen ableitend worden, und es hätte gar keine Spur von Elektricität erwecket werden können. Also hat Nollet oben angefasset, und hat also die Flasche von außen ordentlich negativ geladen. Hiedurch ist dieselbe aber nicht mit ihrem eigenen

Feuer, sondern inwendig mit demjenigen Feuer, welches aus der unelektrischen Hand des Menschen in die innere Belegung tritt, inwendig positiv geladen worden; weil das Küssen die Materie aus der äußern Fläche herauszieht. Auf diese Weise hat der Nollet die Flasche zwar laden können; er hat aber dennoch in diesem Falle eben dasjenige begangen, was er an Franklin tadelt: er hat nämlich verschwiegen, daß an der Kugel statt des Conductors noch ein ableitender Körper gewesen ist. Sonst könnte die Kugel nicht geladen haben. Ist der erste Conductor dieser Körper gewesen, und hat die Flasche an demselben gehangen; so dürfte der Herr Nollet nur die Hände vom Glase weggelassen haben, um dasselbe zu laden. Das Glas wird zwar jederzeit geladen, man mag bey dieser Einrichtung anfassen, wo man will; es wird aber auch eben so gut ohne dasselbe geladen. Herr Franklin konnte hier gar nicht eines Umstandes Meldung thun, der zum [284] Wesen dieses Versuches so wenig gehöret, daß er vielmehr den Versuch gänzlich ändert. Ich will, diesen schönen Versuch des Herrn Franklins zu erläutern, noch einige unmittelbar aus demselben herfließende Versuche anführen.

Versuch. Man setze das Ladungsglas auf einen gläsernen Fuß, und lade dasselbe nach der von Herrn Franklin angegebenen Art. Wenn solches geschehen, verbinde man den Conductor mit der äußern, die Kette des Küssens aber mit der innern Belegung, und setze die Arbeit fort; so wird man, statt das Glas stärker zu laden, demselben die Ladung, welche es Monate lang unter gehörigen Umständen hätte behalten können, in wenig Secunden wieder rauben, und dasselbe in seinen natürlichen Zustand versetzen: dasselbe aber, wenn man die Arbeit fortsetzet, von neuem, doch mit dem Unterschiede laden, daß itzt die innere Fläche negativ, die äußere aber positiv wird.

Versuch. Man setze ein Glas auf ableitende Körper, und lade dasselbe, wie gewöhnlich, positiv, verbinde darauf die Kette des Küssens mit der positiven innern Fläche, und setze die Arbeit fort; so wird man dasselbe nicht nur gänzlich entladen, sondern auch, durch Fortsetzung der Arbeit, vom neuen negativ laden können.

Dieß negative Glas kann man wieder entladen, wenn man dasselbe, wie Anfangs, mit dem Conductor der Kugel verbindet. Und dieses Laden und Entladen kann man so ofte wiederholen, als man will.

§. 60.

[285] Der Herr Abt Nollet will S. 116. gegen diese Erfahrung auch gerne einen Einwurf machen. Er trifft aber wieder die Meynung des Herrn Franklins nicht. Er saget: Pardonnez-moi Monsieur, la per séverance de ces corps dans leur premieur état, ne prouve point du tout que le conducteur ouquel ils tiennent n'ait été vraiment affecté de la commotion. Herr Nollet redet hier von der Erschütterung des Conductors, woran Franklin hier nicht gedacht hat. Es ist hier nicht die Frage: ob der Conductor erschüttert werde, wenn man das Glas entladet? Es ist nur die Frage: ob die Elektricität desselben vermehret oder vermindert werde, wenn das Glas seiner Ladung durch die Erschütterung beraubet wird? Diesen Versuch stellet der Herr Franklin so an, daß der Conductor nicht mit in den Erschütterungskreis kömmt, und also nicht erschüttert wird. Herr Nollet bringt ihn mit hinein: und weil er dennoch eben den Erfolg, als der Herr Franklin, findet; so thut er weiter nichts, als daß er den Franklinischen Satz, durch einen andern Versuch, von welchem derselbe noch mehr zu fürchten hätte, nur um desto mehr bestärket. Es beweist nämlich der Versuch des Herrn Nollets, daß die Menge, der im Conductor enthaltenen elektrischen Materie nicht einmal geändert werde, wenn gleich die ganze Ladung des Glases durch denselben hinschießt. Daß der Conductor in diesem Falle erschüttert wird, weis Herr Franklin sehr gut. Damit aber nicht jemanden, der den Versuch nachmachen will, derselbe mislingen möge, weil Herr [286] Franklin einen nothwendigen Umstand nicht ausdrücklich wiederholet hat; will ich noch dieses anmerken: daß das Glas in diesem Versuche isoliret seyn muß, und kein ableitender Körper die Ketten berühren müsse. Hiedurch würde dasselbe zu einer neuen Ladung geschickt, und würde also den Vorrath des Conductors alsobald an- und einnehmen. Herr Franklin hat den Versuch vermuthlich mit dem zuvor beschriebenen Glase, das am Conductor hängt, angestellet, und hat nicht ohne guten Vorbedacht, den Bogen, womit er dasselbe entlädet, in Lack befestiget.

§. 61.

Diese feurige Lufterscheinung ist bey Seeleuten unter dem Namen des Feuers St. Elmus oder St. Telmo bekannt, und war bey den Alten mit dem Namen Castor und Pollux beleget. Dieses Feuer zeiget sich sehr ofte bey Gewittern an hohen spitzigen Körpern. In den englischen Transactions for the year 1754. vol. 48. part. II. p. 484. wird ein merkwürdiger Fall angeführet, wo sich dieses Feuer auf die Lanzen der Reuter niedergelassen hat. Der St. Petrithurm zu Nordhausen, hat dieses besondere an sich, daß sich an verschiedenen Ecken der Thurmstangen, bey Gewittern ein dergleichen Feuer ansetzet, welches die Einwohner zum Vergnügen mit Händen betasten können. Eben dieses erscheint an den Thurm zu Plauzat in Auvergne. Man sehe mit mehrern das Hamburgische Magazin, VII. B. S. 420. und IX. B. S. 359. nach, woselbst ich das erstere ziemlich [287] umständlich beschrieben finde. Es würde der Mühe werth seyn, an beyden Orten zu untersuchen, wie die starke Ableitung der Gewitter-Elektricität, ohne welche dieses Feuer nicht entstehen kann, hier beschaffen sey; weil es heißt, daß selbiges an beyden Orten niemals eingeschlagen habe. Bey dem Schlage und Blitze, welcher den Petrithurm in Berlin entzündet hat, hat man ein ähnliches Feuer, wie einen feurigen Busch, auf der Spitze stehen sehen. Es scheint überflüßig zu seyn, mehrere Fälle anzuführen. Es ist heutiges Tages gar nicht mehr an der wahren Ursache zu zweifeln. Das aus denen Wolken durch diese Spitzen abfließende elektrische Feuer, zeiget sich hier, wie auf jeder unelektrischen Spitze, welche man gegen einen elektrischen Körper bringt.

§. 62.

Herr Wilson hat die Versuche mit des Dr. Knight künstlichen Magneten angestellet, welche über acht Zoll lang waren; m. s. Treatise on Electricity by Benjamin Wilson. F. R. S. London 1752. p. 219. Experiments upon Artificial Magnets. Herr Wilson ward zu diesen Versuchen durch einen Brief ermuntert, in welchem der Herr Professor Bose in Wittenberg der königlichen Gesellschaft in London berichtet hatte: daß er durch die Elektricität die Pole künstlicher Magneten umgekehret, deren Kraft gänzlich zerstöret, und selbige von neuem erwecket hätte. Mir haben diese Versuche bisher nicht glücken wollen; denn mit kleinen Gläsern ist nichts auszurichten: und wenn ich mir zu diesen [288] Versuchen größere Gläser zugerichtet hatte, sind mir dieselben allezeit durchgeschlagen. Die Elektricität hat in vielen Stücken so viel Aehnlichkeit mit dem Magneten, daß die Mühe nicht vergeblich angewandt seyn wird, welche auf Untersuchung dieser Sache wird gewandt werden.

§. 63.

Der Herr Prof. Bose ist der erste gewesen, der in Deutschland Pulver gezündet hat. Er schmelzet das Pulver in einem Löffel über dem Lichte, und läßt den Funken durch den aufsteigenden Dampf schlagen. Nachdem ich mit denen Erschütterungsversuchen etwas bekannter geworden war, hatte ich schon fast auf ähnliche Art, wie Franklin, Pulver gezündet. Ich füllete in eine Glasröhre einen Zoll hoch Pulver, welches ich an beyden Seiten mit einer Vorladung von Spiegelfolie zusammen pressete.

Das unterste Ende dieser geladenen Glasröhre befestigte ich auf dem Conductor dergestalt, daß die untere Vorladung denselben berührete. Ich steckete darauf in das obere Ende einen kleinen Draht, aus welchem ich den Erschütterungsfunken zog. Das Glas zersprang gleich das erste mal mit einem starken Knalle; es war aber nicht die geringste Spur von Rauch zu sehen, ob man gleich den Pulvergeruch sehr deutlich spüren konnte. Ich änderte die Einrichtung in etwas, und setzte über die geladene Röhre eine starke gläserne Glocke, welche oben eine Oeffnung hatte, durch welche der Draht, an welchem der Erschütterungsfunke gezogen wird, hervorragete. Wenn ich itzt diesen Funken erwecke, schießt der los [289] in der Röhre eingesetzte Draht mit großer Heftigkeit gegen den Boden des Zimmers; die Glocke aber wird von Pulverrauch angefüllet, und der Boden ist mit den Stücken von der zerschmetterten Glasröhre bestreuet. Dieser Erfolg beweist also nicht nur die Entzündung des Pulvers deutlich, sondern zeiget auch, daß die zuvor in freyer Luft bemerkte Verschwindung des Rauches der starken elektrischen Explosion zuzuschreiben sey. Man könnte daher billig die Gelegenheit nehmen, zu untersuchen, ob nicht die Kraft des Pulvers hiedurch merklich stärker würde; weil die Materie, welche den Erschütterungsfunken ausmachet, sich schon für sich entzündet und explodiret. Man kann dieses nicht nur im Dunkeln an dem großen hellen Dunstkreise sehen, welcher diesen heftigen Funken umgiebt; sondern es zeiget sich dasselbe noch deutlicher in folgendem Versuche.

Man befestige zwo Glieder des Erschütterungskreises in der zum Funken nöthigen Entfernung von einander. An beyden Seiten dieser Entfernung lasse man zwo an seidenen Fäden hangende kleine Platten oder Scheiben von dünnem Marienglase, oder gemeinem Glase, dergestalt an beyde Drähte anliegen, daß der Erschütterungsfunke zwischen denselben durchschlagen muß; so wird man dieselben, wann die Explosion entsteht, auf einmal aus einander fahren sehen: welches sichtbar beweist, daß hier nicht allein ein Uebergang, sondern eine wirkliche Entzündung und Ausbruch der elektrischen Materie entstehet.

[290]

§. 64.

Eigentlich zu reden, kann man die Körper auch nicht einmal in ableitende und nicht ableitende eintheilen. Denn die elektrische Materie wird über Seide, Glas, Lack, Pech, u. d. g. ebenfalls fortgepflanzet. Der einzige Unterschied liegt in denen Graden der Fortpflanzung, welche bey einigen Körpern schneller und in größerer Menge, als bey andern, von statten geht. Ich weis, man giebt dieses denen Feuchtigkeiten und andern Vermischungen mit ableitenden Körpern Schuld. Wenn man aber eine genaue Aufmerksamkeit auf diese Erscheinungen hat, wird man den Unterschied derselben leicht entdecken. Ich stellete den Versuch mit einem aus größern Glasröhren zusammengesetzten Conductor an, welcher einige dreyßig Fuß lang war. Die Luft des Zimmers war ungemein trocken; welches daraus zu schließen, daß die eisernen Conductores ohne Ladungsgläser die Elektricität über zwo bis drey Stunden behielten. Ich hatte die Gläser ebenfalls vollkommen rein und trocken gemachet, und sie noch überdem vor dem Anschlagen der Dünste durch eine ziemliche Erwärmung gesichert. Das eine Ende dieses gläsernen in trockene und fünf Fuß lange seidene Schnüre aufgehangenen Conductors verband ich mit dem ersten Conductor; an das andere Ende desselben hieng ich eine bleyerne Kugel vermittelst einer kleinen Kette auf. Wenn ich izt den ersten Conductor so stark als möglich elektrisirete, konnte ich aus dem Anziehen und Abstoßen leichter Körper, über die Elektricität des gläsernen Conductors folgende Schlüsse machen.

291 Die Elektricität pflanzet sich über das Glas fort. Dieses aber geschieht sehr langsam; weil ich erst nach einer Viertelstunde es dahin bringen konnte, daß die am letzten Ende hängende Kugel Spuren von Elektricität von sich gab. Die Atmosphäre der Glasröhre mußte, so viel man aus der Entfernung, in welcher sie ein und eben dasselbe Goldblätchen anzog, schließen konnte, wie ein Kegel gestaltet seyn, dessen Fläche an dem ersten Conductor war. Ihre Anziehungskraft war nahe an demselben so stark, daß sie die Körper fast auf anderthalb Fuß weit anzog. Dieses nahm immer mehr und mehr ab, und am letzten Ende erstreckete sich diese Kraft kaum einen Zoll weit von der Röhre. Unterdessen floß dennoch nach und nach so viel in die Bleykugel über, daß auch diese die Goldblätter anzog. So wie die Elektricität sich aber nur langsam über das Glas ergoß, so langsam floß sie auch wieder von selbigem ab, wenn man in diesen Umständen den ersten Conductor ableitend machete. Ihre Verminderung fieng an diesem Ende an, und gieng nachgerade gegen das andere fort; welches aber so langsam geschahe, daß man fast hätte sagen sollen, es fände gar kein solcher Abfluß statt, sondern die Glasröhre behalte die einmal angenommene Atmosphäre. Unterdessen scheint es, daß auch hierinn ein Unterschied zu machen sey, ob sich dieselbe über das Glas aus dem anliegenden, Conductor verbreitet, oder unmittelbar an das Glas angeleget worden. Im ersten Falle scheint der Zurückfluß leichter zu geschehen, als der Abfluß im

letztern; welches ich noch aus folgendem Versuche schließe. 292

Ich hieng eine sechs Fuß lange sehr trockene Glasröhre senkrecht an seidene Schnüre auf, und verband das obere so wohl als das untere Ende mit einem eisernen Conductor, deren obern ich A, den untern B, und die Glasröhre C nennen will. Ich befestigte an die Mitte von C eben so wohl als an A und B einen Elektricitätszeiger, oder einen seinen Zwirnfaden. Wenn ich nun vermittelst einer starken Elektrisirröhre an die Mitte von C eine Atmosphäre anlegete, stieg der Faden, und blieb Stunden lang stehen, ohne daß sich in A und B das geringste von Elektricität gezeiget hätte. Wenn ich A elektrisirete, fiel der Zeiger an C, stieg aber gleich wieder, wenn ich A seine Elektricität wieder raubete. Wenn B elektrisch ward, stieg der Zeiger an C, fiel aber wieder auf seinen vorigen Stand, wenn B die Elektricität verlor. Dieses zeiget, daß sich die Atmosphäre von C, A und B, nicht mit einander vermischet, sondern einander abgestoßen haben. Wenn die Atmosphäre von A den Faden an C herunter drückete, und B elektrisch ward, hob die Atmosphäre desselben ihn etwas wieder; und also mußte die Atmosphäre von C von unten und oben gedrucket werden. Alles dieses aber, A und B mochten elektrisch isoliret, oder ableitend seyn, hinderte C nicht, ihre Atmosphäre Stunden lang unverändert, und ohne Abfluß zu behalten.

§. 65.

293 Ueber eben diese Frage habe ich einen Versuch sehr bequem mit einer Art eines Manometri angestellet. Man küttet in die Oeffnung einer holen Metallkugel, oder Cylinders, eine gläserne Röhre dergestalt ein, daß die Luft in der Kugel keinen andern Ausweg hat, als durch diese Röhre. Man hängt das ganze Instrument an den Conductor in kleine Ketten dergestalt auf, daß die Röhre horizontal hängt; worauf man einen kleinen Tropfen Wasser oder Quecksilber in dieselbe hinein fließen läßt. Wenn man izt noch so stark elektrisiret, wird der Tropfen in der Röhre dennoch seinen Stand behalten, ob er gleich sonst bey Berührung der Kugel, mit einem einzigen warmen Finger aufs schnelleste herausschießt; zum deutlichen Beweise, die Elasticität der inwendigen Luft werde im geringsten durch die Elektricität nicht so rege gemachet, wie durch die Wärme. Statt der Metallkugel kann man eine Glaskugel nehmen, und entweder von der andern Seite einen Draht hinein gehen lassen, oder dieselbe von außen belegen, und den Versuch auf gleiche Weise anstellen.

§. 66.

Herr Kinnersley hat den Umstand anzuzeigen vergessen; daß der Kork erst angezogen, darauf aber, so lange er noch elektrisch ist, abgestoßen wird. Uebrigens sind diese Versuche schon lange unter dem Namen der Glas- und Harz-Elektricität, deren Unterschied Herr Du Fay zuerst entdecket hat, bey uns bekannt gewesen.

294
§. 67.

Der Unterschied der Licht- und Feuer-Erscheinungen der beyden Elektricitäten ist so groß und merklich, daß es nicht hat fehlen können, daß Herr Franklin denselben hat bemerken müssen. Die Sache verdienet einer genauern und umständlichern Beschreibung, welche nicht füglich ins Kurze gezogen werden kann, und welche ich daher für einen andern Ort aufbehalte. Es scheint dieses der einzige Weg zu seyn, auszumachen, welches die positive oder die negative Elektricität sey; weil dieselben in allen andern Erscheinungen vollkommen mit einander übereinstimmen.

§. 68.

Dieses ändert die Versuche nicht. Ich habe zwar keine so große solide Glaskugel haben können, die zu diesen Versuchen geschickt gewesen wäre: weil aber solide Glasstangen, und hole Schwefelkugeln keinen Unterschied geben; so kann man hieraus sicher auf solide Glaskugeln schließen. Wie hole Schwefelkugeln können gegossen werden, hat der Herr Abt Nollet in seinen Essay sur l'Electricité p. 20. deutlich beschrieben.

§. 69.

Ich zweifele, ob dieses angehen werde. Man müßte denn ein Mittel finden, zu verhindern, daß die elektrische Materie auf denen geriebenen Orten der ledernen Kugel hängen bliebe, und sich nicht gleich durch das Innere derselben verbreite; denn zum Elektrisiren gehöret nicht nur die Regemachung
295 der Materie, sondern die Häufung derselben, als ein wesentlicher Umstand. So lange sich die Materie durch die Kugel vertheilen kann, nimmt die Schwefelplatte alsobald ihren Mangel aus derselben unmittelbar wieder ein. Und die lederne Kugel wird keine stärkere Wirkung, als eine Metallkugel, haben. Will man ja Kugeln haben, die nicht zerbrechen sollen; so darf man nur hole und dünne Cylinder von sehr trockenem Holze nehmen, welches ziemlich starke Wirkung thut. Ich habe kleine hölzerne Stangen zugerichtet, welche fast so starke Wirkungen geben, als Lack oder Schwefel. Weil aber dennoch diese Wirkungen mit dem Glase in keine Vergleichung zu bringen sind; so glaube ich, daß man sich lieber die kleine Vorsicht im Einpacken

nicht verdrießen lassen müsse. Ich habe selber sehr zarte Kugeln funfzig Meilen weit fortgebracht, ohne daß ihnen das Stoßen der Wägen die geringste Beschädigung zugefüget hätte. Es wäre aber dennoch zu wünschen, daß Herr Franklin seinen Vorschlag ausführete; er muß dabey gewiß auf besondere Handgriffe gefallen seyn.

§. 70.

Die sogenannten Gewitterversuche gehören heutiges Tages zu denen bekanntesten und berühmtesten elektrischen Experimenten, welche wir dem Herrn Franklin zu danken haben. Er hat dieselben in seinen Muthmaaßungen zwar vorgeschlagen; man hat dieselben aber zuerst in Frankreich nachgemachet, woselbst Herr Dalibard und Delor selbige zuerst angestellet. Der Abt Nollet schreibt hievon also:
Mrs. Dalibard et Delor entrerent si bien dans 296
les vûes de M. Franklin, qu'ils se dilpolérent l'un et l'autre à faire cette épreuve: Le premier dressa son appareil au Château de Marly-la-Ville, situé à 5. ou 6. lieües de Paris, le second dans un quartier tres élivé de cette Capitale, où est sa demeure. Seit dem sind dieselben an sehr vielen Orten nachgemachet worden. Man sehe die Sammlungen verschiedener elektrischer Versuche bey Gewittern, Frankf. u. Leipzig 1752. it. *Winklers* dissert. De avertendi fulminis artificio, Lips. 1753. it. *Nollets* Lettres sur l'Electricité pag. 171. woselbst man zureichende Begriffe von denen Einrichtungen der Gewitterstangen sammlen kann. Franklin stellet diese Versuche auf eine etwas beschwerlichere Art, aber mit desto stärkerem Erfolge, an. Auf ähnliche Art hat Herr Romas dieselben angestellet. In den Memoires de Mathematique et de Physique, présentés à l'Academie roial des sciences, par divers sçavans, et lûs dans les assemblées Tom. II. Paris 1755. findet man pag. 393. Memoire. Ou apres avoir donné un moyen aisé pour élever fort haut, et à peu de frais un corps électrificable isolé; on rapporte des observations frappantes, qui prouvent que plus le corps isole est élevé, au dessus de la terre, plus le feu de l'Electricité est abondant, par M. de *Romas*, Asseseur au presidial de Nerac. Herr Romas ließ einen Drachen, der 7 Fuß 5 Zoll hoch, und 3 Fuß breit war, an einer mit Metalldraht umwikkelten 780 Fuß langen Schnur, wenigstens 550 Fuß hoch steigen, und erzählet die heftigsten Wirkungen davon. Die Atmosphäre um die untere angehangene Blechröhre hat er bis auf 5 Fuß weit empfinden können. Die ganze Schnur ist bey hellem Tage feurig gewesen, und scheint zu zeigen, daß die ganze elektrische Atmosphäre um einen elektrisiten Körper leuchten würde, wenn die Elektricität nur stark

genug ist; welches wir itzt nur an den Spitzen sehen. Es schlug ein Blitz aus der Röhre in die Erde, davon man den Knall wie einen Donnerschlag in der Stadt hören konnte. So lange der Drache in der Luft war, hörete man sonst nichts vom Gewitter. Man kann von eben diesem Versuche dasjenige nachsehen, was Herr Lining in seinem Briefe an Herrn Pikney in den Philosoph. Transactions for the gear 1754. part. II. p. 757. davon meldet.

§. 71.

Diesen Uebergang aus dem negativen Zustande in den positiven habe ich verschiedene mal so deutlich gesehen, daß gar kein Zweifel davon übrig bleiben kann. Wenn die Stange positiv ist, so steht mehrentheils eine kleine schwarze Wolke etwas niedrig über derselben. Zuweilen ist ein ganzes Gewitter positiv, zuweilen negativ, ob es gleich in beyden Fällen stark regnet. Man kann dieses ohne viele Weitläuftigkeiten untersuchen. Man darf nur wechselsweise eine Stange Schwefel um Glas, gegen die an der Stange befestigten Zwirnfäden und die daran hängenden kleinen Korkkugeln halten; so kann man aus dem Abstoßen oder Anziehen derselben, alsobald erkennen, ob die Stange positiv sey, oder ob sie negative Elektricität habe. Die spitzige Stange machet, daß der Apparatus mit der Wolke gleichartige Elektricität hat; welches bey großen flachen Körpern umgekehrt seyn kann.

§. 72.

Man kann eben diesen Versuch noch deutlicher machen, wenn man statt der kleinen Kette, ein langes Band Goldpapier an einen Stock befestiget, und nachgerade aufwickelt. Denn weil hier die Fläche um so viel mal größer ist, wird auch die Wirkung desto deutlicher.

§. 73.

So wenig ausgearbeitet auch noch diese Hypothese des Herrn Franklins ist; so viel richtige Gedanken und Muthmaßungen scheint dieselbe dennoch zu enthalten. Ich will, weil es in solchen noch unausgearbeiteten Sachen jedem erlaubt seyn muß, seine Gedanken vorzubringen, einige Muthmaßungen anführen. Die Erregung der Elektricität in unserer Luft, und die daraus entstehenden großen Erscheinungen sind bishero ein Geheimniß, von dessen wahren Ursachen uns die Kenntniß fehlet. Wir haben keinen andern Weg, zu dieser Kenntniß zu gelangen, als durch Vergleichung derjenigen Erfahrungen, die wir im Kleinen anstellen: und dennoch fehlet hier mehrentheils in denen Verbindungen der Schlüsse und Folgerungen so vieles, daß man diesen Gedanken, wenn man bescheiden davon urtheilen will, keinen andern Namen, als unmaßgeblicher Muth-

maßungen, beylegen kann. Wir können im Kleinen auf zween Wegen Elektricität erregen. Das Reiben der Körper gegen einander, ist die bekannteste Art. Die Wärme und das Schmelzen derselben, erwecket ebenfalls eine Elektricität, welche unter dem Namen der Spontaneac, schon durch Herrn Gray ist bekannt gemachet worden. Der Raum verbiethet mir, meine hierüber angestellten Versuche aus einander zu setzen. Ich will nur dieses einzige anführen: daß bey dieser Erregung der Elektricität ebenfalls jederzeit ein Körper negativ, der andere aber positiv werde. Ein noch merkwürdiger Beyspiel von dieser freywilligen Elektricität, hat man an dem Ceylonschen Edelsteine, Tourmalin, Trips, oder Aschentrecker, dessen ganz außerordentliche Erscheinungen von dem Herrn Professor Aepirus in Berlin, neulich entdecket und aufs sorgfältigste untersuchet sind. Dieser Stein hat das besondere an sich, daß er bey jeder Erwärmung, die auf einen bestimmten Grad geht, einen seiner Größe nach heftigen Grad von Elektricität bekömmt, welche an der einen Seite positiv, an der andern negativ ist. Ich kann hier von alle denen übrigen vortrefflichen Beobachtungen über denselben, nicht weitläuftiger seyn; sondern will mich kürzlich zur Sache wenden. Es ist nicht glaublich, daß sich nicht von demjenigen, so wir in diesen Versuchen im Kleinen finden, auch im Großen ähnliche Fälle finden sollten. Man suchet gemeiniglich die Ursache der Elektricität, die sich in unserer Atmosphäre zeiget, in der Luft, diesem flüßigen für sich elektrischen Körper. Das Reiben der Lufttheile unter sich, kann keine Elektricität erregen; denn der eine Theil zieht die Materie eben so stark an, als der andere, und daher wird das Gleichgewicht nicht aufgehoben. Es müßte also das Reiben, entweder zwischen den Lufttheilen und den damit vermischten Dünsten, oder der Luft und denen Körpern auf der Oberfläche der Erde, oder denen in der Luft schwimmenden Dünsten unter sich, und denen Körpern der Oberfläche der Erde entstehen. Es scheint auch gar nicht unglaublich, daß durch das Reiben dieser verschiedenen Körper, auch eine verschiedene Elektricität könne erreget werden, die bald positiv bald negativ wäre. Ich will diejenigen Erfahrungen nicht läugnen, in denen man durch bloßes Gegenreiben der Luft, Elektricität will erwecket haben. Es wäre eben der Fall, dessen Herr Stukeley in seiner Philosophy of earth quakes, Lond. 1756. Erwähnung thut; wenn er bemerket, daß das starke Schießen in St. James-Parck die Fenster der Schatzkammer elektrisch mache. Unterdessen glaube ich, daß alle diese mechanische Erregung der Elektricität nicht hinreichend sey, die starken Wirkungen hervorzubringen, davon wir täglich Augenzeugen sind.

Ich glaube vielmehr, daß hier eine Art einer freywilligen durch die Wärme erregten Elektricität wirke. Unsere Erde, oder gewisse Länder und Gebirge, dürften nur die Natur des Tourmalins darinn haben, daß die Elektricität an ihnen durch die Wärme erreget werden könnte; so würde dieses gewiß hinreichend seyn, alle Erscheinungen zu erklären. Vielleicht sind die Spitzen hoher Gebürge, an welchen, wie bekannt, die Gewitterwolken gleichsam wachsen, dergleichen Tourmalins, deren Elektricität durch die Hitze erreget ist; diese ziehen aus der Luft die unelektrischen Dünste an sich, und machen erst eine kleine Wolke, welche am Berge hängt. Diese vergrößert sich: und nachdem sie genug elektrische Materie eingenommen hat, wird sie abgestoßen, löset sich vom Berge ab, und verbreitet sich in die umliegende Gegend. Ganze Länder könnten dergleichen Eigenschaften haben, daß sie durch das unterirdische Feuer elektrisch würden, und diese Wirkungen auf der Oberfläche zeigeten. Die Theile der Oberfläche würden alsdann eine positive oder negative Elektricität, denen in die Höhe gestoßenen leichten Dünsten und Dämpfen mittheilen; nachdem der große unterirdische Tourmalin seine positive oder negative Seite nach oben zu kehrete. Bey der ersten Art der freywilligen Elektricität durch das Schmelzen, wird ein für sich elektrischer flüßiger Körper erfodert, der auf einem andern für sich elektrischen oder unelektrischen Körper aufliegt, auf demselben erhitzet wird, und darauf von ihm abgesondert, erkältet. Die Wärme, welche hieber die Ausdehnung derselben verursachet, kann eine Vertheilung der elektrischen Materie in einer andern Verhältniß zuwege bringen, als welche im natürlichen Zustande geschieht; wodurch sich nachmals bey Erkältung der Körper ein positiver oder negativer Zustand zeiget, nachdem der eine etwas verloren oder eingenommen hat. Nun ist unsere Luft ein für sich elektrischer flüßiger Körper, der auf andern auch zum Theil für sich elektrischen Körpern ruhet. Es könnte daher zwischen der Luft und der Erde eben das vorgehen, was sich zwischen dem Glase oder Metall, und dem geschmolzenen Schwefel, Lack, Pech, Wachs, und dergleichen mehr, zeiget. Ja die Luft könnte hiedurch positiv oder negativ werden, nachdem die Theile der Erden verschieden sind, in Verbindung mit welchen, sie durch die Wärme, in den elektrischen Zustand gesetzet wird. Wenn hierauf diese Luft über denen erhizten Orten in die Höhe steigt, behält sie diesen Zustand, und kann denselben, denen in derselben befindlichen oder herzugetriebenen Dünsten mittheilen.

Wer mit diesen Versuchen bekannt ist, wird ohne weitere Ausführung schon sehen, worauf ich ziele, und was man hieraus für Schlüsse ziehen könne.

Die Erfahrung, daß Gewitter mehrentheils nach großer Hitze, besonders gegen Abend und die Nacht entstehen, stimmet mit diesen Gedanken, welche aber erst eine lange Reihe von Versuchen und Beobachtungen erfodern, um von der Richtigkeit oder Falschheit derselben urtheilen zu können, einigermaßen überein. Daß unsere Erde sehr ofte stark elektrisch seyn, und die über derselben schwebenden Wolken abstoßen muß, kann man an der Figur der Wolken deutlich sehen, deren untere Fläche ganz platt und eben, und mit der Fläche der Erden parallel, nach oben zu hingegen ganz irregulär ist. Man kann dieses in einem zwar etwas mühsamen, aber desto angenehmen Versuche darstellen. Man überzieht einen großen hölzernen Rahmen, der wenigstens fünf Ellen ins Gevierte haben muß, mit parallel liegenden Drahtfäden, welche sechs bis acht Zoll von einander abstehen, und elektrisiret denselben. Wenn man nun kleine Pflöckchen Baumwolle vermittelst der Elektrisirröhre über diese große elektrische Fläche bringt, nehmen dieselben alle einen parallelen Stand mit der Fläche an; viele der Kleinen aber stehen über denen andern, und machen nach oben zu eine irregulaire Figur. Man fühlet des Sommers, daß diejenige Hitze, welche vor Gewittern hergeht, eine ganz andere Empfindung in unserm Körper verursachet, als sonst eine eben so starke und noch stärkere Hitze zu thun pfleget. Man nennet diese Witterung, schwüle; dieselbe machet uns träge, und scheint das Geblüte gleichsam aufzuschwellen. Der Wind, welcher sonst unsern Körpern eine angenehme Kühlung verschaffet, bedecket uns gleichsam mit einer heißen Wolke. Und überhaupt kann man diesen Zustand der Luft sehr leicht von der gewöhnlichen Hitze unterscheiden. Es ist zu vermuthen, daß dieses nichts als Wirkungen der Elektricität der Luft sind; denn ich habe nicht nur ähnliche Empfindungen, und eben die Mattigkeit bey mir, sondern auch bey andern erfahren, wenn der Körper mit starker, besonders negativer Elektricität, die mich wider meine Gewohnheit zuweilen fast zum Schwindel gebracht hat, ist bedecket gewesen: oder wenn man die Hände sehr lange an die Glaskugel angehalten hat. Ja, ich habe mehr als einmal, wenn ich schnell aus dem Hause in die Luft gekommen bin, den mir sehr bekannten elektrischen Geruch deutlicher verspüret, als daß ich solches für eine Wirkung der Einbildungskraft hätte halten können. Man höret zuweilen Leute, die von allem diesen gar nichts wissen, sagen: die Luft riecht recht nach Wärme!

§. 74.
Der Herr Abt Nollet hat in seinen Briefen S. 125. aus diesen Versuchen nicht nur dem Herrn

Franklin widerlegen, sondern auch eine neue Erklärung des Erschütterungsversuches geben wollen. Er leget ein Kartenblatt auf die Belegung des Erschütterungsglases. Auf dieses Blatt drücket er das eine Ende eines krummgebogenen Drahtes an, und zieht vermittelst des andern Endes die Erschütterungsfunken. Er findet hiebey, daß das Kartenblatt allezeit durchlöchert werde, und daß die Fasern des durchgeschlagenen Loches, allezeit von der Belegung gegen die Seite, wo der Draht auflag, aufgerichtet sind. Weil dieses nun an beyden Flächen geschieht; so schließt er hieraus, daß aus beyden Flächen eine Ausströmung geschehe. Diese beyden Ströme sollen in der Mitte auf einander treffen, und die Erschütterung und Verlöschung aller Elektricität verursachen. Er will durch diese Erfahrung den einfachen Ueberschuß der Materie, welchen Herr Franklin annimmt, widerlegen. Hrn. Nollets Erfahrungen haben ihre vollkommene Richtigkeit; und eben dieses glaube ich von denen Erklärungen des Herrn Franklins. Es würde überflüßig seyn, Hrn. Franklins Gedanken hievon mit mehrerem zu erläutern. Ich will nur einen Versuch anführen, welcher diese Erklärung bestätige.

305 Weil man Löcher durch Papier, Leder und dergleichen mit leichter Mühe durchschlagen kann, wenn man diese Körper nur zwischen zwey Glieder des Erschütterungskreises bringt, es sey an welchem Orte es wolle; so nehme man zu diesen beyden Gliedern eine ebene polirte Metallplatte, und einen kleinen eisernen 1 Zoll langen Draht, zwischen welchen man das Kartenblatt legen, und den Schlag durchgehen lassen kann. Man lege die Platte auf die Belegung; so werden die Fasern von der Platte in die Höhe stehen. Man setze den kleinen Stift mit dem andern Ende gegen die Belegung; so werden dennoch die Fasern von der Platte aufgerichtet, und also gegen den Kolben, oder die Belegung gerichtet seyn. Leget man unter dem Stifte auf die Belegung noch ein Kartenblatt; so werden die Fasern dieses Blattes von der Belegung aufgerichtet, und also denen Fasern der zwischen der Platte und dem Stifte befindlichen Karte entgegen stehen. Dieses Entgegenstehen der Fasern wird man deutlich sehen, wenn man auch nur, statt des Stiftes, ein Hagelkorn zwischen die Karten leget. Es erfolget dieses an beyden Belegungen, der innern und der äußern, und überdem an allen Orten und Stellen des Conductors und des Erschütterungskreises, wo man diese Einrichtung nur anbringt. Es ist auch nichts natürlicher, als zu begreifen, daß eine entstehende Explosion, deren Daseyn ich oben deutlich bewiesen habe, allezeit ihren Ausbruch nach der Seite nehme, wo sie den geringsten Widerstand findet.

Der Herr Nollet kann freylich seine Effluenzen und Affluenzen brauchen wie er will, nachdem diese oder jene Direction solche zu erfodern scheinen. Er müßte doch aber sagen, woher die Veränderung der Direction im Augenblicke in einer so kleinen Entfernung entstehen könne. Nach ihm strömet die äußere Fläche des geladenen Glases so gut die ausfließende Materie aus, als die innere. Beyde sind von einer Art, und nur in den Graden verschieden. Bey der Erschütterung würden daher nach ihm zween ausfließende Ströme auf einander stoßen. Diese können ja aber eben so wenig Funken gegen einander geben, und einander destruiren, als solches bey zween elektrisirten Conductors statt findet. Ich wenigstens bin nicht scharfsinnig genug, bey dieser Erklärung mehr als die leeren Worte und Töne der Affluenz und Effluenz zu denken.

§. 75.
Diese Art ist nicht sicher genug. Man wird aus dem unten Folgenden einsehen können, daß man durch das Gegenhalten der Glasröhre, die Glocke eben sowohl negativ als positiv machen kann; welches man mehrerer Sicherheit wegen vermeiden sollte. Unterdessen wird einer, der diese Versuche kennet, die jedesmaligen Umstände leichte beurtheilen können.

§. 76.
Die folgenden Versuche des Herrn Cantons und Herrn Franklins gehören zu denen wichtigsten Entdeckungen in der Elektricität. Zwar sind sie nicht geschickt, die Augen des Zuschauers zu belustigen. Unterdessen, so einfältig sie anfangs scheinen, von so großem Einflusse und Nutzen sind sie. Sie sind gleichsam das Band aller elektrischen Versuche, und durch dieselben ist man im Stande, alle Erscheinungen der so genannten einfachen und verstärkten Elektricität, auf solche einfache Regeln und zu solcher Harmonie mit einander zu bringen, die man lange gewünschet hat. Die vollkommene Verbindung aller derer hieher gehörigen Versuche, würden mir hier zu weitläuftig fallen. Statt aller weitern Anmerkungen, Erklärungen, und Verbesserung der gegenwärtigen Versuche, will ich nur diesen Erfahrungssatz anführen, aus dem man alles leichte wird beurtheilen können. In der Atmosphäre eines positiven Körpers werden die Theile der eingetauchten Körper negativ. In einer negativen Atmosphäre werden dieselben aber positiv.

Der erstere Zustand entsteht daher, daß die positive Atmosphäre, die natürliche Quantität elektrische Materie aus diesen Theilen zurück treibt. Hiedurch werden dieselben negativ, wenn die Materie abfließen, aber nicht wieder zurück schießen kann. Der positive Zustand entsteht in der negativen Atmosphäre, wenn die Materie sich in diesen Theilen, um in der negativen überzugehen, sammlet, und nachhero, durch Abscheidung des Canals, nicht zurück gehen kann. Hieraus lassen sich alle Versuche dieser Art ganz leichte erklären. Ich will nur einige Versuche, welche a priori aus diesen Erklärungen gleichsam zur Probe derselben angestellet sind, anführen.

Versuch.

308

Man setze einen Conductor aus zween Theilen A und B zusammen, welche man nach Belieben zur Berührung mit einander bringen, oder von einander trennen kann. Man bringe dieselbe zur Berührung, und halte die Glasröhre über den einen Theil A. So bald dieses geschehen, ziehe man B, doch ohne ihn mit Ableitern zu berühren, zurück; so wird A negativ, B aber positiv seyn, und man wird alle Versuche, die man mit zween Körpern von verschiedener Elektricität anstellen kann, bey diesen Conductoribus eintreffen sehen.

Versuch.

Man hänge zwo große metallene, oder hölzerne mit Metall überzogene Tafeln, die wenigstens 8 bis 12 Fuß ins Gevierte halten müssen, dergestalt parallel neben einander an seidene Schnüre auf, daß sie nur einen Zoll weit in allen Puncten von einander abstehen. Man bringe an beyde Tafeln Conductores an. Wenn man nun die eine positiv elektrisiret, und den Conductor der andern ableitend machet, darauf aber wieder von den Ableitern absondert; so wird diese letzte Tafel und der Conductor, wenn die Arbeit aufgehöret, negativ seyn. Wenn man die Hand an die negative Tafel oder Conductor leget, und die positive berühret wird; so wird man eine heftige Erschütterung bekommen.

Diese ganze Einrichtung ist nichts anders, als ein Erschütterungsversuch. Die Luft ist das Glas; 309 die Tafeln sind die Belegung: und man kann alle und jede Versuche, welche man bey geladenen Gläsern anstellet, hier bey diesen Tafeln ebenfalls anstellen; wie ich an einem andern Orte nach allen Umständen ausführlich beschreiben will. Nur dieses will ich noch anführen, daß mir diese Versuche, mit Schwefel, Wachs, Lack, Pech und Oehl ebenfalls gelungen sind, und man sicher schließen könne, daß jeder für sich elektrischer Körper eine Erschütterung zu geben im Stande ist, wenn er nur die gehörige Gestalt, Größe und Dichtigkeit der Theile hat. Es ist unter gemeinen Funken und Erschütterungsfunken im Wesentlichen gar kein Unter-

schied. Wir können keinen unelektrischen Körper gegen einen elektrischen bringen; denn diese Annäherung selbst giebt ihm die contraire Elektricität. Die Erschütterung eines Körpers ist eine Wirkung des Ueberschusses der elektrischen Materie, aus einem positiven Körper in einen negativen; wobey sich aber allezeit der nothwendige Umstand finden muß, daß der negative Zustand des letztern, eine unmittelbare Wirkung des positiven in dem andern Körper ist. Oder umgekehrt, daß die negative Elektricität des einen, den andern positiv mache. In diesen Fällen geschieht der Uebergang mit Heftigkeit, mit einem Schlage und Funken, und in einem Augenblicke; da der Uebergang sonst langsamer erfolget. Dieß ist die Ursache, daß einfache elektrische Funken so lebhaft schlagen: und daß man keine Erschütterung bekömmt, wenn man auf Pech stehet, und mit beyden Händen zwey contrair geladene Gläser berüh- 310 ret; ja daß die Erschütterung alsobald erfolget, wenn man nur die Ladungsketten beyder Gläser verbindet.

§. 77.

Dieser Schluß ist zu wichtig, als daß man denselben durch diesen Versuch für bewiesen halten sollte. Ich habe die Versuche mit aller möglichen Vorsicht und Behutsamkeit angestellet, habe aber auf keine Weise einige Elektricität, die in der Luft wäre hangen blieben, entdecken können. Der Versuch des Herrn Cantons, welchen er in denen Transactions 1754. vol. 48. part. II. zu bestätigen suchet, scheint mir noch allezeit eine kleine Fallaciam zu enthalten, welche aus Folgendem entsteht. Wenn ein Körper in die positive Atmosphäre eines andern kömmt, wird ein Theil seines natürlichen Vorrathes heraus, und in andere Theile getrieben. Dieser Theil kann durch Berührung des Fingers abgeleitet, und der Körper dergestalt, so lange er in der Atmosphäre des andern ist, zum natürlichen Zustande gebracht werden. Zieht man aber die Atmosphäre zurück; so zeiget sich dieser Mangel durch die negative Elektricität: woran also die Luft keinen weitern Antheil hat, als daß sie diesen Zustand desto länger erhält, je trockener sie ist.

§. 78.

Die heftigen Wirkungen der Erschütterung habe ich verschiedene mal an mir selber erfahren: und kann daher aus Erfahrung schließen, wie große Ursachen man habe, in diesen Versuchen alle Behutsamkeit anzuwenden. Ich hatte einen großen Recipienten 311 geladen, um den Blitz im Dunkeln durch eine lange luftleere Röhre schlagen zu lassen. Der Versuch gieng nicht von statten; weil die Verdünnung der Luft in der Röhre, für ihre Länge nicht stark genug war. Unterdessen ergoß sich das elektrische Feuer von oben aus den Ketten häufig durch dieselbe. Ich wollte dieses in der Nähe ansehen: indem ich aber hinzugehe, falle ich auf einmal ohne alle Besinnlichkeit zu Boden. Das Zurufen eines gegenwärtigen Freundes ermunterte mich zwar bald wieder; ich wußte aber im geringsten nicht was mir geschehen war, und konnte gar nicht begreifen, warum, und wie ich auf die Erde gekommen wäre. Es schwebete mir, ehe das Licht wieder in das Zimmer herein gebracht ward, der Gedanken vor, als hätte ich mich mit den Füßen in eine große Menge von Stricken verwickelt, davon doch auf dem Boden des Zimmers nichts zu sehen war. An mir selber fühlete ich Anfangs weiter nichts, als eine Empfindung, die ich ehe ein sinnliches Bewußtseyn meines Körpers und aller Theile desselben, als ein Zittern nennen wollte. Nach wenig Secunden aber zeigete sich am Kopfe, und dem linken Fuße, ein brennender Schmerz, welcher von einer kleinen aufgeworfenen Beule entstand. Bey Untersuchung der Sache fand sich, daß ich im Dunkeln, auf die, auf dem Boden liegende Erschütterungskette getreten wäre: zu gleicher Zeit aber eine, mit dem Conductor verbundene, und tiefer als gewöhnlich herunter hangende Kette, mit dem Kopfe berühret hätte; wie sich an 312 der hiedurch geschehenen Entladung des Glases, deutlich zeigete. Der gegenwärtige Freund hatte den Funken schlagen sehen, und hatte geglaubet, ich wolle durch mein Hinsinken nur einen Spas machen. Ich war mir aber dieses Schlages im geringsten nicht bewußt, und konnte erst nach einigen Minuten recht beurtheilen, was mir wiederfahren sey. Ich habe von diesem Zufalle zwar nicht die geringsten bösen Folgen verspüret; unterdessen erkenne ich daraus die Nothwendigkeit, mit der Erschütterung behutsam umzugehen, diese Behutsamkeit besonders in der Anwendung derselben bey Kranken, wo man dem Kopfe nahe kömmt, in acht zu nehmen, und gar nicht der Regel zu folgen, daß man die Erschütterung so stark als möglich machen solle. Man könnte einen durch dieses Principium behender aus der Welt schaffen, als man selber gedächte. Wäre mein Kolben in diesem Versuche nur noch fünfmal stärker gewesen: ich glaube, ich würde heute meine Erfahrung nicht beschreiben können. So viel ist aber gewiß, daß man keine leichtere Todesart erdenken könnte, als diese, welche den verdienten Herrn Professor Richmann betroffen hat.

Bey meiner ähnlichen Aufmunterung zur Behutsamkeit, da mir der Funke unvermuthet auf die Stirne und durch den Arm gieng, hörete ich einen starken Pistolenschuß, die Ohren fingen mir an zu brausen, der Mund zu wässern, und die Zähne wurden stumpf. Man kann dergleichen Schrecken bey aller Behutsamkeit nicht allezeit vermeiden, wenn man diese starken Versuche im Dunkeln anstellet. Unterdessen kömmt vieles auf die Einrichtungen an, 313 welche billig alle in der Höhe hängen, und so beschaffen seyn müssen, daß man vermittelst gewisser Züge, alles ohne unmittelbare Berührung auch im Dunkeln regieren kann.

§. 79.

Dieses und mehr dergleichen Beyspiele vom Einschlagen der Gewitter und des Blitzes, beweisen deutlich, daß die Vorschläge, welche der Hr. Franklin thut, diese Gefahr von Häusern und Gebäuden abzuwenden, für etwas mehr als bloße Muthmaßungen zu halten sind. Je weiter man sich in die elektrischen und Gewitterversuche, und in die Vergleichung beyder mit einander einläßt; je deutlicher und überzeugender erkennet man die Uebereinstimmung derselben, und je näher kömmt man der Spur, diese Kenntniß dem menschlichen Geschlechte nützlich zu machen. Es ist heutiges Tages eine ausgemachte Sache, daß die großen Erscheinungen, welche uns so oft den Untergang zu drohen scheinen, von denjenigen, welche der Elektricus in seiner Stube zum Vergnügen darstellet, weiter nicht, als dem Grade nach, verschieden sind; und daher kann man mit allem Rechte von dem einen, Schlüsse auf das andere machen. Vielleicht hat das Vorurtheil für die überwiegende Größe und Stärke der Gewitterelektricität, bishero blos einzig und allein die Menschen abgehalten, sich diese Erkänntniß so zu Nutze zu machen, als es doch möglich zu seyn scheint. Man glaubet durchgängig, daß die Gewitter eine solche Menge von Elektricität enthalten, daß gar keine 314 menschliche Einrichtungen vermögend wären, die Ableitung derselben ohne Gefahr zu verrichten. Mich däucht aber, wenn man sich nur von dem heftigen Getöse nicht schrecken, und von dem starken Wiederscheine nicht blenden läßt, sondern einzig und allein auf die Spuren sieht, welche der so sehr gefürchtete Blitz bey seinem Einschlagen hinterläßt; so wird man fast durch jedes neue Beyspiel neuen Muth bekommen, und nicht alsobald die Ausführung eines Vorschlages für vergeblich halten, dem bisher nichts, als die Bewerkstelligung selber, fehlet, noch vorgeworfen werden kann. Es klingt schon gefährlich genug, wenn man saget, daß man mit der Elektricität, durch Papier, Leder, und Metall, Löcher durchschlagen könne. Der starke Knall, welcher bey Abfeurung starker Ladungsgläser erfolget, sollte auch wohl die stärksten Wirkungen hoffen lassen. Unterdessen habe ich fast bey allen, welche diesen Versuch das erstemal gesehen haben, eben dasjenige

Stillschweigen bemerket, welches ich selber dabey beobachtet habe. Man muß die durchgeschlagenen Löcher zuweilen mit dem Vergrößerunsglase suchen, und muß besondere Handgriffe dazu anwenden, um solche einigermaßen ins Auge fallend vorzustellen, um nur die Größe einer Erbse zu erreichen. Ueberhaupt findet man in allen diesen Versuchen, die so fürchterlich anzuhören sind, daß die Wirkungen derselben, in Absicht auf die Zerstörung der Körper und deren Entzündung, sehr schwach, und weit unter derjenigen Erwartung sind, welche der heftige Knall [315] und das Licht, welche dabey erscheinen, erwecken könnte. Eben dieses findet man bey denen Wirkungen des Blitzes auf die Körper. Die Beschädigung derselben ist dem heftigen Knalle, und dem Feuer, nicht proportioniret, welches dabey gesehen und gehöret wird. Tausend Beyspiele lehren, daß der Blitz denen besten Ableitern folge, welche zuweilen sehr schwach sind. Ein dünner Glockendraht, eine vergoldete Tapete, eine vergoldete Leiste, eine Reihe zinnerner Teller, die mit nassem Sande angefüllten Fugen der Fußböden, und mehr dergleichen, leiten oft einen Blitz ab, der dem Knalle nach, ganze Häuser hätte aus einander werfen müssen. Der Blitz läuft mehrentheils an Gebäuden in dem Ueberzuge der Mauren herunter, und wählet sich bey hohen Gebäuden, besonders Kirchthürmen, diejenige Seite, welche durch den anschlagenden Regen, noch besser zum Ableiten geschickt gemachet worden. Bey Bäumen geht die Materie der Rinde nach; weil dieselbe aus denjenigen Wasserröhren besteht, welche dem Baume die Nahrung zuführen. Das Innere der Mauren, welches aus gebrannten Steinen besteht, und das feste Holz der Bäume, wird weniger beschädiget; weil diese Körper stärker für sich elektrisch sind, als die benannten Ueberzüge derselben. Das Zünden des Blitzes wird man mehrentheils an solchen Orten finden, wo derselbe zwischen denen guten Ableitern, durch einen leicht entzündbaren, in einiger Entfernung einen Funken schlagen muß. Ich habe dieses an einem sehr hohen Kirchthurme sehr deutlich gesehen; der Brand war [316] an dem untersten Ende der hohen Spitze entstanden, wo dieselbe auf dem Mauerwerke aufstand, und wo also der Funke aus dem Kupferdache durch das Holz in die Mauer übergegangen war. Hier hatte ein altes trockenes Bret Feuer gefangen. Wann das Kupfer mit der Mauer wäre unmittelbar verbunden gewesen; so hätte die Materie ohne Funken und ohne Entzündung herunter schießen können. Wenn ein dergleichen Conductor an vielen Orten dergestalt unterbrochen ist, kann ein einziger Blitz auch an mehr als einem Orte zünden. Diese Trennung der Ableiter kann ofte daraus entstehen, daß ein

Conductor des Blitzes ehe zerschmelzet, als er den ganzen Schlag hat ableiten können; weil so dann die übrigen Theile sich erst sammlen, und in einen Funken übergehen müssen. Die täglichen Erfahrungen in elektrischen Versuchen geben hievon die deutlichsten Beweise; und man thut wohl, wenn man alle dieselben sammlet, um daraus die besondern Fälle im Großen, beurtheilen zu können. Es ist hier der Ort nicht, diese Sache weiter auszuführen; ich will nur noch mit wenig Worten das Vornehmste anführen, so man bey Ableitung der Gewitter beobachten muß.

Wenn man die Absicht hat, durch eiserne Stangen und Drähte die Elektricität der Wolken, und die Blitze abzuleiten; so wird nichts weniger diesem Endzwecke gemäß seyn, als daß man diese Einrichtung auf nicht ableitenden Körpern alleine ruhen läßt, ohne für eine weitere Ableitung zu sorgen. Diese Einrichtung verdienet allerdings den Vorwurf, daß man das Gewitter dadurch an einen [317] Ort, und in ein Haus hinlocken könne. Denn der Apparatus darf nur so stark elektrisch werden, daß er gegen die nahen Theile des Hauses einen Funken schlägt; so wird daraus auf die beste Weise dasjenige entstehen, was man vermeiden wollte. Ein isolirter Mensch ist zwar sicher, daß der Blitz nicht in ihn fahre; weil er ein gar zu kleiner Körper ist, als daß die Wolke gegen ihn schlagen sollte. Er wird vielmehr nachgerade elektrisch werden. Unterdessen ist er nicht sicher, daß der Blitz nicht aus ihm heraus, oder durch ihn, als durch einen mittlern Conductor, durchschlage. Er wird in diesen Fällen eben so gewiß, als im erstern, vom Blitze gerühret werden. Der betrübte Fall, welcher dem Herrn Professor Richmann in St. Petersburg begegnet ist, scheint die Frucht davon gewesen zu seyn, daß er den Blitz zwar ins Haus, und in sein Zimmer geleitet; aber nicht dafür gesorget hat, daß derselbe aus dem Zimmer wieder weiter fortgeführet würde. Bey der Einrichtung der Gewitterstange zu Potsdam, deren im Hamb. Magazine 15 B. S. 602. Meldung geschieht, fehlet nicht nur diese Ableitung ebenfalls; sondern es steht noch überdem zu vermuthen, daß hier die Ladung der Glasröhren und das Zerspringen derselben ebenfalls einen Einfluß gehabt habe. Ueberhaupt gefällt mir die Einrichtung nicht, daß man sich denen Glasröhren in diesen Versuchen so sehr anvertrauet.

Eine andere Art von Einrichtung, welche man angegeben hat, die Blitze abzuleiten, ist diese: daß man eine Stange auf das Haus stecket, und auf [318] nicht ableitenden Körpern befestiget; von selbiger aber eine Kette auf viele Meilen weit fortleitet, und an deren Ende die Funken schlagen läßt. Ich über-

gehe die Kostbarkeit dieser Einrichtung, das Ueberflüßige in derselben, und manche andere kleine Ein-
wendungen, welche man dagegen machen könnte,
und will nur die einzige Frage thun: Wie man
durch diese Einrichtung das Gebäude vor denen aus
der Erde in die Höhe schlagenden Blitzen schützen
wolle? Der erste Anblick zeiget gleich, daß dieses nicht möglich sey. Ueberhaupt muß man bey
dieser Sache den Unterschied machen, ob die Absicht
sey, die elektrische Materie in einem Körper zu
sammlen, und gleichsam aufzufangen, und elektrische Versuche damit anzustellen; oder ob man
dieselbe ableiten, und die Gebäude dadurch vor dem
Ausbruche derselben schützen wolle? Im erstern
Falle muß keine vollkommene Ableitung angebracht
werden; denn sonst würde sich die Elektricität an
der Stange eben so wenig häufen, als an dem
Hause selber. Man muß dennoch aber für diese
Ableitung im Falle der Noth sorgen, wenn die Elektricität der Stange zu stark würde, als daß man
selbige sicher durch das Gebäude könnte durchschlagen lassen. Will man aber blos für das Ableiten
sorgen; so sind alle für sich elektrische Körper überflüßig: denn diese würden nur hindern, daß die in
das Gebäude schon übergetretene Elektricität nicht
in den Ableiter kommen, und abfließen könnte.
Man muß vielmehr das ganze Gebäude zu einem
319 einzigen Ableiter zu machen suchen, der nur aus
verschiedenen Materien besteht, und dessen stark ableitende Theile so liegen, daß sie so wenig als möglich die schwächern und besonders entzündbaren Ableiter berühren. Das Einschlagen des Blitzes in
solche Gebäude, wird man nicht hindern können;
aber wohl die daraus zu befürchtende Beschädigung
und Entzündung. So leichte die Anlage von dergleichen Ableitern in besondern Fällen einem erfahrnen
Elektrico seyn wird; so schwer läßt sich dieselbe in
allgemeinen bestimmen. Der Blitz muß nirgends
in das Haus kommen können, ohne auf die Ableiter zu treffen. Und hierbey ist besonders auf den
Unterschied der Gewitterelektricität Acht zu haben.
Dieselbe ist bald positiv, bald negativ. Die Richtung des Blitzes geht also, nach der bekannten Theorie des Maffei, bald von unten nach oben; bald
aber auch von oben nach unten. In beyden
Fällen wird man die Materie aufzufangen suchen müssen. Hierzu aber ist eine große Stange
mit einem einfachen Drahte nicht hinreichend.
Man setze, dieselbe gienge von der Spitze des einen
Giebels, bis in die Erde: der Blitz schlüge aber
aus dem nächsten Hause von unten in den andern
Giebel; so müßte derselbe erst durch das ganze Haus
durchschlagen, ehe er in die Stange und den Ableiter kommen könnte. Man setze, das ganze Dach

wäre so eingerichtet, daß es alle von oben kommende
Schläge auffangen, und durch einen einzigen Draht
ableiten könnte; so wird dieses dennoch den von
unten aufsteigenden Stral nicht abhalten können.
Und eben so wenig würde derselbe helfen, wenn der 320
Blitz in einen Nebel schlägt, mit dem das Haus,
wie mit einer Wolke, bedecket ist, und aus selbigem
in das Haus fortgepflanzet wird. Weil diese in der
Luft schwebenden Dünste und Nebel dem Zuge der
Luft folgen; so scheint die allgemeine Sage nicht so
gar unvernünftig, daß man die Fenster bey Gewittern verschließen müsse, damit der Blitz durch den
Zug nicht hineingezogen werde. Kömmt aber, es sey
auf was für Weise es wolle, ein Blitz ins Haus, und
trifft gleich einen vollkommenen nicht unterbrochenen
starken Ableiter; so folget er demselben, und wird
ohne alle weitere Gefahr abgeleitet. Und daher
thut man gut, daß man deren so viele, und so gut
anbringt, als möglich ist. Man findet dieselben
schon an vielen Häusern gleichsam zubereitet, und
fehlet denenselben ofte nichts, als die ununterbro-
chene Verbindung, und eine Fortleitung von dem
Grunde des Gebäudes, wo möglich, in das nächste
Wasser oder Brunnen. Man kann fast an allen
Orten, wo Blitze einschlagen, sehen, daß diese Ableiter gefehlet haben. Sollte man sich also die Mühe und Kosten verdrießen lassen, dem Blitze noch
diese Bequemlichkeit zu verschaffen? So wahrscheinlich aber, und so vollkommen auch dieser ganze Vorschlag denen Erfahrungen gemäß ist, so sehr zweifele ich dennoch daran, ob man die allgemeinen
Vorurtheile für die Stärke der Gewitterelektricität,
und gegen diese Vorschläge der Physiker so bald werde überwinden können. Es kömmt hier noch eine
Schwierigkeit hinzu, der schwerlich abzuhelfen ist.
Man setze, ein Gebäude sey auf diese Art für das 321
Ableiten der Gewitter zugerichtet, und die Wirkung
davon wäre so gut, daß an demselben in zehen bis
zwanzig Jahren kein Schade geschähe, oder kein
Einschlagen des Blitzes erfolgete; so wird man noch
allezeit sagen können, das würde ohnedem nicht
geschehen seyn! Schlüge der Blitz in ein solches
Haus ein, und thäte keinen Schaden; so würde man
ebenfalls sagen können, daß dieses auch ohnedem
nicht würde geschehen seyn: und vielleicht gäbe man
gar dieser Einrichtung schuld, daß dieselbe das Einschlagen verursachet habe. Es müßten besondere
Fälle vorkommen, durch welche man einen, allen
Gründen widersprechenden Zweifeler überzeugen
könnte. Man wirft gegen diese Vorschläge ein:
daß hohe Thürme schon diejenigen Dienste leisten
müßten, welche man von spitzigen Stangen erwar-
te! Ich glaube, kein Gebäude wäre hiezu geschickter, als eine hohe Thurmspitze, welche gleichsam zu

diesem Endzwecke gebauet zu seyn scheinen. Daß unterdessen dergleichen erhabene Spitzen denen Ausbrüchen der Gewitterelektricität, und dem Einschlagen der Blitze mehr als andere Gebäude ausgesetzet sind, liegt blos darinn, daß bey denselben, der oben von mir angemerkte Fehler nicht vermieden ist. Dieselben sind bishero zwar geschickt den Stral anzunehmen, aber nicht abzuleiten. Eine Mauer von gebrannten Steinen ist ein in merklichem Grade für sich elektrischer Körper, welcher nicht einmal eine starke Erschütterung frey durchführet. Wenn auf diesem nicht stark ableitenden Körper eine große Menge 322 Metall liegt; wie solches gemeiniglich bey denen mit Kupfer gedeckten Thurmspitzen sich findet: so ist dasselbe gleichsam isoliret, und kann also vom Gewitter selbst endlich so stark elektrisch werden, daß von selbigem dennoch durch die Mauer herunter ein Funken bis in die Erde schlägt. Reichete dasselbe bis ganz an die Erde herunter, oder wäre es durch starke Ableiter von Eisen mit der Erde verbunden; so würde die Elektricität ohne Schaden nachgerade, oder auf einmal, können abgeleitet werden. Ich bin fast versichert, daß man an denen Thurmspitzen zu Nordhausen und Plauzat in Auvergne diese Ableiter irgendwo finden würde: und man hat alle Ursache, zu glauben, daß dergleichen hohe ableitende Körper, welche die ersten sind, die für den Riß stehen müssen, ganzen Städten zum Schutze dienen.

Die Beantwortung der Frage: ob die Anlegung von dergleichen Ableitern für das Gewitter, und die weitere Untersuchung dieser gemeinnützigen Vorschläge, ein nothwendiges Stück der Vorsorge sey, welche den Staat und die Einwohner schützen muß; will ich hier nicht weitläuftig berühren. Ich will die Unterstützung dieser Versuche, ihrer selbst wegen, nur denenjenigen empfehlen, welche nach diesen Grundsätzen noch einen Weg sehen, sich auf eine vernünftige Weise von einer gar zu großen Furcht vor den Gewittern, und von den ängstlichen Gefängnissen zu befreyen, wohin sie ofte schon eine dunkele Wolke vertreiben kann.

323 ∗

Zum Beschlusse dieser Arbeit will ich noch einige Anmerkungen, über einige derer Versuche beyfügen, welche der Herr Abt Nollet seinen Briefen unter der Aufschrift: Experiences faites en présence de Messieurs Bouger, de Montigny, de Courtivron, d'Alambert et le Roi, commissaires nommes par l'Academie, beygefüget hat. Man ersieht aus dieser Aufschrift, und dem beygefügten Extrait des Regist. de l'ac. Roy des Sc. d. 23. Aoust

1752. daß diese Herren einstimmig bezeuget haben, que les resultats leur avoient paratels que M. l' Abbe Nollet les a enonces, und daß der Herr Nollet durch dieses glaubwürdige Zeugniß allem Widerspruche zu entgehen suchet. Dieses Zeugniß überzeuget mich fast eben so sehr, als meine eigene Erfahrung, daß in dem angegebenen Erfolge der Versuche des Herrn Abt Nollets kein Fehler sey begangen worden. Weil ich aber unter denen resultats des experiences hier unmöglich die Folgerungen und Schlüsse, nebst denen daraus gegen Herrn Franklin gezogenen Einwürfen und Widerlegungen verstehen kann, sondern vielmehr glaube, daß diese bey aller Richtigkeit der Versuche dennoch wankend seyn können; so halte ich es weder für eine gar zu große Verwegenheit noch Sünde, hierinn von dem Herrn Abt abzugehen, und dem System des Herrn Franklins so lange beyzupflichten, als ich dasselbe geschickt finde, alle diese Versuche daraus herauszuleiten, und zu erklären. Von denen meh324 resten dieser Versuche habe ich schon oben meine Gedanken ausgeführet. Es sind aber noch einige davon übrig, welche zu berühren, sich im Autore keine ungezwungene Gelegenheit hat finden wollen, und welche dennoch nicht unberühret bleiben können, da Herr Nollet denenselben fast unter allen das größte Gewicht beyleget. Es sind dieses die Versuche, welche der Herr Abt mit luftleeren Gläsern angestellet, und so wohl hier S. 242. bis 247. §. 2. 3. 4. als oben in den Lettres selbst S. 73. bis 82. beschrieben hat. Herr Colden hat nichts dagegen gesaget; indem ihm die Gelegenheit, solche selbst anzustellen, gefehlet hat. Weil ich aber diese prächtigen Versuche nicht nur sehr oft in ausnehmender Stärke bey andern gesehen, sondern ebenfalls selbst Hand an dieselbe geleget habe; so kann ich desto dreister meine Gedanken davon anführen.

Es sind bekannte Erfahrungen, daß die Luft die Fortpflanzung der Elektricität hindere. Je dichter dieselbe ist, desto weniger läßt sie die elektrische Materie durch, und hindert dadurch die Erregung der Elektricität an Röhren, worinn dieselbe zusammen gepresset ist; weil aus der innern Fläche nichts herausgehen kann. Je stärker die Luft aber verdünnet wird, je stärker kann die Elektricität fortgepflanzet werden: und dieses Fortpflanzen ist wieder nach §. 55. aus einem andern Grunde schuld daran, daß man mit luftleeren Kugeln und Röhren nicht elektrisiren kann. Man ersieht schon beyläufig aus diesen beyden Versuchen, daß der Grund der Fortpflanzung der Elektricität nicht in der Structur dieses flüßigen Körpers liegen könne. 325 Warum sollte verdünnete Luft mehr Structur als die verdickete haben? Je stärker die Verdünnung der Luft wird, je weiter geht die Elektricität in derselbigen fort. Die Entfernung, in welcher die Funken schlagen, wächst in Proportion dieser Verdünnung: und es scheint, daß dieselbe in einem vollkommen luftleeren Raume bis ins Unendliche fortlaufen würden. Man kann einen luftleeren Raum als einen unelektrischen Körper ansehen, durch welchen sich die elektrische Materie frey verbreiten, gleichförmig vertheilen, und in andern Körpern ungehindert übergehen kann. Und daher kann der luftleere Raum ebenfalls statt der Belegung der Erschütterungsgläser gebrauchet werden, bey welchen, wie oben gezeiget ist, weiter nichts nöthig ist, als daß die elektrische Materie an die eine Seite an, von der andern aber abgeleitet werde. Wenn die Luft aus einem gläsernen Gefäße heraus gepumpet ist, und die elektrische Materie sich in dasselbe ergießt; so hängt sich dieselbe an das Glas an, und läuft demselben nach. Sie beweget sich nämlich allezeit gegen den nähesten Körper, von welchem sie angezogen wird: und daher läuft sie an dem Glase in lauter feurigen schlänglenden Strömen herunter. Bey diesem allem muß aber ein Körper daseyn, in welchen sie sich endlich ergießen, und dadurch abfließen kann. Ist der Raum in der Glocke vollkommen luftleer; so fließt sie dadurch so schnell ab, daß man an denen Elektrisirketten sehr wenig Spuren von Elektricität sehen kann, und geht in einem ³²⁶ so beständigen Strome fort, daß die auf dem Boden dieser luftleeren Glocke liegenden Goldblätter nur bey dem ersten Herunterschießen der Materie sich derselben ein wenig entgegen heben, darauf aber von dem beständigen durchfließenden Strome gleichsam auf den Boden aufgedrucket werden.

Von diesen allgemeinen Erfahrungen, deren ich noch eine große Menge anführen könnte, will ich auf die Versuche des Herrn Nollets eine kleine Anwendung machen, und einen Versuch wagen, dieselben mit dem System und denen Erfahrungen des Herrn Franklins zu vereinigen, wobey ich aber dasjenige als bekannt voraus setze, was oben von der Ladung der Gläser an- und ausgeführet ist. Diese Versuche des Herrn Nollets lassen sich auf drey Hauptfälle bringen, welche ich kürzlich, theils mit Nollets eigenen, theils der Kürze und Deutlichkeit wegen, mit andern Worten beschreiben will.

Erster Versuch. S. 242.

Der Herr Abt nimmt eine mit zween Hälsen versehene gläserne Kugel. Deren eines Ende versieht er mit einem Hahne, in das andere läßt er das Ende der Elektrisirstange hineingehen. Wenn itzt die Luft herausgepumpet ist, und elektrisirt wird; so ergießt sich die elektrische Materie aus dem Ende der Stange, in das Vacuum, und der Herr Abt bemerket dabey folgende Umstände.

Diese Ausflüsse unterscheiden sich von denen gewöhnlichen Feuerbüschen dadurch, daß sie aus dichterm Feuer, und nicht mehr aus abgesonderten und aus einander fahrenden Stralen bestehen. ³²⁷

Diese Erfahrung ist mehr für als gegen Herrn Franklin. Die Luft ist schuld, daß die elektrische Materie beysammen bleibt, und gleichsam um die elektrisirten Körper zusammengedrucket wird; weil sie sich nicht durch dieselbe fortpflanzen kann. Geht dieselbe in einen andern Körper in einem Funken über; so geschieht dieses dennoch gleichsam gezwungen, und der Stral bleibt daher ganz dünne und schwach. Die abstoßende Kraft der elektrischen Theile kann sich hier nicht zeigen; sondern dieselben entzünden sich vielmehr durch das starke Reiben, und explodiren mit einem starken Knalle. Im luftleeren Raume fällt dieses Hinderniß der Ausbreitung weg. Wenn daher die Materie aus einem Körper aus, und in einen andern überfließt; so kann die abstoßende Kraft der Theile der elektrischen Materie dieselben aus einander treiben: und daher schwillt eben der Stral oder Funke, welcher in der Luft sehr dünne seyn würde, hier gleichsam auf. Diese Ausflüsse ergießen sich daher, in Finger-dicken Strömen durch das Vacuum. Wenn diese Ausflüsse aus einer Spitze kommen; so entsteht eben der Feuerbusch, welcher sich schon in der Luft, wie bekannt, an selbigen zeiget: derselbe ist aber ungleich größer und deutlicher. Herr Nollet machet sich nebst sehr vielen einen ganz unrichtigen Begriff von diesen Strömen der Spitzen. Dieselben bestehen nicht aus lauter nach geraden Linien aus einanderfahrenden Radiis, in welchen man die Theile der elektrischen Materie, als kleine Körnchen mit dem Vergrößerungsglase entdecken kann; sondern es sind vielmehr lauter ³²⁸ kleine Ausflüsse oder feurige Ströme, in welchen sich die von der Spitze abfließende Materie in die Luft ergießt, und welche aus einem zusammenhängenden und in einemfort gehenden Feuer bestehen. Die Figur dieser Ströme ändert sich zwar nach der Beschaffenheit der Spitzen: unterdessen bleibt doch bey allen und jeden, es sey in der Luft oder dem luftleeren Raume, die wesentliche Aehnlichkeit. Die geradlinigten Stralen, in welchen man mit Vergrößerungsgläsern die Theile der elektrischen Materie hat sehen wollen, halte ich für eine Erfindung der Imagination, welche man aus Newtons Theorie vom Lichte herausbringen will.

Diese feurige Ausflüsse lenken sich gegen die Finger, wenn man die gläserne Kugel von außen berühret.

Diese Erscheinung ist eine natürliche Folge von der an diesen Orten erfolgenden Ladung des Glases, welches hier durch die Finger von außen gleichsam beleget, und zur Ladung geschickt gemachet wird. Denn, weil itzt von dieser Stelle von außen etwas abfließen kann; so kann in die innere Fläche auch wieder etwas eindringen: und daher lenket sich der Stral dahin. Dieser Zufluß von innen währet aber nicht länger, als bis das Glas an diesen Orten voll geladen ist. Man kann dieses an einer langen und weiten Röhre, viel deutlicher und mit mehrerer Sicherheit sehen. Ich hing eine dergleichen Röhre, welche fünf Fuß lang war, und zween Zoll im Durch-
329 messer hatte, an den Conductor auf. So lange die Röhre von außen ganz trocken und unberühret bleibt, und die unterste Fassung ableitend gemachet wird, strömet das Feuer unaufhörlich von oben nach unten durch die Röhre fort. Wenn man die Röhre von außen mit der Hand anfasset, strömet das Feuer von oben nur allezeit bis an den Ort, wo die Hand ist. Dieses Fortströmen dauret aber auch nicht beständig fort, sondern höret alsobald auf, so bald diese Orte voll geladen sind. Man muß, um den Schuß der Materie wieder zu erwecken, die Hand höher herauf bringen, bis man endlich die ganze Röhre auf diese Weise nachgerade geladen hat. Ist dieses geschehen; so zeiget sich ein Umstand, welcher zu merken ist: nämlich, man kann es überall auch durch die stärkste Elektricität nicht wieder dahin bringen, daß die Materie frey von oben nach unten durchströmete. Durch das Laden der Röhre leget sich inwendig in derselben eine Atmosphäre an, welche dem Glase anhängt, und also durch ihr Abstoßen die herunterschießende Materie aufhält. Je enger die Röhre ist, je mehr wird dieselbe von dieser Atmosphäre erfüllet. Bey sehr weiten Gläsern erstrecket sich diese Atmosphäre aber nicht so weit, daß sie das Glas ausfüllen, und also den Durchfluß der Materie in der Mitte hindern könnte. So bald man diese Atmosphäre durch eine ordentliche Entladung wegschaffet, fängt euch das Durchströmen durch die Röhre von neuem an. Es kann nichts deutlicher als dieses, vorgebracht werden, den Einfluß der Ladung bey diesen feurigen Erscheinungen im luftleeren
330 Raume zu beweisen. Man lernet aber hieraus zugleich einen Handgriff, diese Versuche mit gutem Erfolge anzustellen: indem man diese aus der Ladung des Glases herfließende Hindernisse vermeidet, durch welche ebenfalls leuchtenden Barometris das Licht benommen werden kann.

Wenn man das Glas nicht berühret; so lenken sich die Ausflüsse gegen die Fassung, an welcher man ebenfalls dergleichen Ausströmen wahrnimmt, besonders wenn man dieselbe mit der Hand anfasset.

Die elektrische Materie folget allezeit denen besten Ableitern. Nun ist das Metall ein besserer Ableiter, als das Glas: und dahero beweget sich die Materie auch besonders und stärker dahin, als gegen die übrigen Orte. Am stärksten aber geschieht dieses, wenn das Metall noch dazu mit stark ableitenden Körpern verbunden, oder nur mit einer ausströmenden Spitze versehen ist.

Ob dasjenige Licht, welches sich an dieser Fassung zeiget, eine wirklich ausströmende, oder nur die sich hier beym Einströmen wieder deutlich zeigende Materie sey, welche aus der Elektrisirstange ausfließt, will ich hier nicht weitläuftig erklären. Bey denen unelektrischen Spitzen, welche man in eine positive Atmosphäre eintaucht, zeiget sich eben diese Erscheinung: und das daran erscheinende Licht, oder Feuer, kömmt mit demjenigen überein, welches negativ elektrisirte Spitzen von sich geben; dahingegen sich aus einer unelektrischen Spitze, welche in eine negative Atmosphäre eingetaucht ist, eben der
331 positive Strom ergießt, welcher an einer positiv elektrisirten Spitze abfließt. An beyden Körpern entsteht allezeit ein Licht. Dieses ist aber nicht bey beyden, sondern nur bey dem einen, eine Folge des Ausflusses; dahingegen dasselbe an dem andern durch das schnelle Eindringen erreget wird. Die Beweisgründe dieser Erklärung sind für diesen Ort zu weitläuftig; ich werde dieselben aber an einem andern schon benannten Orte umständlicher ausführen.

Wenn man die äußere Hand in einer kleinen Entfernung gegen das Glas hält; so kann man die elektrische Materie zwischen der Hand und dem Glase, wie ein Spinnengewebe fühlen.

Dieses ist die aus der äußern Fläche herausgetriebene Materie, welche an derselben liegen bleibt, und eine elektrische Atmosphäre machet. Denn weil die Kugel luftleer ist; so ergießt sich die elektrische Materie aus der Stange über die ganze innere Fläche, und treibt die Materie aus der äußern heraus. Ein Umstand, der bey allen isolirten Ladungsgläsern eintrifft.

Wenn man den Finger dem Glase näher bringt, kann man stechende und knackende Funken an selbigem erwecken.

Von diesen Funken, welche man an Ladungsgläsern die von innen, aber nicht von außen beleget sind, erwecken kann, ist oben umständlicher geredet worden. Dieselben zeigen sich nur Anfangs, und verschwinden, so bald das Glas seine volle Ladung hat; es sey denn, daß die Gläser gar zu klein sind, 332 und sich noch eine andere Atmosphäre über dieselben ergießen kann.

Wenn man einen Finger an die Boutellie anleget, und die eiserne Stange mit der vollen Hand anfasset; so zeiget sich, ob man gleich mit dem Elektrisiren nachgelassen hat, in der Dicke des Glases eine leuchtende Materie, welche sich mehr und mehr ausbreitet und immer schwächer wird. Es dauret diese Wirkung noch lange fort, wenn das Elektrisiren schon aufgehöret hat.

Es wäre zu wünschen, daß der Herr Abt bewiesen hätte, daß dieses Licht in der Dicke des Glases, und nicht auf der Fläche desselben, entstehe. Uebrigens ist dieses Licht eben dasjenige, welches man an geladenen Gläsern sieht, wenn dieselben entladen werden, ohne daß sich die eine Belegung über die ganze geladene Fläche erstrecket, und von welchen oben umständlich geredet ist. Das Feuer verbreitet sich in kleinen Funken von dem angelegten Finger zirkelförmig über das Glas hin; wie man noch viel deutlicher sieht, wenn man ein großes Glas durch Anlegung eines Fingers von außen ladet.

Wenn endlich ein Mensch die eine Hand an die Boutellie während des Elektrisirens anleget, und die andere gegen die eiserne Stange bringt; empfindet derselbe eine Erschütterung, wie in dem Leidenschen Versuche: und in eben demselben Augenblicke dieses Ausbruches erscheint die ganze Boutellie 333 mit einem verbreiteten Lichte, welches dem Blitze ähnlich ist, angefüllet zu werden.

Dieser Versuch enthält von dem gewöhnlichen Erschütterungsversuche wieder nichts verschiedenes. Die Hand dienet statt der äußern, das Vacuum statt der inwendigen Belegung: und weil das Glas durch das Elektrisiren geladen wird; so muß die Person, welche die Hand an das Glas leget, und den Erschütterungskreis vollmachet, auch die Erschütterung empfinden. Das inwendig erscheinende Licht, ist die aus der inwendigen Fläche in die Stange, und von da durch den Menschen in die äußere Fläche des Glases übergehende Ladung der innern Fläche des Glases.

Zweyter Versuch. S. 74. u. 244.

Der Herr Abt bedienet sich in diesem Versuche des Vacui statt der äußern Belegung. Er befestiget den langen Hals des Glases, welches da soll geladen werden, mit Mastix in die Oeffnung einer gläsernen Glocke, dergestalt, daß der Bauch dieses Glases sich in der Hohlung der Glocke ganz frey, der Hals desselben aber außerhalb dieser Glocke befindet. Hiedurch kann, wenn die Glocke auf die Luftpumpe gesetzet wird, die Luft von der äußern Fläche des Ladungsglases ganz abgeleitet und ein luftleerer Raum um dieselbe gemachet werden. Durch den oben hervorragenden Hals kann man Wasser in das Glas gießen, und dasselbe vermittelst eines hineingesteckten Drahtes elektrisiren. Es ist also dieses Glas inwendig mit Wasser, von außen mit Vacuo beleget. Wenn man nun dieses Glas im Dunkeln 334 vermittelst des im Wasser steckenden Drahtes elektrisiret, oder ladet; so zeigen sich folgende Erscheinungen.

Die Glocke wird von einer großen Menge Feuerstralen angefüllet, welche sich mit einer erstaunenswürdigen Heftigkeit schlängelnd hin und her bewegen. Diese Wirkung dauret so lange, als man das Elektrisiren fortsetzen will.

Wenn man dieses Feuer mit Aufmerksamkeit und zu wiederholten malen betrachtet; so sieht man dasselbe zum theil aus dem Bauche des Glases, auf ähnliche Weise, wie die Feuerbüsche an elektrisirten eisernen Stangen, herausfahren. Zum theil kömmt dasselbe aus dem Teller der Luftpumpe; und theils fließt selbiges sichtbar genug aus dem Mastix ab, womit die beyden Gefäße an einander gekittet sind, und läuft dem Bauche des Glases die Länge nach herunter, von da aber in die Hohlung der Glocke.

Der Herr Abt gesteht selber, daß hier in der Glocke mehr als eine Quelle des Feuers vorhanden sey. Er hätte also auch billig seinen Ausdruck, daß dieses Feuer so lange als das Elektrisiren selbst währet, dadurch einschränken müssen, daß er angezeiget hätte, von welchem Feuer man dieses zu verstehen hätte. Er hat in der Folge einen Versuch angestellet, in welchem er das Feuer aus der Verkittung allein hat abströmen lassen: indem er die Elektrisirkette daselbst angebracht hat. Die- 335 ses Feuer dauret allerdings so lange fort, als das Elektrisiren selbst. Er hat diesen Versuch aber nicht mit demjenigen Feuer für sich angestellet, welches aus dem Bauche des Ladungsglases herausgeht. Dieses kann leichtlich geschehen, wenn man nur eine ableitende Kette an die Verkittung anleget, durch welche die elektrische Materie, welche von da in das Vacuum abströmen könnte, von außen schon abgeleitet wird. Es kann so dann kein ander Feuer in die Höhlung der Glocke hinein dringen, als dasjenige, welches aus dem Boden des Ladungsglases abfließt, und welches alsobald aufhöret, so bald das Glas volle Ladung hat.

Der Herr Abt beschreibt S. 76. diese feurigen Ausflüsse an dem Glase sehr wohl: Dieselben scheinen, schreibt er, aus einer unendlichen Menge kleiner Stralen zu bestehen, welche durch die Dicke des Glases durchdringen, sich in einer kleinen Entfernung von demselben wie in einem gemeinschaftlichen Brennpuncte vereinigen, und daselbst einen einzigen Stral ausmachen, dessen Richtung von oben nach unten zu geht, und mit der Entfernung von seinem Ursprunge schwächer wird. Lauter Erscheinungen, welche der Franklinischen Erklärung im geringsten nicht zuwider sind.

S. 76. Wenn man aufhöret, den Conductor zu elektrisiren, und einige Augenblikke den Draht in dem Ladungsglase mit dem Finger berühret; so wird dasselbe inwendig 336 ganz helle: zu gleicher Zeit aber wird die äußere Fläche desselben mit kleinen feurigen und leuchtenden Stralen, welche aus einander fahrend erscheinen, nachgerade schwächer werden, und endlich ganz verlöschen, gleichsam besäer.

Wenn man einige Augenblicke mit dem Berühren des Drahtes anhält, darauf aber den Finger, oder ein Stück Metall von neuem dagegen bringt; so entsteht diese Wirkung, obgleich mit wenigerer Stärke und Glanz, wieder von neuem. Dieses ist die natürliche Folge, der durch dieses Berühren verursachten Entladung des Glases. So bald nämlich durch das Berühren des Drahtes, der innern Fläche etwas von ihrer Ladung genommen wird, kann die äußere wieder etwas einnehmen. Dieses geschieht hier sichtbarlicher Weise im Vacuo: und die an dem Glase erscheinenden leuchtenden Stralen sind nichts, als die aus dem Teller der Luftpumpe durch den luftleeren Raum in die äußere Fläche des Glases übergehende elektrische Materie. Wenn man den Draht so oft oder so lange berühret, bis die Flasche ihre ganze Ladung verloren hat; so höret dieses Leuchten auf. So lange dieses aber noch nicht geschehen ist, muß jede neue Berührung diese fernere Entladung befördern. Das Licht muß aber immer schwächer werden; weil die äußere Fläche nachgerade ihren natürlichen Theil wieder annimmt, und also allezeit weniger und weniger einnimmt.

337 Der Herr Abt hat hier den Fall nicht angeführet, da dieses Licht plötzlich und mit einem Augenblicke entsteht und vergeht. Dieses geschieht nämlich bey der wirklichen Entladung des Glases selbst.

Man darf nur die eine Hand an den Teller der Luftpumpe legen, und mit der andern den Draht oder den damit verbundenen Conductor berühren. In diesem Falle entstehen von außen um das Glas eben die Erscheinungen, welche oben sind beschrieben worden, wo die Belegung mit dem luftleeren Raume inwendig angebracht worden. Die ganze Glocke wird auf einmal mit Feuer gleichsam angefüllet. Der Herr Abt saget zwar gleich darauf, daß die Glokke selbst und die ganze Luftpumpe in so hohem Grade elektrisch werde, daß dieselbe eine heftige Erschütterung giebt, wenn jemand aus Unvorsichtigkeit oder sonst das Gefäß von der einen Seite, von der andern aber den meßingenen Teller, auf welchem dasselbe befestiget ist, berühret. So wie der Herr Abt diesen Versuch aber beschreibt, ist derselbe für sich unmöglich: denn die Glocke kann hier auf keine Weise geladen werden; weil beyde Flächen des Glases ableitend sind. Man kann aber aus seinen Worten nichts anders schließen, als daß man die eine Hand an die äußere Fläche der Glocke anlegen soll; weil er diese Wirkung der starken Elektricität der Glocke und der Luftpumpe zuschreibt. Nach meiner Erklärung ist der Versuch ganz begreiflich. Der Grund von der entstehenden Erschütterung liegt weder in der starken Elektricität der Glocke, noch der Luftpumpe; sondern in der Ladung des kleinen Glases, welches 338 in die Glocke eingekittet ist.

Weil der Herr Abt glaubet, daß gegen die bisherigen Versuche noch vieleicht Zweifel könnten erreget, und der Durchgang der elektrischen Materie durch das Glas dennoch zweifelhaft gemachet werden; so führet er S. 80. noch einen Versuch an, welcher allen möglichen Zweifeln gewachsen seyn, und dem Herrn Franklin von dem wirklichen Durchgange der elektrischen Materie durch das Glas überzeugen soll. Er scheint bey dem ersten Anblicke unüberwindlich genug; unterdessen läßt er sich nach weniger Ueberlegung mit dem Franklinischen System vollkommen vereinigen, und giebt zu einer weiteren Erläuterung desselben Anlaß.

Dritter Versuch. S. 80.

Man zieht die Luft aus einem kleinen gläsernen Kolben heraus, und bläst darauf den etwas langen Hals desselben an der Lampe zu, oder sigilliret denselben hermetisch, damit weder das geringste in dieses Glas hinein oder heraus kann, ohne durch die Substanz des Glases selbst durchzudringen. Wenn man darauf den Hals dieses luftleeren Glases in eine hohle blecherne Elektrisirröhre hineingestecket hat, und diese Röhre elektrisiret; so erscheinen folgende Erfahrungen.

Wenn die Elektricität stark ist, sieht man, so lange dieselbe währet, sehr lebhafte 339 elektrische Stralen sich inwendig in dem Gefäße von einem Ende zum andern ergießen.

Wenn man den Finger gegen die dem Halse gerade entgegen stehende Seite des Glases bringt, erwecket man dadurch einen neuen Stral, welcher demjenigen entgegen geht, von welchem ich eben geredet habe. Zieht man aus der Blechröhre, welche die Stelle des Conductors vertritt, Funken; so wird die ganze inwendige Höhlung des Kolbens von einem verbreiteten, und nur einen Augenblik daurenden Lichte, welches dem Blitze vollkommen ähnlich ist, angefüllet.

Man kann diesen Erfahrungen noch dieses beyfügen; daß dieser hermetisch sigillirte Kolben ebenfalls kann geladen werden, wenn man von außen eine Belegung an denselben anbringt, oder statt deren nur die bloße Hand anleget, und alsdann, um die Erschütterung zu erwecken, die Blechröhre oder den Conductor mit der andern Hand berühret.

Weder die Einrichtung noch der Erfolg dieses Versuches ist von denen vorigen im geringsten weiter, als nur darinn unterschieden, daß hier kein unelektrischer Körper da ist, aus welchem die elektrische Materie unmittelbar ab, und in das Glas hinein strömen kann; sondern daß dieselbe hier allem Anscheine nach durch das Glas selbst, in die Höhlung desselben hinein dringen muß.

340 Dem ersten Anblicke nach scheint nichts wahrscheinlicher als dieses zu seyn. Wenn man den Versuch aber gegen die Franklinische Erklärung hält; so wird man bald finden, daß dieselbe noch nicht gänzlich dagegen verloren habe. Der Versuch ist nur etwas zusammengesetzter als die vorigen.

Es geht hier eine doppelte Ladung des Glases vor, und der Versuch gehöret zu denjenigen, welche Franklin mit dem Namen der elektrischen Batterie bezeichnet, und in welchen man mehrere Gläser, bey denen die Ladungskette des einen dem andern zum Conductor dienet, zugleich ladet. Eigentlich kömmt der gegenwärtige Fall vollkommen mit demjenigen Versuche überein, dessen oben umständliche Meldung geschehen ist, und in welchem man angezeiget hat, wie die Elektrisirröhre oder Kugel durch das Reiben selbst unmittelbar könne geladen werden.

Der einzige Unterschied besteht darinn, daß man sich hier statt der ursprünglichen durch Reiben erweckten Elektricität, der mitgetheilten bedienet: und alle dasjenige, so ich oben von der doppelten Ladung der Elektrisirröhre angeführet habe, kann auf diesen Fall angewandt werden. Der Hals des Glases, welcher in die Blechröhre hineingestecket ist, stellet das eine Glas vor; die äußere Belegung ist die Blechröhre selbst, und die Stelle der inwendigen Belegung vertritt hier der luftleere Raum. Das 341 zweyte Glas ist der Boden des Kolbens, oder ein jeder Theil von dem Bauche desselben, welcher von außen durch Berührung der Hand, oder auf andere Weise beleget wird, und welche inwendig schon durch das Vacuum beleget ist, und seine Elektricität empfangen kann. Die Ladung dieser beyden Gläser geschieht folgender Gestalt. Die vermittelst der Blechröhre an die äußere Fläche des Halses angebrachte Elektricität, treibt aus der innern Fläche desselben die elektrische Materie heraus. Diese verbreitet sich durch das Vacuum und die ganze übrige innere Fläche des Glases, und treibt aus der ganzen übrigen äußern Fläche wieder etwas heraus.

So lange nun an diesen übrigen Stellen von außen keine ableitende Belegung an das Glas angebracht worden ist; so bleibt diese herausgetriebene Materie um selbiges liegen, und machet eine positive Atmosphäre, welche aber alsobald verschwindet, wenn man die Blechröhre anfasset, und dadurch ihrer Elektricität beraubet. Wird diese äußere positive Atmosphäre aber abgeleitet; so wird die innere Fläche an diesen Stellen geladen, und man sieht es deutlich, daß sich die Materie, welche aus der innern Fläche des Halses herausgetrieben wird, sich durch das Vacuum gegen diese Orte ergießt, an welchen sie izt in die innere Fläche eindringen und dieselbe laden kann. Sie kömmt deswegen auch viel häufiger und in lauter Feuergüssen zum Vorschein, welches zuvor nicht geschahe. Weil nun izt die Materie aus der innern Fläche des Halses herausgehen, und in die innere Seite des Bodens eindringen kann; so werden auch diese beyden Stellen des Glases, der Hals so wohl, als der Boden, geladen. Leget man izt die Hand von außen an den Boden, und berühret die Blechröhre; 342 so entlädet man beyde Orte zugleich: denn es schießt hier die Materie aus der Blechröhre und der äußern Fläche des Halses in diese Hand, und geht durch den Leib des Menschen und die andere Hand, in den durch die Ladung negativ elektrisirten Boden des Glases über. Aus dessen einer Fläche schießt aber in eben dem Augenblicke, die in demselben gehäufte Materie, durch das Vacuum wieder in ihren vorigen Ort, in die innere Fläche des Halses, zurück: und daher entsteht inwendig dieß plötzliche starke

Feuer, und die gänzliche Verlöschung aller Elektricität.

Ich will diese Erklärung mit einigen Versuchen, welche zu der Lehre von der doppelten Ladung der Gläser gehören, zu erläutern und zu bestätigen suchen.

Zuvor will ich aber einem Zweifel und Einwurfe vorbeugen, welchen man aus einer bey diesen Versuchen vorkommenden sehr bekannten Erscheinung hernehmen könnte.

Wenn man in gegenwärtigem Versuche den luftleeren Kolben elektrisiret, ohne ihn im geringsten von außen zu berühren, oder sonst an die Elektrisirstange luftleere Glasröhren, sie mögen so lang seyn als sie wollen, anhängt, und dieselben elektrisiret; so werden dieselben mit einem hellen Lichte erfüllet, welches sich in einer beständigen Bewegung, Wallen und Zittern befindet, so lange man mit dem Elektrisiren fortfährt, und welches noch lange nach Endigung desselben fortdauret. Dieses könnte als ein 343 Einwurf gegen obige Erklärung gebrauchet werden, wenn man dieses Licht durch ein beständiges Aus- und Durchströmen der elektrischen Materie erklären wollte. Wenn man aber diese Erscheinung nur mit einiger Aufmerksamkeit gegen die Franklinischen Erklärungen hält; so wird man bald einsehen, daß dieselbe vollkommen damit bestehen, und daraus hergeleitet werden könne. Wenn in diesen Versuchen die äußere Fläche des Glases elektrisiret wird; so wird die elektrische Materie dadurch aus der innern Fläche herausgetrieben. Diese verbreitet sich durch das Vacuum, und wird gegen die übrigen Theile des Glases, aus welchen keine Materie nach innen herausgetrieben wird, angetrieben. Könnten diese Theile der Gläser diese Materie einsaugen und ableiten; so würde in der Höhlung des Glases kein verbreitetes Leuchten entstehen: sondern die Materie würde in lauter Feuerstralen dahin abfließen; wie man deutlich erfolgen sieht, so bald diese Theile durch eine äußere Belegung zum Einsaugen geschickt gemachet werden. So aber entsteht dieser Stral itzt nur bey dem ersten Ausbruche der Materie in den luftleeren Raum. Die innere Fläche nimmt dasjenige bald an, was sie annehmen kann; die übrige Materie aber, welche nicht in das Glas einbringen kann, verbreitet sich durch den luftleeren Raum. Das Licht und Leuchten derselben entsteht durch die beständige Bewegung, Zittern und Gegeneinanderreiben der Theile dieser Materie, und entsteht aus eben denjenigen Ursachen, und ist eben denjenigen Abwechselungen unterworfen, als das an 344 denen Spitzen in freyer Luft entstehende Licht. Die Materie suchet nämlich in den Ort, aus welchem sie

herausgetrieben ist, alsbald wieder zurück zu treten, so bald die Kraft, welche sie herausgetrieben hat, nämlich die Stärke der Elektricität der Blechröhre und der Elektrisirketten, als der äußern Belegung, nur im geringsten nachläßt. Nun lehret die Erfahrung, daß es fast unmöglich sey, eine Stange mit einer gleichförmigen Stärke zu elektrisiren. Es gehen alle Augenblicke in der elektrischen Atmosphäre Veränderungen der Stärke vor: und daher schießt auch aus der einen Fläche des Glases bald etwas heraus, bald tritt etwas wieder zurück. Hiedurch entsteht in dem luftleeren Raume das flatterhafte Leuchten dieser sich in beständiger Bewegung befindenden Materie, welches desto stärker ist, je größer diese Abwechselungen in der Stärke der äußern Elektricität sind. Wenn man daher den äußern Druck vermittelst eines starken mit denen Ketten verbundenen Ladungsglases gleichförmig zu machen suchet; so nimmt dieses Licht ab. Wenn man aber die Elektrisirketten durch Berührung mit der Hand ganz unelektrisch machet; so entsteht in dem Vacuo auf einmal ein helles blitzendes Licht, welches von der, mit einmal in ihren Ort zurück schießenden Materie entsteht. Weil dem Glase von außen noch zuweilen eine lange Zeit über, eine positive mitgetheilte Atmosphäre anhängt, welche die aus der innern Fläche herausgetretene Materie in ihren Ort zurück zu kehren hindert; so währet dieses Leuchten und Blitzen in den Gläsern oft noch lange fort, wenn das Elektrisiren schon auf- 345 gehöret hat. Man kann dieses Leuchten daher auch gleichsam von neuem erwecken, wenn man durch Berührung, denen Gläsern von außen die äußere Atmosphäre wegnimmt, und also der inwendigen die Freyheit verschaffet, ihren Ort plötzlich wieder einzunehmen. Es mischet sich aber bey diesen Versuchen gemeiniglich eine kleine Ladung der Gläser ein: und daher muß man die Erscheinungen, aus allen denen hieher gehörigen Grundsätzen zusammen genommen beurtheilen.

Versuch.

Man fülle einen großen Recipienten von dünnem Glase mit Wasser an, und befestige vermittelst eines Pfropfes in die Oeffnung desselben, einen bis in das Wasser hinunter gehenden Draht. Man mache von außen um den Hals eine Belegung von Spiegelfolie, und mit einem andern dergleichen Ueberzuge belege man den Boden desselben, doch dergestalt, daß diese beyde Belegungen wenigstens eine Hand breit von einander entfernet sind. Wenn man nun den Conductor mit der obern Belegung, mit der untern aber eine ableitende Kette verbindet; so kann man diesen Kolben an diesen beyden belegten Orten zugleich laden, und kann diese beyden geladenen Stellen, entweder zugleich, oder jede für sich, entladen. Wenn man die eine Hand an die untere Belegung legt, und mit der andern den Draht berühret; so wird man eine Erschütterung, und zwar aus dem Boden des Glases, welchen man hiedurch entlädet, bekommen. Läßt man itzt die Hand an dem Drahte liegen, und berühret [346] mit der andern die äußere Belegung des Halses; so bekömmt man aus diesem Theile des Glases die zwote Erschütterung.

Will man die Erschütterung aus dem Halse zuerst nehmen, ohne dadurch die Ladung des Bodens abzuleiten; so muß entweder der geladene Acipient auf Glas gestellet werden, oder der Mensch, welcher den Versuch anstellet, muß auf nicht ableitende Körper treten. Es kömmt darauf auf eines hinaus, welche Theile man zuerst entlädet, wenn man nur den Erschütterungskreis gehöriger maßen anbringt. Will man beyde Orte zugleich entladen; so darf man nur die eine Hand an die eine äußere Belegung anlegen, und die zwote mit der andern Hand berühren. Wer zwischen diesem und dem obigen Versuche nicht Aehnlichkeit genug findet, der darf nur, statt Wasser in das Glas zu füllen, die Luft aus demselben herausziehen.

Versuch.

Man nehme eine große Glastafel, und belege die eine Seite derselben mit zwey Metallblättern A und B, welche man nach Belieben von dem Glase abheben kann, und welche so weit von einander entfernet seyn müssen, daß die Elektricität nicht von dem einen auf das andere abfließen kann. Man beleget die andere Seite dieses Glases an denen A und B gegenüber stehenden Orten ebenfalls mit zwey andern Metallblättern C und D, welche mit A und B gleiche Größe haben. Auf diese Weise kann man auf einer Platte zween besondere Orte laden, deren der eine A und C, der andere B und D zu seinen Belegungen hat. Man verbinde C und D vermittelst einer kleinen [347] Kette, welche so hängen muß, daß sie keine ableitende Körper berühret. An A lege man die zuleitende Kette oder den Conductor, an B aber eine ableitende oder Ladungskette an, und hänge oder lege die Glastafel dergestalt, daß alle Belegungen keine Ableiter berühren. Itzt elektrisire oder lade man die Tafel durch A, und nehme, wenn solches geschehen, alle Belegungen von dem Glase dergestalt ab, daß von der Elektricität nichts abgeleitet werde; so wird der Ort, wo A gelegen hat, positiv, wo C war, negativ, D positiv, und der Ort des Glases, welcher durch B beleget war, negativ seyn.

Wenn man an die Seite von A und B, noch eine ähnliche Belegung E, und gegenüber eine andere F anbringt, B und E auf ähnliche Weise mit einer kleinen Kette, wie zuvor C und D, verbindet, und F ableitend machet; so wird E wieder positiv, und F negativ u. s. w.

Die Erklärung und Anwendung dieser Versuche ist in obigem schon enthalten. Ich füge dahero zur Erläuterung derselben weiter nichts bey, sondern schließe diese Anmerkungen damit: daß ich weder die Briefe des Herrn Franklins, noch das System desselben, durch die Briefe und das System des Herrn Abt Nollets, für widerleget halte; so lange man noch aus ersterm auf eine weit natürlichere und leichtere Weise, als aus dem letztern, alle elektrische Versuche und Erscheinungen erklären und herleiten kann.

Anhang.

Weil ich die Abschrift von gegenwärtiger Ueber=
setzung nicht mehr in Händen habe; so muß
ich folgende in der Lehre von der Gewitterelektricität
einige Aufmerksamkeit verdienende Erfahrungen,
welche ich erst nach dieser Zeit zu sehen Gelegenheit
gehabt habe, und welche mit obigen in Verbindung
stehen, hier nur Anhangsweise beyfügen.

Die erste dieser Erscheinungen entstand am
20ten Julius dieses Jahres, Nachmittags um 3 Uhr,
und ist ein deutliches Beyspiel von der elektrischen
Anziehungskraft der Gewitterwolken. Weil ich aus
den obern Fenstern eines hohen Hauses, welches ich
mir in der Absicht, um über die elektrischen Erschei=
nungen bey Gewittern Beobachtungen anzustellen,
zur Wohnung gewählet hatte, einen großen Theil der
ganzen umliegenden Gegend übersehen konnte; so kam
es mir bey dem ersten Anblicke fremde vor, daß ich
bey stiller Luft die ganze Gegend mit einem dicken
Staube, welchen ich von aufsteigenden Dünsten und
Nebel sehr wohl entscheiden konnte, bedecket sahe. Noch
mehr befremdete mich diese Erscheinung, da ich diesen
Staub nicht nur das Feld bedecken, sondern ebenfalls
in der Stadt zwischen denen Häusern, und besonders
zwischen denen Bäumen einer großen promenaden
Allee, an welcher ich wohne, ganz sanfte empor steigen
sahe. Dieser Staub nahm nachgerade stark zu, und
ward bald so dicke, daß man die entfernte Gegend, und
so gar die einige hundert Schritte nahen Häuser nur
noch undeutlich sehen konnte. Bey alle dem, war
gar kein Wind oder Sturm zu spüren; die Staub=
wolke hatte keine weitere Bewegung, als das sanfte
Emporsteigen, und einen allmähligen Zug gegen
Osten. Dieses brachte mich bald auf die Muth=
maßung, ob nicht etwan die Elektricität einigen An=
theil an dieser sonderbaren Erscheinung hätte, und
ich durfte nicht lange warten, um die Richtigkeit
dieser Muthmaßung zu erfahren. Ich sahe von
Osten her eine große schwarze Wolke heraustreiben,
und diese war es, welche durch ihr Anziehen das
Aufsteigen des Staubes verursachete. Dieselbe
war noch von dem Scheitelpuncte in etwas ent=
fernet, als ich schon an meiner Gewitterstange
die Spuren der Elektricität verspürete. Diese
Elektricität war positiv, und nahm an Stärke
beständig, je näher diese Wolke herauf zog, der=
gestalt zu, daß endlich meine Zeiger auf 60. Grad,
welches fast der höchste Grad ist, welchen ich
durch die stärkste künstliche Elektricität bey der da=
maligen Beschaffenheit der Zeiger erhalten konnte,
aufstiegen. Die Wolke zog über den Scheitelpunct
gerade gegen Westen zu. Mit ihrer Entfernung nahm

die Stärke der Elektricität ab: und weil der Staub
derselben gleichsam zu folgen schien; so ward es um
mich immer heller. Ich konnte daher der folgenden
Erscheinung mit desto größerer Deutlichkeit zusehen.
Die Staubwolke schien sich immer mehr und mehr
gegen diese Wolke zusammenzuziehen, und endlich
fieng dieselbe an in einer dicken Säule, welche die Fi=
gur eines Kegels hatte, gegen dieselbe heraufzustei=
gen, bis sie mit der Wolke zur Berührung kam.
Diese Staubsäule, von der ich aus ihrer Figur und
Richtung versichert war, daß sie weder ein fallender
Regen, nach die durch die Oeffnungen der Wolken
durchfallenden Sonnenstralen wäre, war höchstens eine
halbe Meile von mir entfernet. Unterdessen daß nun
dieser Staub sich dergestalt gegen die positive Wol=
ke so sichtbar empor hob, war derselben eine andere
große Wolke, welche noch mit einer ganzen Reihe von
Wolken zusammenhieng, und welche etwas schneller,
wie die vorige heraufzog, gefolget. Diese elektrisirte
meine Einrichtung negativ, so bald sie über mir
stand. Sie näherte sich der vorigen positiven Wolke
je mehr und mehr, und kam derselben endlich so na=
he, daß sie in einander zu fließen schienen. Kaum
fieng diese Vermischung an, so entstand ein starker
Schlag und Blitz, welcher sich von der Erde durch den
Staub, durch die positive Wolke, und so weit als
ich mit dem Auge folgen konnte, durch die negative
Wolke erstreckete. Aus dieser Erscheinung, und der da=
bey erfolgenden plötzlichen Verlöschung aller Elektri=
cität, läßt sich mit ziemlicher Gewißheit schließen, daß
die positive Wolke ihren Vorrath von Elektricität in
die negative Wolke ergossen habe; weil dieselbe aber
nicht hinreichend gewesen ist, selbiger allen Mangel
zu ersetzen, ist sie selbst negativ geworden, und hat
durch den Staub, welchen ihre positive Atmosphäre zu=
vor an sich gezogen hatte, ihren Mangel wieder aus
der Erde ersetzet, und davon so vieles in die negative
Wolke hinüber geführet, als zur Wiederherstellung
des natürlichen Gleichgewichtes, und Verlöschung der
negativen Elektricität in der letztern vonnöthen war.
Von dem fernern Erfolge kann ich weiter nichts deut=
liches melden, als daß mit dem Abzuge der ersten
Wolke, die ganze Gegend wieder helle ward; welches
ich wegen der Geschwindigkeit, womit es erfolgte,
dem kleinen Regen zuschreibe, den die negative Wol=
ke, die sich stark verbreitete, fallen ließ. Diese ganze
Erscheinung, welche unter vielen, die ich gesehen habe,
wegen ihrer Deutlichkeit eine der schönsten ist, hat
nicht über eine halbe Stunde gewähret. Es erfolge=
ten diesen Nachmittag auch keine mehrere Blitze, ob=
gleich noch acht bis zehen kleine theils positive theils

negative Wolken hinüber zogen. Ich habe diesen Fall besonders zum Beweise des Satzes angeführet, daß die Wolken nicht nur gegen die Erde, sondern auch unter sich Funken und Blitze schlagen. Man kann aber auch aus derselben den großen Einfluß beurtheilen, welchen die Elektricität der Wolken in das Aufsteigen der Dünste und Dämpfe hat, und der sich in hundert andern Versuchen deutlich zeiget.

Die zwote Erfahrung vom 20ten August, hätte ich fast nicht nöthig zu beschreiben, wenn man dasjenige nachschlägt, was Herr Franklin oben von der Entladung einer großen Wolke durch eine Spitze, besonders vermittelst kleiner unter derselben stehenden Wolken, gesaget hat. Ich habe dasjenige in der Natur vorgehen, und gleichsam abgemalet gesehen, was Herr Franklin nur in Muthmaßungen und kleinen Versuchen darleget. Eine große schwarze Wolke, von welcher der größte Untertheil mit der Oberfläche der Erde parallel und eben war, stand in keiner gar zu großen Höhe über einem Walde, welcher sehr hohe Tannen hat, und regnete sehr stark. Die Erscheinung und das Ansehen einer entfernten einzeln Wolke, welche ihr Wasser fallen läßt, ist zu bekannt, als daß ich dasselbe zu beschreiben nöthig hätte. In diesen Regengüssen zeigeten sich bey dem ersten Anblicke einige kleine zerstreute Wolken, die sehr niedrig standen, und meine Aufmerksamkeit auf sich zogen. Diese sahe ich darauf deutlich entstehen. Es senkete sich von der großen Wolke, welche hier nur an einem Ende, und zwar demjenigen, welches am niedrigsten stand, und an welchem sich die ganze Wolke gesenket hatte, regnete, große Stücken herunter, deren Ansehen von der übrigen Wolke dadurch verschieden war, daß sie am Rande herum gleichsam gezerret aussahen. Von diesen rissen sich mitten in den Regengüssen andere noch kleinere Stücke ab, und senketen sich fast bis auf die Bäume herunter. Einige dieser kleinen schwarzen Wolken verschwanden, andere aber, welches der merkwürdigste Umstand ist, zogen sich wieder gegen die große Wolke in die Höhe, und vereinigten sich mit derselben. Ich schloß aus allen diesen Erscheinungen schon auf die starken elektrischen Wirkungen, welche ich hier ohne allen Donner oder Blitz vorgehen sahe, und ward bald von der Wahrheit überführet. Die große Wolke näherte sich mit ihrem Regen immer mehr und mehr, und zog über das Haus weg. Der starke Regen, welcher alles bedeckete, und die Luft füllete, benahm den Augen alle Gestalt der Wolke. Der Himmel sahe ganz eben bedecket und überzogen aus. Die heftige Elektricität, welche sich in meinem Apparatu zeigete,

und sich in fortdaurenden Strömen in die bis in die Erde fortgehenden Ableiter ergoß, zeigete deutlich, daß die Wolke eine sehr starke und zwar negative Elektricität enthalte, und also vermittelst des Regens eine große Menge von elektrischer Materie einnähme. Die Wolke zog bald vorüber, und diese angenehme Erscheinung endigte sich mit einem vollkommen schönen doppelten Regenbogen. Itzt konnte ich mit Sicherheit schließen, das die vorhergehenden Erscheinungen, und besonders die abgerissenen kleinen Wolken, nichts als Wirkungen der Elektricität gewesen. Weil die Wolke die Materie aus der Erde einsog; so hat sie sich derselben nähern müssen. Es haben sich einige besonders hierzu geschickte Theile von derselben abgerissen. Diese haben aus den Spitzen der Bäume, welche durch den Regen zum Zuleiten geschickt geworden, schon in einer ziemlichen Entfernung ihren Vorrath eingesogen, welchen sie der großen Wolke zugeführet, und sich also wieder in die Höhe gezogen haben. Hier ist also dasjenige vorgegangen, welches nach den Franklinischen Muthmaßungen geschehen mußte. Ich will diese Erfahrungen mit noch einigen ebenfalls aus wiederholten Versuchen hergeleiteten Sätzen beschließen.

Die Wolken entladen sich nicht allezeit ihrer Elektricität durch Blitze und Donner; sondern noch viel öfter durch den fallenden Regen.

Dieser Regen, welchen man gleich an dem schnellen Schusse und großen Tropfen kennen kann, scheint eine bloße Wirkung des Ueberschusses der elektrischen Materie zu seyn.

Wenn dergleichen einzelne Wolken diesen Regen fallen lassen, entstehen selten Blitze; welche aber mehrentheils erfolgen, wenn mehr verschiedene Wolken da sind, welche contraire Elektricität haben, und deren obere also durch die untere und den Regen in die Erde wirket, und das sogenannte Einschlagen der Blitze verursachet.

Die Aufmerksamkeit, und ein mit denen elektrischen Erscheinungen bekanntes Auge, entdecket fast alle Tage neue Aehnlichkeiten dieser großen Erscheinung mit den kleinen Spielwerken der Naturforscher. Man wird aus fleißigen Beobachtungen derselben vermuthlich mehr Nutzen ziehen, als aus denen mehresten bisherigen Wetterbeobachtungen, welche erst in Verbindung mit dieser neuen Classe recht nützlich werden können.

E R D E.

Sach- und Personenverzeichnis

Das Verzeichnis wurde von den Herausgebern unter Mitwirkung von Dr. James O'Hara angefertigt.

Sachverzeichnis

Personenverzeichnis